태양광발전 시스템 이론

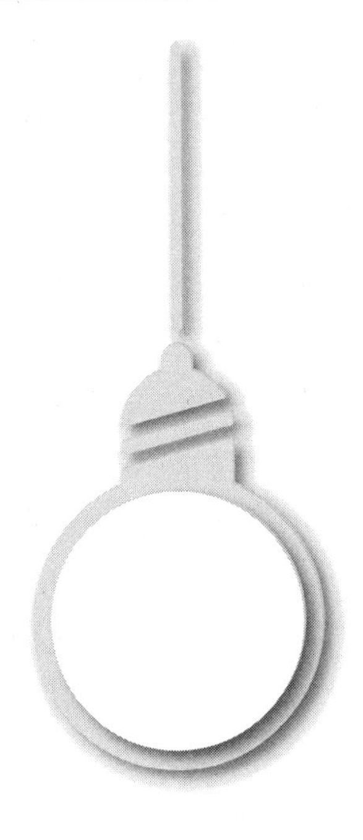

머 리 말

최근 우리 사회에서의 환경은, 화석연료의 과다사용으로 인한 지구온난화와 태풍, 가뭄, 폭우 등의 예측 불허한 기상이변이 빈번히 발생하고, 환경오염에 의한 생태계 파괴가 가속화되고 있으며, 그에 따른 세계적인 유가폭등 및 기후변화협약의 규제가 강화되고 그에 따라 탄소 배출량 규제 등의 광범위한 문제들이 제기됨에 따라, 이 문제들을 타개하기 위하여, 범국가적인 차원에서 경제적이면서도 지속적인 방향으로 환경을 보전할 수 있는 신재생에너지의 필요성이 대두되고 있습니다.

신재생에너지란 기존의 화석연료를 변환시켜 이용하거나 햇빛, 물, 지열, 생물 유기체 등을 포함하는 재생 가능한 에너지를 변환시켜서 이용하는 에너지로, 그것의 필요성은 화석 에너지를 대체할 수 있으면서도 환경파괴를 야기하지 않는다는 것만으로도 전 세계적으로 활발히 연구되고 국가차원에서 시행 및 진행되고 있는 바입니다.

우리나라에서 규정한 신재생에너지로는 8개 분야로 되어있는 재생에너지가 있으며, 그것들은 태양열, 태양광발전, 바이오매스, 풍력, 소수력, 지열, 해양, 폐기물 에너지로 구성되어 있으며, 그 외에 3개 분야의 신에너지인 연료전지, 석탄 액화 가스화, 수소에너지가 있으며 이 밖에도 총 28개의 분야로 나뉘어서 지정되어 있습니다.

이러한 신재생에너지들을 보급, 지원하기 위하여 정부 차원에서도 태양광, 태양열, 지열 등의 신재생에너지 주택 설치 및 보급에 힘쓰고 있으며, 그것의 지원, 기술개발 및 기술표준화 작업을 지속해 오고 있고, 이에 따라 그것을 다룰 수 있는 미래 에너지산업을 선도할 전문적인 핵심인재 양성 방안 또한 부각됨에 따라, 신재생에너지 발전설비기사 자격시험이 시행되어야 할 필요성이 대두되었습니다.

2013년 9월 28일 태양광 전문 자격증인 신재생에너지 발전설비기사(산업기사) 시험이 처음으로 시행되고 있으며, 여기서 말하는 신재생에너지 발전설비기사란 이러한 신재생에너지들을 전반적으로 다루는 직종이며, 주로 태양광의 기술이론 지식으로 설계,

시공, 운영, 유지보수, 안전관리 등의 업무를 수행할 수 있는 능력을 검증받은 전문가를 일컬으며, 이는 최근 정부가 역점을 두고 있는 저탄소 녹색성장 분야 인력양성 방안의 일환으로 추진되는 것으로써, 해당 과정이 개설 될 경우 향후 대체 에너지로 주목받고 있는 태양광 발전 산업분야에서의 전문적인 기술 인력의 체계적 육성이 가능할 수 있음을 알 수 있습니다.

이와 같은 정부 주도의 태양광 사업에 참여하기 위해서는 이 신재생에너지 발전설비기사 자격증이 필요하며, 자격증을 얻었을 때 신재생에너지 발전소나 모든 건물 및 시설의 신재생에너지 발전시스템 설계 및 인. 허가, 신재생에너지 발전설비 시공 및 감독, 신재생에너지 발전시스템의 시공 및 작동상태를 감리, 신재생 에너지 발전설비의 효율적 운영을 위한 유지보수 및 안전관리 업무 등을 수행할 수 있는 곳에 취업할 수 있다는 점을 들 수 있습니다.

이러한 신재생에너지 발전설비기사(산업기사)를 준비하고자 하는 수험생들을 위하여 이 책을 펴내었으며, 본 자격증 시험 합격을 위한 시험내용과 개념 등을 편집하였고, 핵심문제만을 엄선하여 뽑아냄과 동시에 그것에 대한 상세한 해설정리를 통한 이해 등을 통하여 본 책을 구독하는 수험생들에게 도움을 주고자 하는 방향으로 출판하게 되었습니다.

공부하시다가 족집게 및 기출문제 그리고 정오표와 궁금한 사항이 있으시면 카페에 질문글을 올려주시면 성심껏 답해드리겠습니다.
카페주소는 다음카페 신재생에너지발전설비/태양광/기사에 도전하는 사람들(신도사)입니다.

끝으로 좋은 책을 만들기 위해 어려운 상황에서도 끝까지 애써주신 한올출판사 임순재 대표님과 최혜숙 실장님 이하 임직원 여러분께 감사의 마음을 전합니다.

차 례

PART 1
신·재생에너지 (New Renewable Energy)

1 신·재생에너지의 개요

신·재생에너지란 기존의 석유, 석탄, 원자력 또는 천연가스 등 화석연료를 변환시켜 이용하거나 햇빛, 바람, 물, 지열, 생물유기체 등을 포함하는 재생 가능한 에너지를 변환시켜 이용하는 에너지로, 지속 가능한 에너지 공급체계를 위한 미래에너지원을 그 특성으로 한다. 신·재생에너지는 고유가 및 기후변화협약의 발효 등에 대응할 수 있는 핵심 대안이며, 해외에서 97% 이상의 에너지를 수입하는 우리나라에서는 더욱 그 중요성이 커지게 되었다.

1. 신·재생에너지의 정의

한국에서는「신 에너지 및 재생에너지 개발·이용·보급 촉진법 제2조」의 규정에 의거 신 에너지와 재생에너지 분야를 신·재생에너지로 지정하고 있다.

(1) 신 에너지

기존의 화석연료를 변환시켜 이용하거나 수소·산소 등의 화학반응을 통하여 전기 또는 열을 이용하는 에너지로서 다음 각 목의 어느 하나에 해당하는 것을 말한다.

① 수소에너지

② 연료전지

③ 석탄을 액화·가스화한 에너지 및 중질잔사유(重質殘渣油)를 가스화한 에너지

④ 그 밖에 석유·석탄·원자력 또는 천연가스가 아닌 에너지

(2) 재생에너지

햇빛·물·지열(地熱)·강수(降水)·생물유기체 등을 포함하는 재생 가능한 에너지를 변환시켜 이용하는 에너지로서 다음 각 목의 어느 하나에 해당하는 것을 말한다.

① 태양에너지

② 풍력

③ 수력

④ 해양에너지

⑤ 지열에너지

⑥ 바이오에너지

⑦ 폐기물에너지

⑧ 그 밖에 석유·석탄·원자력 또는 천연가스가 아닌 에너지

2. 신·재생에너지의 특징

(1) 공공미래 에너지

시장창출 및 경제성 확보를 위해 국가적 차원의 장기적인 개발보급정책이 필요한 공공의 미래에너지이다.

(2) 환경친화형 청정에너지

화석연료 사용에 의한 CO_2 발생이 거의 없는 환경친화형 청정에너지이다.

(3) 비고갈성 에너지

태양광, 풍력 등 재생 가능한 에너지원으로 구성된 비고갈성 에너지이다.

(4) 기술에너지

연구개발에 의해 에너지 자원 확보가 가능한 기술주도형 자원이다.

그림 1-1 신·재생에너지의 특성

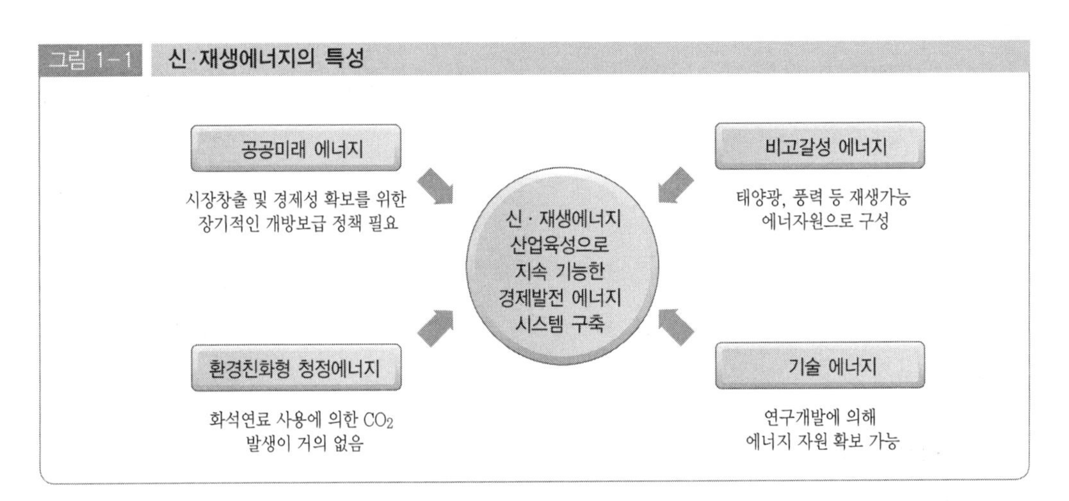

3. 신·재생에너지의 필요성

오늘날 우리 인류는 급속한 산업발전과 과학문명의 발달로 석탄, 석유 같은 화석에너지 자원의 고갈문제와 각종 공해와 오염으로 지구온난화 현상, 오존층 파괴, 산성비 등의 문제로 심각하게 병들어 가고 있어 인류의 생존과 번영을 위해 더 이상 방치할 수 없는 위기에 직면하고 있다.

신·재생에너지는 화석에너지 자원의 고갈문제와 환경문제에 대한 유일한 해결방안이라 판단되어 국외에서는 과감한 연구개발 및 보급정책을 추진중이고, 특히 국내(우리나라)

의 경우 유가상승과, 유엔기후변화협약(UNFCCC)[1]의 규제에 대한 대응을 위하여 신·재생에너지의 중요성 및 필요성이 재인식되고 있다.

(1) 에너지확보

중국, 인도 등의 신진 개발도상국의 경제성장으로 에너지 수요는 폭발적으로 증가하고 있는 반면, 세계의 석유공급량은 이를 따라가지 못하고 있는 실정이다. 여기에 주요 산유국의 정치적 불안까지 겹쳐 석유시장의 불균형은 더욱 심화되고 석유가격은 상상을 초월할 만큼 상승할 것으로 보이며 또한 유엔기후변화협약(UNFCCC)에 따른 온실가스 감축의무를 준수하기 위해서도 반드시 필요하다.
따라서 에너지의 효율적 사용뿐만 아니라 에너지의 안정적 확보를 위해 신·재생에너지의 이용을 극대화하는 것이 중요하며 신·재생에너지 기술 개발에 적극적인 노력을 기울여야 한다.

(2) 환경보호

인류가 에너지원을 얻기 위한 석탄, 석유 같은 화석연료의 사용은 수질, 토양, 대기 등의 오염을 유발시켰으며, 이러한 방법의 대부분은 환경 친화적이라기보다는 환경 파괴적인 방법들이었다.
이에 우리나라를 포함한 다수(여러) 국가는 지구환경 보존 및 지구 온난화 방지를 위해 유엔기후변화협약을 통한 이산화탄소 등의 온실가스에 대한 의무 감축을 실시하고 있다.
에너지를 생성하고 소비할 때 환경에 유해한 물질을 발생시키지 않거나 최소화시키는 환경친화적 에너지인 신·재생에너지 기술의 개발과 이용이 반드시 필요하다.

(3) 경제성장

산업혁명 이후 그 동안 에너지의 원동력이었던 석탄, 석유는 되도록이면 적게 쓰고 버려야만 하는 에너지로 인식되어가고 있다. 즉, 탄소경제시대는 지나가고 신·재생에너지시대가 새시대를 이끌어 갈 것이다. 세계는 지금 신 산업발달 차원의 에너지 각축전이 벌어지고 있으며 그 중심에 BT(생명공학기술), ET(환경공학기술), IT(정보기술)이 자리 잡고 있다. 신·재생에너지는 기존 전통자원에 비해 에너지 공급 비중이 매우 낮다. 즉 경제적으로 개발가치가 아직은 낮다는 증거인데 세계는 기후변화 등으로 인한 피해들이 점차 심해지고 따라서 인류는 신·재생에너지에 대해 긍정적으로 보고 정부의 적극적인 지원으로 인해 신·재생에너지 기술이 더욱 경제적 가치를 얻게 되면 결국 앞으로 신·재

1) 지구온난화 방지를 위해 모든 온실가스의 인위적 방출을 규제하기 위한 협약을 말한다.

생에너지는 성장할 수밖에 없는 것이다.

그림 1-2 신·재생에너지의 필요성

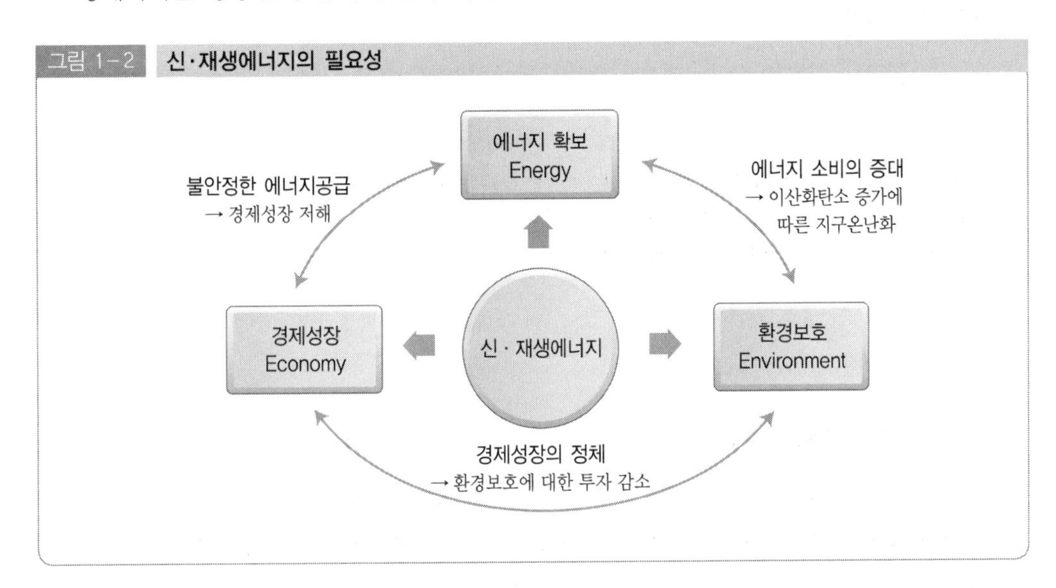

4. 신·재생에너지의 현황과 전망

신·재생에너지를 개발·보급하는데 있어서 가장 큰 장애요인 중의 하나는 기존의 화석연료에 비하여 경제성이 뒤떨어진다는 점이었었다. 그러나 석유의 고갈 및 수급의 불안정과 원유가격 급등, 유엔기후변화협약 이행을 위하여 이산화탄소 배출량의 감축 등을 실행하기 위해서는 신·재생에너지의 개발과 보급이 그 어느 때보다 시급하기 때문에 신·재생에너지의 기술개발과 보급에 박차를 가하고 있다.

2005년 2월 16일 교토의정서가 정식 발효됨에 따라 우리나라를 포함한 의무감축 대상국들은 1차 공약기간인 2008년부터 2012년까지 1990년 대비 5% 이상의 온실가스를 감축해야 한다. 따라서 2차 공약기간인 2013년부터 2017년까지 온실가스 감축의무 부담이 가시화되어 감축의무 부담 시 산업과 경제활동에 미치는 영향은 상당할 것으로 예상된다. 이러한 국내외 에너지 환경변화에 능동적으로 대응하고 나아가 지속적인 성장과 발전을 위해서는 신·재생에너지를 기술개발과 보급 확대가 절실할 수 밖에 없다.

정부에서는 2008년 12월 '제3차 신·재생에너지 기술개발 및 이용보급 기본계획'을 수립하여 1차 에너지 대비 신·재생에너지 비중을 2010년 2.98%, 2015년 4.33%, 2020년 6.08%, 2030년 11.0%로 점차 늘려 공급한다는 목표 하에 일반보급보조사업, 태양광주택 10만보급사업, 융자지원사업 등을 적극적으로 추진하고 있다. 또 에너지원별로 살펴보면 현재 비중이 높은 폐기물과 수력의 증가율은 상대적으로 낮아질 것으로 예상되며, 폐기물 중심에서 바이오에너지, 태양에너지, 풍력 등의 증가율이 높게 나타날 것으로 예상된다.

2 신 에너지

학습포인트

1. 수소에너지의 제조방법((전기분해법)과 특징을 정리한다.
2. 연료전지의 원리와 특징을 정리한다.
3. 석탄의 액화·가스화 반응과 액화 공정을 정리한다.

1. 수소(水素)에너지(Hydrogen energy)

(1) 수소에너지의 개요

수소에너지 기술은 물 또는 유기물질을 변화시켜 수소를 분리 생산 또는 이용하는 기술로서 수소를 기체상태에서 연소 시 발생하는 폭발력을 이용하여 기계적 운동에너지로 변환하여 활용하거나 수소를 다시 분해하여 에너지원으로 활용할 수 있고, 연소 시 같은 무게의 가솔린과 비교하면 4배 정도의 많은 에너지를 방출하여 환경오염을 일으키지 않는 청정 에너지원이라고 할 수 있다.

(2) 수소에너지의 특징

1) 장점

① 물에서 수소를 얻을 수 있어 무한정 사용 가능한 에너지 자원이다.
② 저장과 수송이 쉽다.
③ 오염물질이 거의 배출되지 않는다.
④ LPG나 LNG에 비해 안전하다.

2) 단점

① 물을 전기분해하여 수소를 쉽게 제조할 수 있으나 분해 시에 많은 양의 에너지가 요구된다.
② 아직까지 수소를 대량 생산할 수 있는 기술이 없다.

(3) 수소에너지 시스템

그림 1-3 수소에너지 시스템 구조도

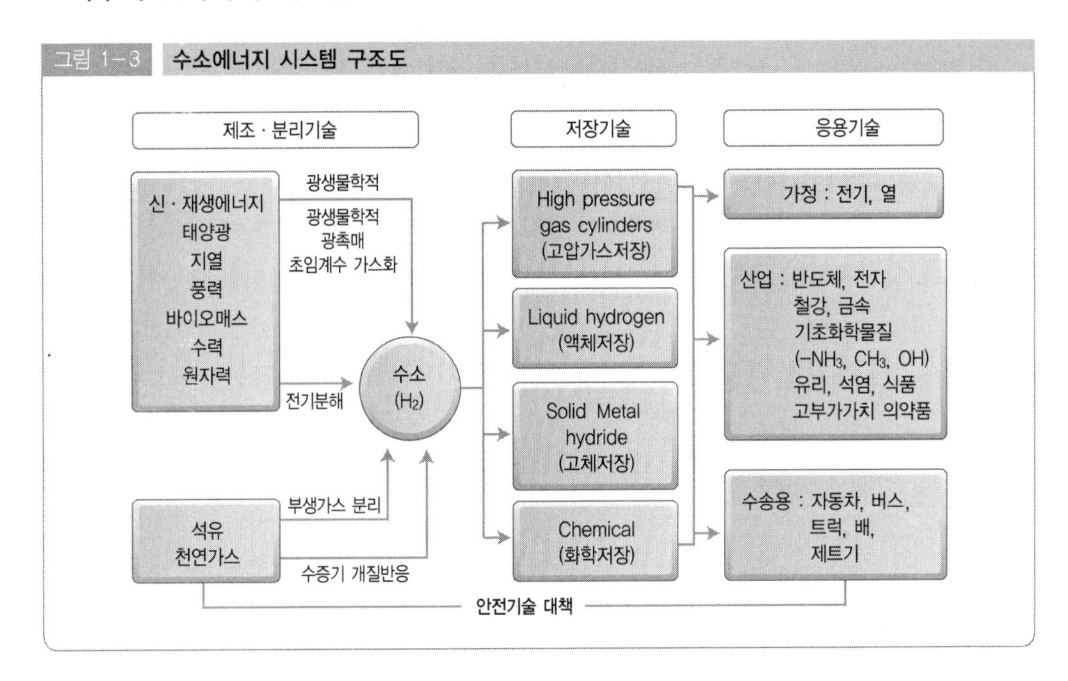

(4) 수소의 제조, 저장, 수송, 이용

1) 수소의 제조

① 수증기 개질(改質)법 (상용화되어 사용 중)

천연가스 속의 메탄을 고온의 수증기와 함께 니켈촉매를 사용 반응시켜 수소를 얻는다.

② 전기분해법 (상용화되어 사용 중)

물에 1.75볼트 이상의 전류를 흘리면 양극에서 산소를, 음극에서 수소를 얻는다.

③ 열화학분해법

800℃의 고온에서 여러 단계의 화학과정을 거쳐 물을 분해하고 수소를 얻는다.

④ 석탄가스화 및 열분해법

석탄을 가스화하면서 수소를 얻는다.

2) 수소의 저장

① 기체상태로 저장

150~200기압으로 압축한 수소가스를 연강제의 원통형 저장용기에 충전하는 방식으로 가장 널리 사용된다.

② 액체상태로 저장

㉠ 수소를 −250℃의 온도에서 액화시켜 저장하는 방식으로 기체상태의 압축 수소보다 부피가 작고 질량에너지 밀도가 높다.

㉡ 공업용 수소가스나 우주개발용 로켓에 사용된다.

③ 수소저장합금에 의한 저장

수소는 금속의 틈 사이로 스며들기 쉬운데 이 성질을 활용한 것이 수소저장합금이다. 냉각 또는 가압하면 수소를 흡수하여 금속수소화물이 되고, 반대로 가열 또는 감압(減壓)하면 다시 수소를 방출한다.

3) 수소의 수송

① 용기에 의한 수송

㉠ 기체수소 : 봄베, 집합용기, 트레일러

㉡ 액체수소 : 소형 컨테이너, 로리

② 파이프라인에 의한 수송

4) 수소의 이용

수소는 화석연료의 대체 사용이 가능한 에너지원으로, 화석연료를 사용하는 분야와 금속수소화합물을 이용한 2차 전지 등에서의 활용이 가능하다.

① 수소자동차

② 연료전지(노트북, 휴대폰)

③ 화학공업(정유공업, 석유정제공업)

④ 식품유지공업(마가린이나 쇼트닝 제조)

2. 연료전지(Fuel cell , 燃料電池)

연료전지는 연료의 연소에너지를 열로 바꾸지 않고 직접 전기에너지로 바꾸는 전지로서 금속과 전해질 용액을 사용하지 않고 양극에 산소 또는 공기를, 음극에 수소알코올·탄화수소 따위를 사용하며 값비싼 촉매를 필요로 하기 때문에 우주 로켓이나 등대 등의 특수한 용도에 쓰인다.

(1) 연료전지의 개요

화학전지는 화학적 변화가 일어날 때의 에너지 변화를 전기에너지로 바꾸는 장치이다. 일반적으로 화학전지는 전극을 구성하는 물질과 전해질을 용기 속에 넣어 화학반응을 시키지만, 연료전지는 외부에서 산소와 수소를 계속 공급해서 계속 전기에너지를 만들어낸다. 이는 마치 연료와 공기의 혼합물을 엔진 속에 공급하여 연소시키는 것과 비슷한 것이다. 이와 같이 연료의 연소와 유사한 화학전지를 연료전지라고 한다. 연료전지에 공급되는 수소는 연소시키는 것이 아니고 수용액에서 전자를 교환하는 산화·환원 반응이 진행되며, 그 과정에서 수소와 산소가 물로 바뀐다. 이 때 생성되는 에너지가 전기에너지로 전환된다.

(2) 연료전지의 원리

연료극인 음극에 공급된 수소와 공기극인 양극에 공급된 산소가 전기화학반응에 의해 직접 발전하는 방식이다.

① 연료극(음극)에 공급된 수소는 수소이온과 전자로 분리된다.
② 분리된 수소이온은 전해질층을 통해 공기극(양극)으로 이동하고 전자는 외부회로를 통해 공기극으로 이동한다.
③ 공기극(양극)쪽에서 산소이온과 수소이온이 만나 물(반응생성물)이 생성된다.
④ 이 최종적인 반응에서 수소와 산소가 결합하여 전기, 물, 열이 생성되어 전류가 흐른다.

그림 1-4 연료전지의 반응과정(예)

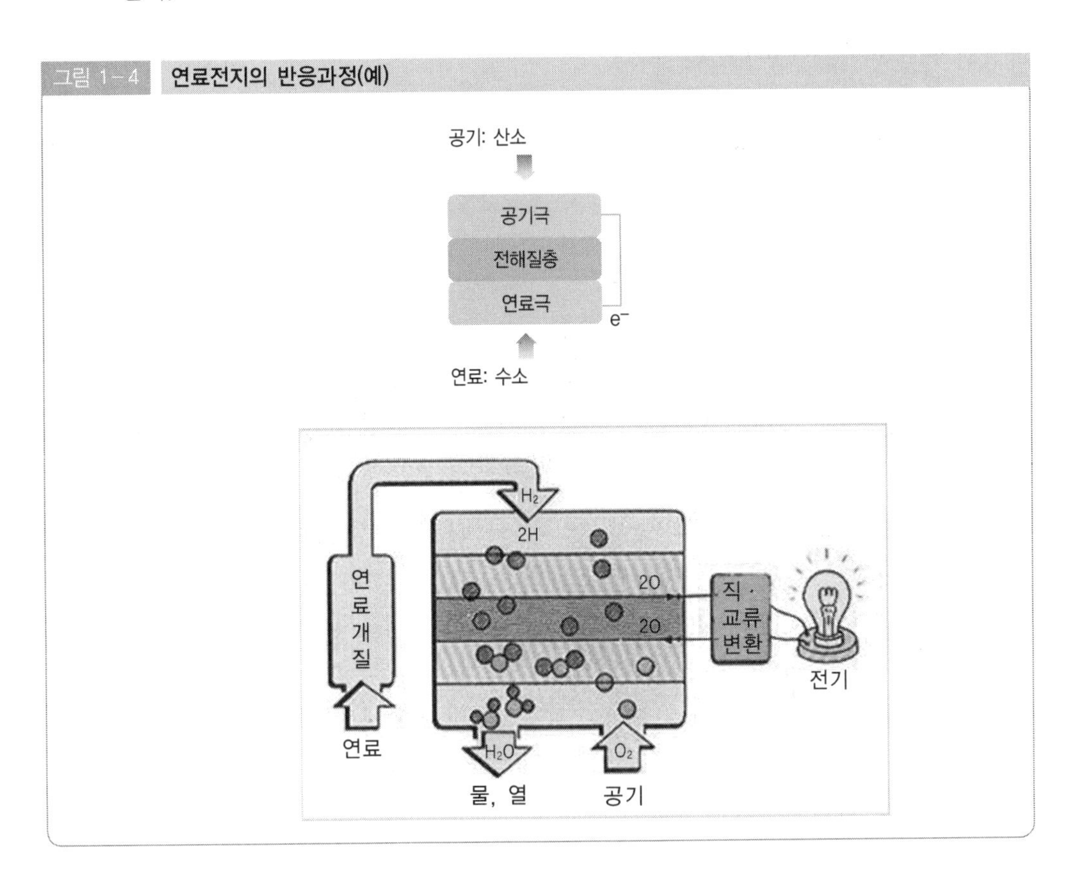

(3) 연료전지의 특징

1) 장점

① 발전효율이 40~60% 정도이며, 열병합발전 형태로 이용 시에는 80% 이상 효율이 가능하다.

② 천연가스, 메탄올, 석탄가스 등 다양한 연료사용이 가능하다.

③ 소음 및 공해물질의 배출이 적어 친환경적이다.

④ 도심부근에서 설치가 가능하여 송배전시의 설비 및 전력손실이 적다.

⑤ 부하변동에 따라 신속히 반응하며, 설치형태에 따라서 다양한 용도의 사용이 가능하다.

2) 단점

① 고도의 기술과 고가의 재료사용으로 경제성이 떨어진다.

② 내구성과 신뢰성의 문제 등 아직 해결해야 할 기술적 난제가 존재한다.

③ 연료전지에 공급할 원료(수소)의 대량 생산과 저장, 운송, 공급 등의 기술적 해결이 시급하고 연료전지의 상용화를 위한 인프라 구축이 미비한 상황이다.

(4) 연료전지발전시스템의 구성

그림 1-5 연료전지 발전시스템 구성도

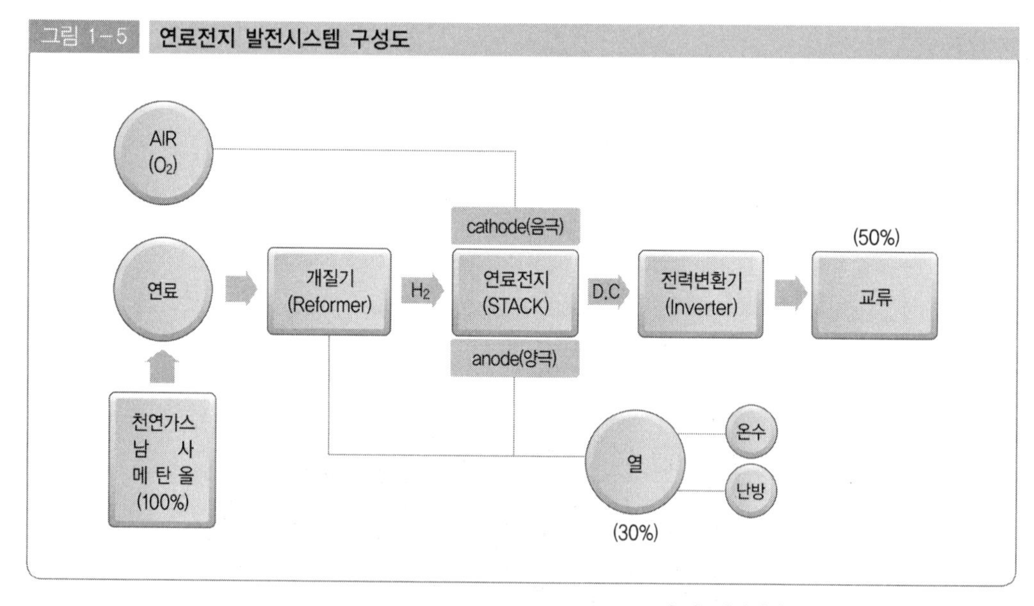

출처: 에너지관리공단 신·재생에너지 센터

1) 개질[2]기(Reformer, 연료개질장치)

수소가 함유된 화석연료(액화천연가스, 액화석유가스, 메탄, 메탄올, 석유, 석탄 등)로부터 수소를 발생시키는 장치를 말한다.

2) 연료전지 본체(Stack, 스택)

개질기에서 공급되는 수소와 공기 중의 산소가 연료전지를 통해 반응하여 전기가 발생되고 부산물로 물과 30%의 열이 생성된다.

① 단위전지(Unit cell)

전기적인 에너지를 저장하거나 생성하는 전기화학 시스템의 기본단위로, 기본적으로 연료극(Anode), 공기극(Cathode), 전해질이 함유된 전해질판, 이들을 분리하는 분리판(Separator) 등으로 구성된다.

② 스택(Stack)

원하는 전기출력을 얻기 위해 단위전지(Cell)를 수십장에서 수백장을 직렬로 쌓아 올린 본체를 말한다.

3) 전력변환기(Inverter)

연료전지에서 발생된 직류전기(DC)를 교류전기(AC)로 변환시키는 장치를 말한다.

4) 주변보조기기(BOP : Balance Of Plant)

기본적인 장치 이외에 플랜트의 효율을 높이기 위해서 연료, 공기, 열회수 등을 위한 펌프, 송풍기, 센서 등의 장치가 부수적으로 필요하다.

(5) 연료전지의 종류 및 특징

연료전지는 내부 전해질에 따라 구분할 수 있다. 근본적으로 각 연료전지는 같은 원리에 의해서 작동되지만, 연료의 종류, 운전온도, 촉매, 전해질 등에 따라 달라진다.

① 인산형 연료전지(PAFC : Phosphoric Acid Fuel Cell)

실용화된 연료로서 천연가스, 메탄올, 납사 등에서 얻은 수소를 이용하고 작동온도범위가 170~200℃ 부근으로 취급이 용이하나, 작동온도가 낮아 재료의 선택폭이 넓은 반면 열효율은 40~43% 정도로 낮다. 전지의 활성도가 낮아 촉매작용이 높은 백금을 사용하는 결점이 있다.

---

2) 개질(Reforming , 改質) : 중질(重質) 가솔린에 고온처리를 함으로써 성분인 탄화수소의 구조를 변경시켜 옥테인값이 높은 고급 가솔린을 제조하는 조작이다. 고온처리를 할 때 촉매를 쓰지 않고 가열만 하는 열개질과 촉매를 써서 처리하는 접촉개질로 나뉜다.

② **용융탄산염형 연료전지**(MCFC : Molten Carbonate Fuel Cell)

천연가스, LPG, 나프타, 석탄가스화 가스 등을 사용하며 작동온도가 650℃ 부근에서 이루어져 백금촉매가 불필요하고 효율은 약 48~55% 정도가 기대되며 폐열을 이용한 열공급이 가능하다. 고온의 배기열을 이용하여 증기터빈을 조합한 고효율 복합 화력발전 시스템으로의 실현이 기대된다.

③ **고체산화물형 연료전지**(SOFC : Solid Oxide Fuel Cell)

MCFC와 같이 석탄가스화 가스를 연료로 사용하고 1,000℃의 높은 온도에서 작동하기 때문에 50~60% 정도 높은 효율이 기대된다. 고체전해질을 사용하기 때문에 구성기기의 부식 등 성능열화도 작을 것으로 기대되나 기술적으로 해결해야할 문제점이 많아 실용화는 상당히 먼 것으로 예상된다.

④ **고분자전해질형 연료전지**(PEMFC : Polymer Electrolyde Membrane Fuel Cell)

고분자전해질형 연료전지의 전해질은 액체가 아닌 고체 고분자 중합체(Membrane)로서 다른 연료전지와 구별된다. 현재 고분자전해질형 연료전지의 전원에 의한 자동차는 우수성이 입증되어 더 많은 연구계획을 진행 중에 있다.

⑤ **직접메탄올 연료전지** (DMFC : Direct Methanol Fuel Cell)

메탄올을 직접, 전기화학 반응시켜 발전하는 시스템으로 휴대용(노트북, 휴대폰)전원으로 이용된다. 고분자전해질형 연료전지(PEMFC)와 비교하여 개질기를 제거할 수 있으며, 시스템의 간소화와 부하 응답성의 향상이 도모될 수 있다. 고분자전해질형 연료전지와 함께 가장 활발하게 연구되는 분야이다.

⑥ **알칼리형 연료전지**(AFC : Alkaline Fuel Cell)

전해질은 수산화칼륨과 같은 알칼리를 사용한다. Anode의 촉매는 니켈망에 은을 입힌 것 위에 백금-납을 사용하고, Cathode는 니켈망에 금을 입힌 것 위에 금-백금을 쓴다. 알칼리 연료전지의 고효율화의 기본목적은 자동차 산업의 전원 공급용이다.

3. 석탄 액화가스화 에너지

(1) 석탄 액화(石炭液化, Coal liquefaction)

고체상태의 석탄을 액체상태의 연료로 전환시키기 위해 고온·고압 상태에서 수소를 첨가하여 인조석유를 만드는 방법을 말한다.

그림 1-6 석탄 액화·가스화

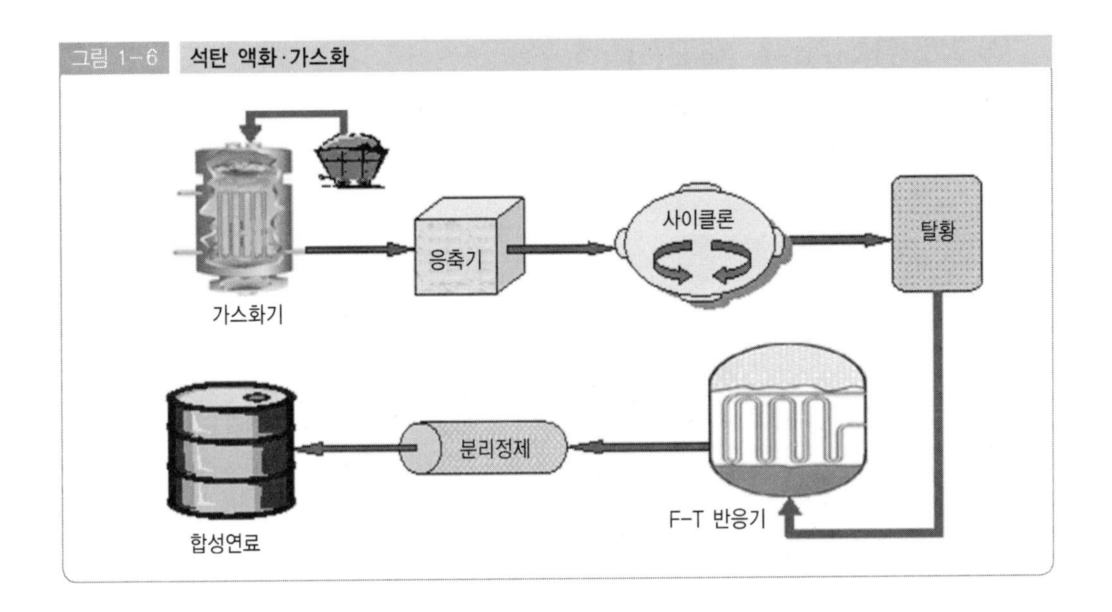

1) 직접액화법

석탄을 고온, 고압에서 열분해한 후 수소에 의하여 안정화시켜 저분자 탄화수소를 생성시키는 방법이다.

2) 간접액화법

석탄을 일단 가스화 시킨 후, $CO+H_2$ 가스로 변환시키고 피셔·트로프슈(Fischer-Tropsch)합성, 모빌법 등에 의해 탄화수소를 생성시키는 방법이다.

(2) 석탄 가스화(Gasification of coal , 石炭가스化)

높은 온도에서 석탄에 산소·수소를 반응시켜 석탄가스(H_2, CO, CO_2 질소 등)를 얻는 기술로 석탄액화에 비해 기술의 안정성, 경제성 면에서 우수하다.

(3) 석탄 액화·가스화 에너지의 특징

1) 장점

① 고효율의 발전이 가능하다.

② 공해물질(SOx 95% 이상, NOx 90% 이상)이 감소되는 환경친화적인 에너지이다.

③ 저급연료(석탄, 중질잔사유, 폐기물 등)를 고부가가치의 에너지로 변환시킨다.

2) 단점

① 설비구성과 제어가 복잡하다.

② 초기 투자비용이 많이 든다.

(4) 석탄 액화·가스화 에너지시스템 구성

석탄 액화·가스화 에너지시스템 구성은 가스화부, 정제부, 발전부 등 3가지 주요부분과 활용에너지 다변화를 위해 수소 및 액화 연료부 등으로 구성되어 있다.

그림 1-7 석탄(경질잔사유) 가스화

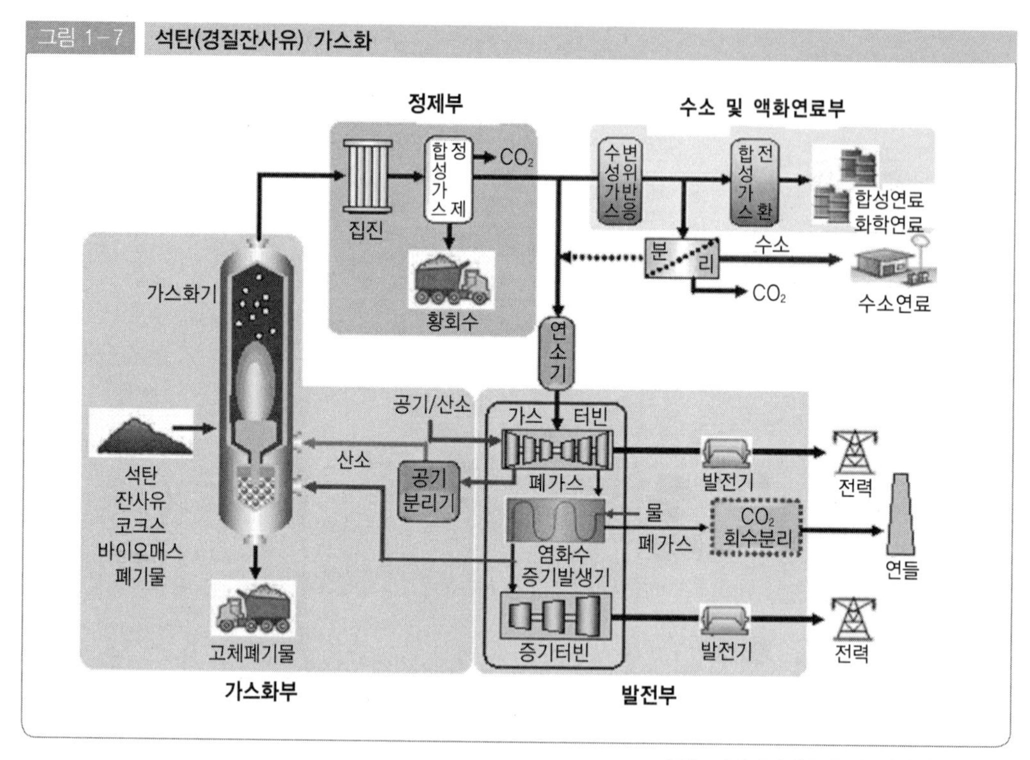

출처: 에너지관리공단 신·재생에너지 센터

① 가스화부

석탄, 잔사유, 코크스, 바이오매스, 폐기물 등을 가스화하고 고체폐기물은 배출한다.

② 정제부

합성가스를 정제하면서 이산화탄소를 분리하고 황회수를 배출한다.

③ 발전부

연소기, 가스터빈, 배가스, 열회수 증기발생기, 증기터빈시설, 연료전지로 구성되어 있으며, 이산화탄소와 폐수를 분리하고 전력으로 이어진다.

④ 수소 및 액화 연료부

수성가스의 변위반응으로 합성가스를 전환하고, 합성연료와 화학연료를 생성한다.

(5) 석탄 액화·가스화기술의 분류

1) 석탄가스화 기술

석탄가스화기에서 석탄을 가열하고 수증기와 공기가 반응하여 H_2, CO, CO_2, CH_4, N_2 등의 혼합가스가 생성되는데, 전체 시스템 중 가장 중요한 부분으로 원료공급방법 및 Ash처리 등이 핵심기술이며, 석탄 종류 및 반응조건에 따라 생성가스의 성분과 성질이 달라진다.

그림 1-8 석탄 가스화 공정

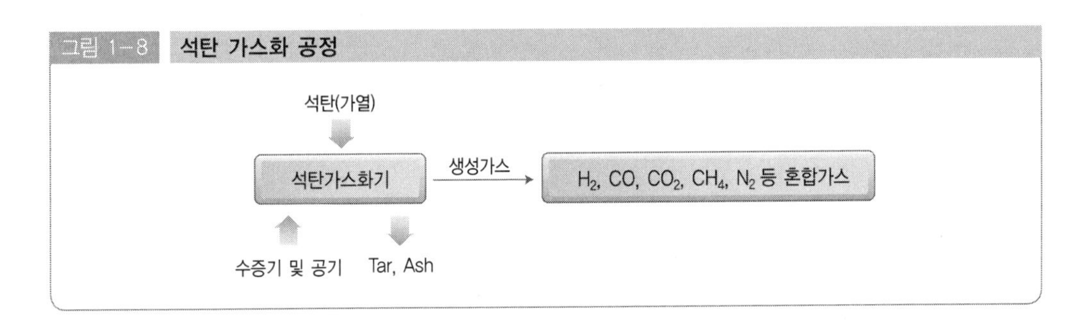

2) 가스정제 공정

생성된 합성가스가 고효율 청정발전 및 청정에너지에 사용될 수 있도록 오염가스와 분진(H_2S, HC1, NH_3 등) 등을 제거하는 기술이다.

그림 1-9 가스정제 공정

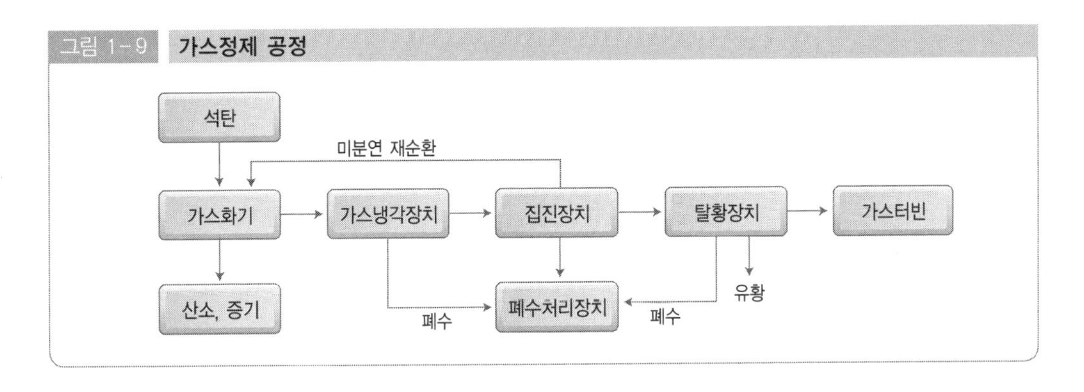

3) 가스터빈 복합발전시스템(IGCC : Integrated Gasification Combined Cycle)

잘 정제된 가스를 사용하여 1차로 가스터빈을 돌려 전기를 만들고, 배기가스의 열을 이용 보일러로 증기를 발생시켜 2차로 증기(스팀)터빈을 돌려 전기를 만드는 시스템이다.

그림 1-10 석탄 액화 및 가스화 복합 발전 공정

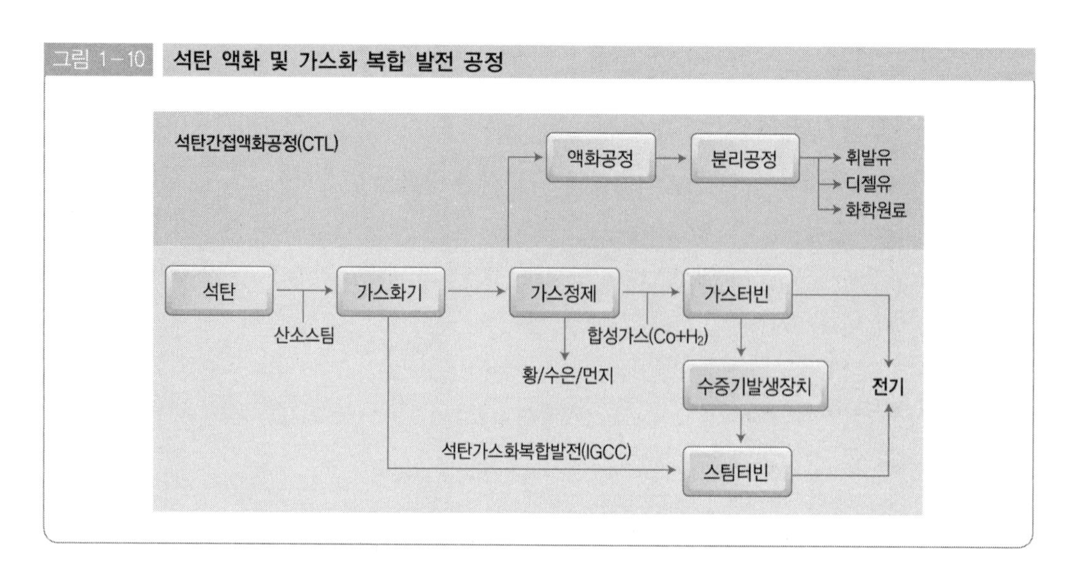

4) 수소 및 액화연료 생산

연료전지의 원료를 사용할 수 있도록 합성가스로부터 수소를 분리하는 기술과, 생성된 합성가스의 촉매반응을 통해 액체연료인 합성석유를 생산하는 기술을 말한다.

3 재생에너지

학습포인트

1. 재생에너지의 종류를 정리한다.
2. 각 재생에너지의 원리와 이용분야를 정리한다.
3. 각 재생에너지의 특징을 정리한다.

1. 태양에너지

태양은 지구에서 가장 가까운 항성으로, 표면의 모양을 관측할 수 있는 유일한 것이다. 또한, 태양은 주요 에너지공급원으로, 인류가 이용하는 에너지의 대부분은 태양에 의존한다. 수력·풍력도 모두 태양에 유래하고, 나무·석유·석탄도 태양열을 저장한 것이며, 오직 조석력(潮汐力)·화산·온천·원자력 등이 직접 태양열에 의존하지 않는 에너지 자원일 뿐이다.

지구 대기권 밖에서 태양광선에 수직인 면은 1㎠당 매분 약 1.946cal의 복사에너지를 받는데 이를 태양상수(1.36kW/㎡)라 한다. 또 지구에 입사되는 태양에너지의 30%는 우주공간으로 산란 또는 반사되고 20%는 대기에 흡수되며 50%는 지표면에 흡수된다. 따라서 지표면에서는 1㎡당 약 700W정도의 태양에너지를 받는다.

태양에너지는 열과 빛을 이용하는 2가지 방식으로 구별할 수 있는데, 집열장치를 이용하여 난방용이나 온수용의 열을 생산하는 태양열장치(태양열에너지시스템)와 태양빛을 이용하여 전기를 생산하는 태양광발전으로 나눌 수 있다.

(1) 태양열에너지

1) 태양열에너지의 이용

태양에서 발생한 열을 이용하여 만드는 에너지로 난방이나 급탕에 활용할 수 있다. 태양열장치란 태양광선의 파동성질을 이용하여 태양열을 흡수, 저장, 열변환 등의 과정을 거쳐 건물의 냉난방 및 급탕, 태양열발전 등에 활용하는 기기를 말한다.

2) 태양열에너지의 특징

① 장점

㉠ 환경오염이 없는 청정에너지원이다.

㉡ 거의 무한하다.

㉢ 유지보수비가 저렴하다.

② 단점

㉠ 초기 건설비용이 많이 든다.

㉡ 계절별 영향을 많이 받는다.

㉢ 시간별 제한을 많이 받는다.

3) 태양열에너지시스템 구성

그림 1-11 태양열발전시스템 구성

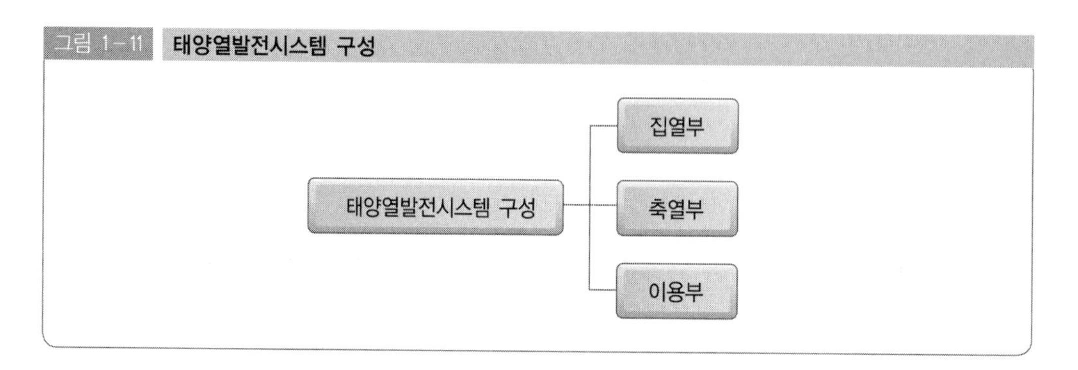

태양열에너지시스템은 집열부(집열기와 열교환기), 축열부(축열조), 이용부(보조 보일러) 등 3가지 주요부분으로 구성되어 있다.

중앙제어장치에 응집된 각 구성부의 시스템은 제어장치를 통해 다시 집열기와 열교환기, 그리고 열교환기와 축열조를 연결하는 중간 연결시스템을 제어한다.

◈ 태양열에너지시스템 구성부분

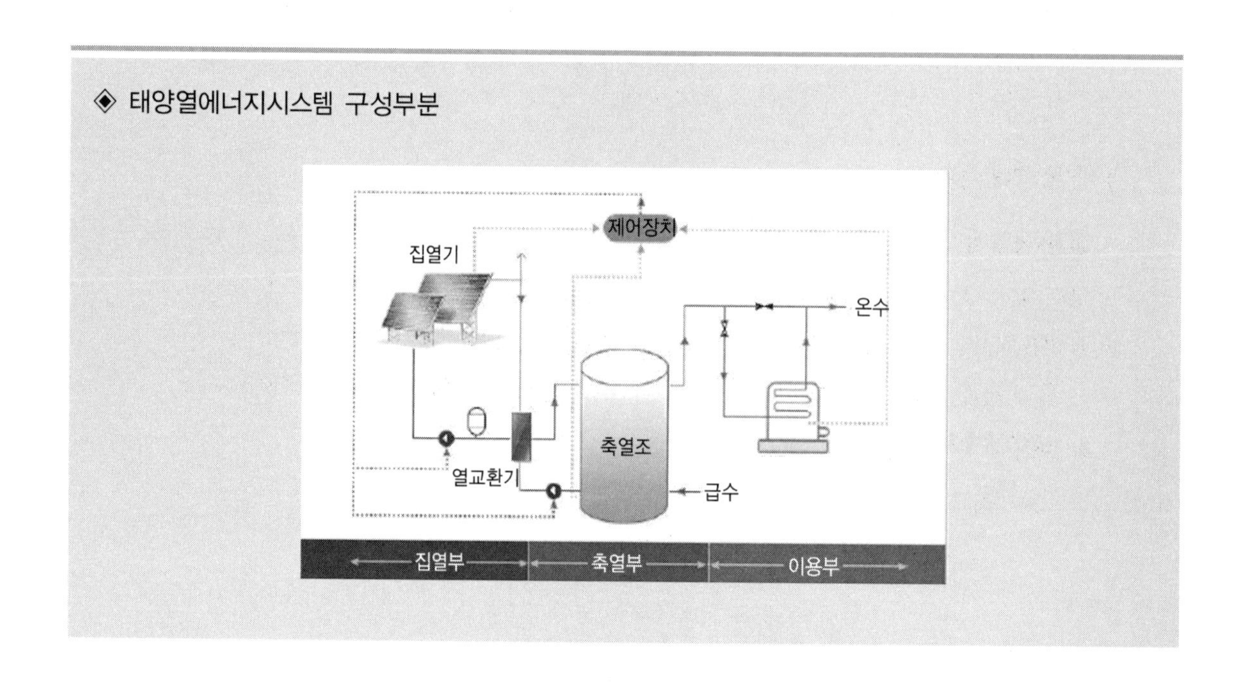

① 집열부(集熱部)
태양으로부터 오는 에너지를 모아 열로 변환하는 장치로 집열온도는 집열기의 열손실율과 집광장치의 유무에 따라 결정된다.

② 축열부(蓄熱部)
집열시점과 집열량 이용시점이 달라 필요한 집열열량을 저장하는 장치로 일종의 버퍼(btffer) 역할을 할 수 있는 열저장 탱크이다.

③ 이용부(利用部)
태양열 축열부에 저장된 열량을 효과적으로 공급하고 부족할 경우 보조열원(보일러 등)을 이용해 공급하는 장치이다.

④ 제어부(制御部)
태양열을 효과적으로 집열 및 축열하여 필요한 장소에 효과적으로 공급하는 일련의 과정을 제어 및 감시하는 장치이다.

※ 태양열에너지시스템은 에너지 밀도가 낮고 계절별, 시간별 변화가 심한 에너지이므로 집열과 축열 기술이 가장 기본이고 중요한 기술이다.

◈ 태양열에너지시스템 구성요소

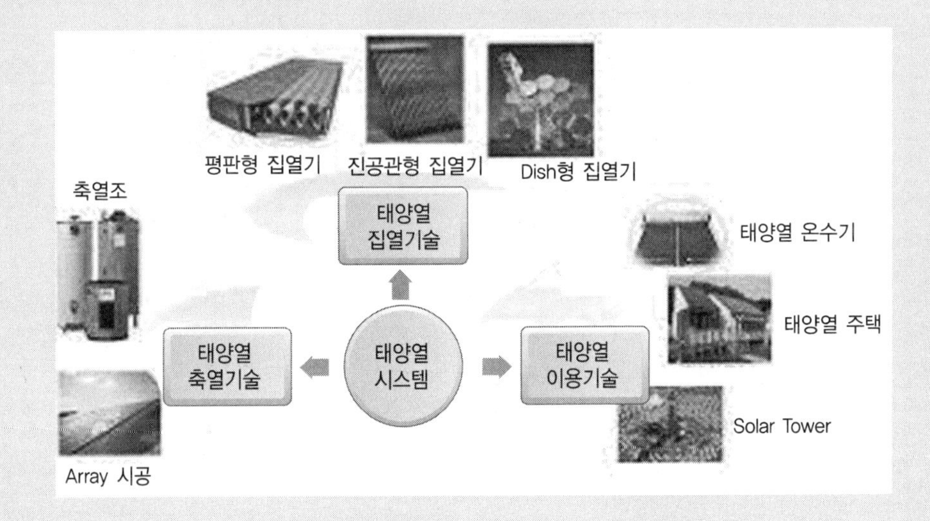

① 집열기술
평판형 집열기, 진공관형 집열기, Dish형 집열기

② 축열기술
축열조, Array 시공

③ 이용기술
태양열 온수기, 태양열 주택, Solar Tower

4) 태양열에너지 이용기술의 분류

① 열매체의 구동장치 유무에 따른 분류

㉠ 자연형 시스템(Passive system)

온실, 트롬월과 같이 남측의 창문이나 벽면 등 주로 건물 구조물을 활용하여 태 양열을 집열하는 장치이다.

㉡ 설비형 시스템(Active system)

집열기를 별도 설치해서 펌프와 같은 열매체 구동장치를 활용해서 태양열을 집열하는 시스템을 흔히 태양열 시스템이라고 한다.

② 집열 또는 활용온도에 따른 분류

일반적으로 저온용, 중온용, 고온용으로 분류하기도 하며, 각 온도별 적정집열기, 축열방법 및 이용분야는 다음과 같이 나타낼 수 있다.

구분	자연형	설비형		
	저온용	중온용	고온용	
활용온도	60℃ 이하	100℃ 이하	300℃ 이하	300℃ 이상
집열부	자연형시스템 공기식집열기	평판형집열기	※PTC집열기 ※CPC집열기 진공관형집열기	Dish형집열기 Power Tower
축열부	Tromb Wall (자갈, 현열)	저온축열 (현열, 잠열)	중온축열 (잠열, 화학)	고온축열 (화학)
이용분야	건물공간난방	냉난방, 급탕, 농수산 (건조, 난방)	건물 및 농수산분야 냉난방, 담수화, 산업공정열, 열발전	산업공정열, 열발전, 우주용, 광촉매폐수처리, 광화학, 신물질제조

③ 이용분야를 중심으로 분류

태양열 온수급탕시스템, 태양열 냉난방시스템, 태양열 산업공정열시스템, 태양열 발전시스템 등이 있다.

※ PTC(Parabolic Trough solar Collector), CPC(Compound Parabolic Collector)

(2) 태양광발전(太陽光發電, Photovoltaic power generation)

태양광발전은 발전기의 도움 없이 태양전지를 이용하여 태양의 빛에너지를 직접 전기에너지로 변환시키는 발전방식이다. 태양전지는 증기터빈이나 발전기 없이 직접 전기를 얻을 수 있는 장점이 있다. 인공위성에서는 이 태양전지를 에너지원으로 사용하고 있고 카메라, 전자계산기 등에도 태양전지가 사용되고 있다.

1) 태양광발전의 원리

① 태양전지에 태양빛이 비추어지면 광전효과에 의해 전기가 발생하는 발전방식으로, 태양광 발전의 기본 원리는 P형 반도체와 N형 반도체의 접합으로 구성된 태양전지에 태양광이 비치면 전자와 정공이 이동하여 N층과 P층을 가로질러 전류가 흐르게 되며, 이 때 발생하는 기전력에 의해 전류가 흐르게 된다.

그림 1-12 태양광발전의 원리

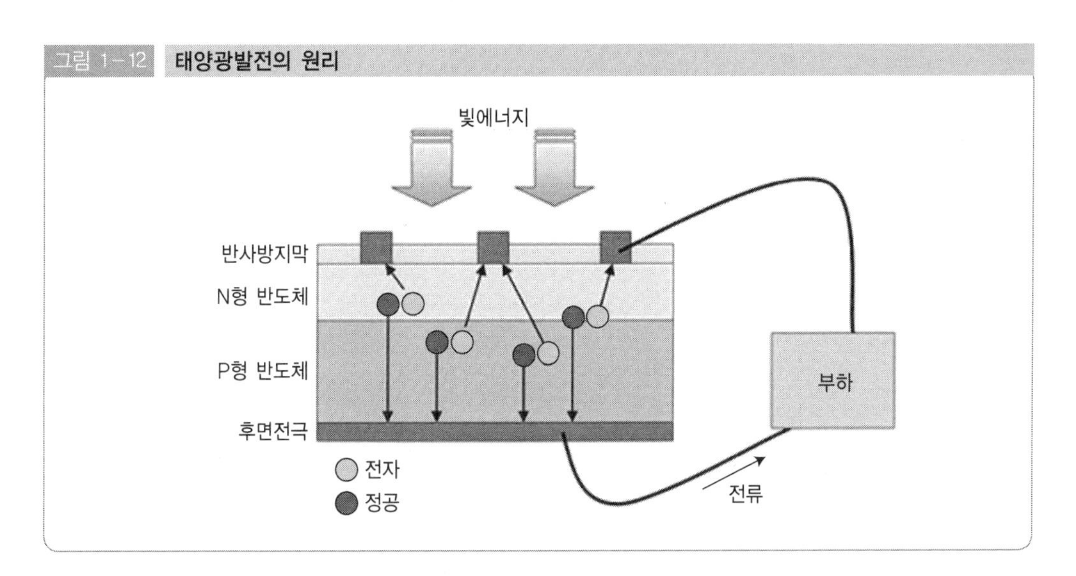

② 광전효과(光電效果, Photoelectric effect)

금속 등의 물질에 일정한 진동수 이상의 빛을 비추었을 때, 물질의 표면에서 전자가 튀어나오는 현상을 말한다.

그림 1-13 광전효과

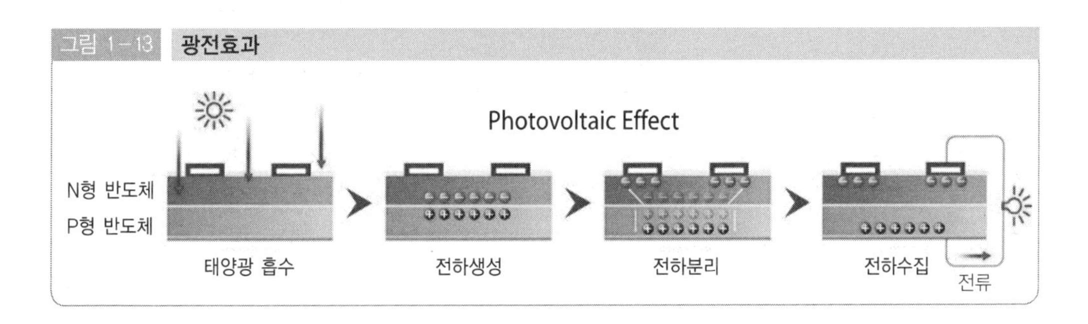

2) 태양광발전시스템의 구성

태양광발전시스템은 태양전지(solar cell), 축전지, 전력변환장치(충전조절기와 인버터) 등으로 구성되어 있다.

① 태양전지

광전효과를 통해 빛 에너지를 전기에너지로 변환시킨다.

② 축전지

야간 및 악천후 시를 위해서 전력을 저장한다.

③ 충전조절기

태양전지판에서 발생된 전력을 충전기에 충전시키거나 인버터에 공급한다.

④ 인버터

직류전력을 교류전력으로 변환시킨다.

그림 1-14 태양광발전시스템의 구성도

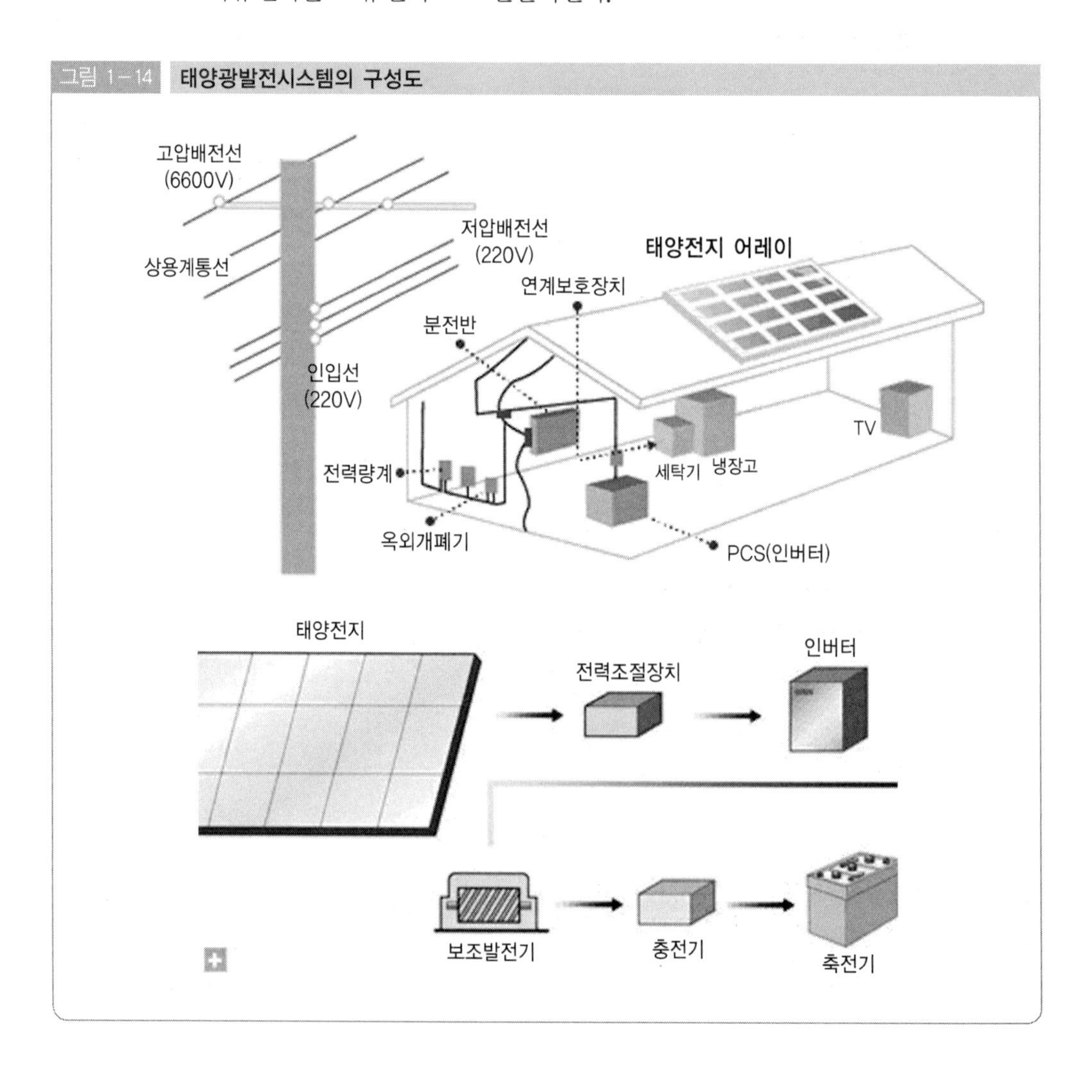

3) 태양광발전의 특징

① 장점

㉠ 환경오염이 없는 청정에너지원이다.

㉡ 거의 무한하다.

㉢ 유지관리 및 보수가 용이하다.

㉣ 수명이 길다(20년 이상).

② 단점

㉠ 초기 투자비용이 많이 들고 발전단가가 높다.

㉡ 에너지의 밀도가 낮아 큰 설치면적이 필요하다.

㉢ 일사량 변동에 따른 발전량의 편차가 커 출력이 불안정하다.

체크포인트

태양광발전과 태양열에너지의 차이

태양광발전 : 광전효과(물질이 빛을 흡수하면 물질의 표면에서 전자가 생겨 전기가 발생하는 효과)를 이용하여 직접적으로 전기를 생성 (태양빛→전기)

태양열발전 : 태양열로 물을 끓여 증기를 발생시키고, 이를 이용해 터빈을 돌려 전기를 생상(태양열→기계에너지→전기)

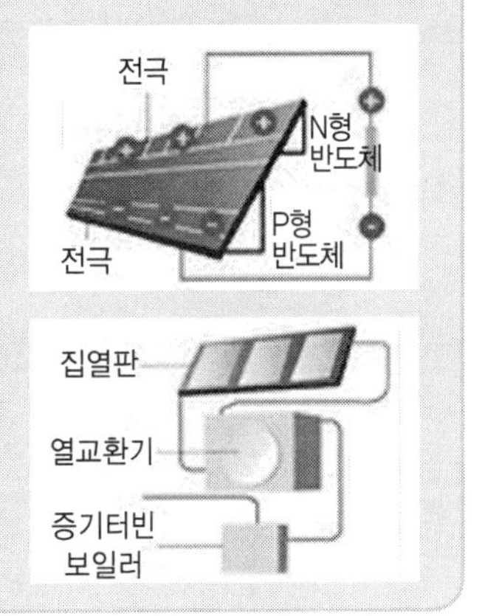

2. 풍력(風力, Wind force)

풍력발전(風力發電)은 풍력터빈을 이용해서 바람(풍력)을 전력으로 바꾸는 일이다. 오늘날 풍력은 수많은 국가에서 상대적으로 값이 싼 재생가능에너지원을 제공하며 탄소가 거의 없는 전기를 생산한다.

(1) 풍력발전의 원리

풍차를 이용하여 바람의 에너지를 기계 에너지로 변환시켜 발전하는 방식으로 풍력 발전기의 날개를 회전시켜 이때 생긴 날개의 회전력으로 전기를 생산하는 것이다.

그림 1-15 Wind Turbine 작동원리

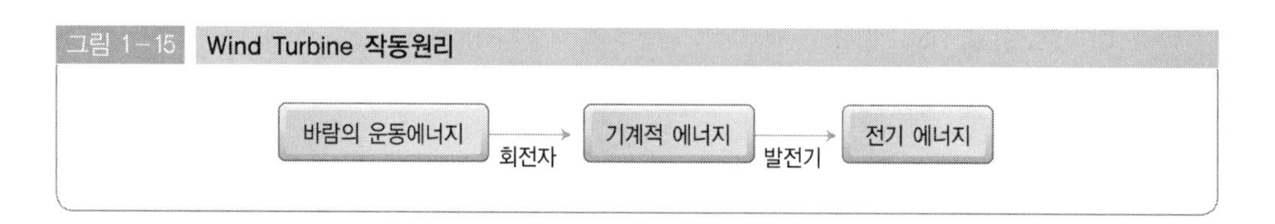

(2) 풍력발전의 특징

1) 장점

① 자원이 풍부하고 환경오염이 없는 청정에너지원이다.
② 비용이 가장 적게 들고 건설 및 설치 기간이 짧다.
③ 유지관리 및 보수가 용이하다.
④ 거의 무한하다.

2) 단점

① 바람이 불 때만 발전이 가능하다.
② 소음공해를 유발할 수 있다.
③ 풍력발전기의 규모가 커 조망권에 지장을 줄 수 있다.

(3) 풍력발전시스템의 구성

풍력발전시스템은 풍차, 동력전달장치, 발전기 등으로 구성되어 있다.

그림 1-16 풍력발전시스템의 구성

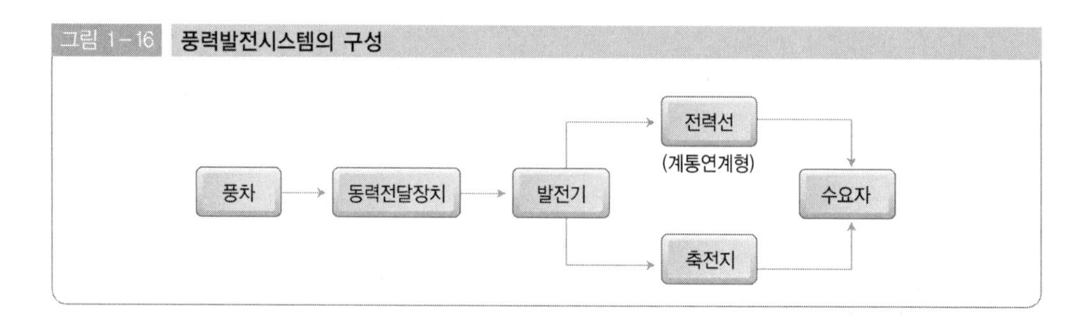

1) 풍차

바람에 의해 회전하여 바람의 운동에너지를 기계적 에너지로 바꾸어준다.

2) 동력전달장치

풍차에서 발생한 회전력을 변속기어를 이용하여 적절한 속도로 바꾸어준다.

3) 발전기

동력전달장치에서 전달된 기계적 에너지를 전기에너지로 바꾸어준다.

그림 1-17 풍력시스템 구성도

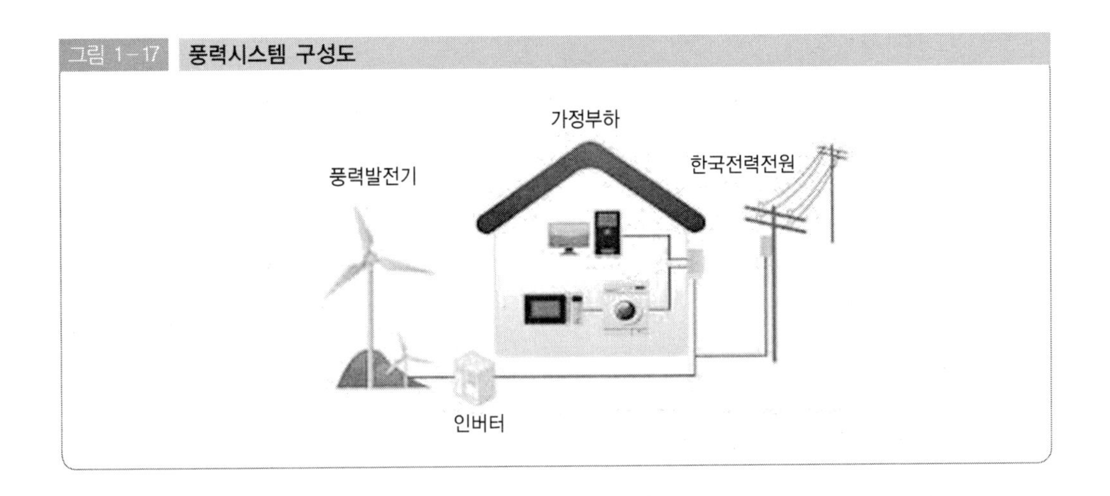

(4) 풍력발전시스템의 상세구조

바람으로부터 회전력을 생산하는 회전날개(Blade), 회전축(Shaft)을 포함한 회전자(Rotor), 이를 적정 속도로 변환하는 증속기(Gearbox)와 기동·제동 및 운용효율성향상을 위한 브레이크(Brake), 피칭(Pitching)&요잉(Yawing) System 등의 제어장치부문으로 구성되어 있다.

그림 1-18 풍력발전시스템 구성도

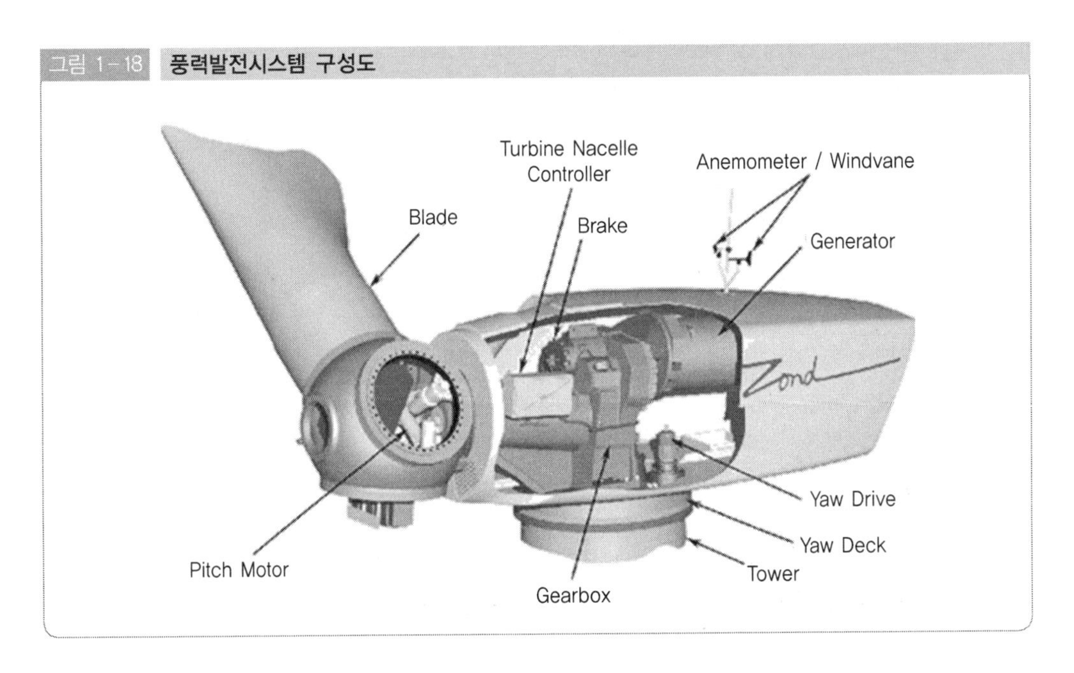

1) 기계장치부

회전날개(Blade), 회전축(Shaft)을 포함한 회전자(Rotor) 등으로 구성되어 있다.

2) 전기장치부

발전기(Generator) 및 기타 안정된 전력을 공급토록하는 전력안정화 장치로 구성되어 있다.

3) 제어장치부

무인운전이 가능토록 설정, 운전하는 Control System 및 [①]Pitching & [②]Yawing Controller와 원격지 제어 및 지상에서 시스템 상태판별을 가능케 하는 Monitoring System으로 구성되어 있다.

(5) 풍력발전시스템 분류

1) 분구조상 분류(회전축 방향)

① 수평축 풍력시스템(HAWT) : 프로펠라형

② 수직축 풍력시스템(VAWT) : 다리우스형, 사보니우스형

그림 1-19 분구조상 분류에 따른 풍력발전시스템

[수직축 발전기] [수평축 발전기]

2) 운전방식에 따른 분류

① 정속운전(fixed roter speed type) : 통상 Geared형

② 가변속운전(variable roter speed type) : 통상 Gearless형

① Pitch control : 날개의 경사각(pitch) 조절로 출력을 능동적 제어한다.

② Yaw control : 바람방향을 향하도록 블레이드의 방향을 조절한다.

그림 1-20 운전방식에 따른 풍력발전시스템

[Geared형 풍력발전시스템]

[Gearless형 풍력발전시스템]

3) 출력제어방식에 따른 분류

① Pitch(날개각) Control

② [③]Stall(失速) Control

4) 전력사용방식에 따른 분류

① 계통연계(유도발전기, 동기발전기)

② 독립전원(동기발전기, 직류발전기)

3. 수력(水力, Water power)

물의 낙차 에너지를 이용하여 발전기를 돌려 전력을 얻는 방식을 말한다. 수력발전은 오염이 거의 없고 발전 단가가 싼 장점이 있지만 입지선정조건의 제약이 크고 건설비가 많이 드는 단점이 있다

(1) 소수력발전(小水力 發電)의 개요

소수력발전이란 자연상태의 물 흐름을 방해하지 않고 전기를 만드는 소형수력발전을 뜻한다. 2005년 이전에는 시설용량 10MW 이하를 소수력으로 규정하였으나, 「신 에너지 및 재생에너지개발·이용·보급촉진법」으로 개정되어 소수력발전을 포함한 모든 수력설비를 신·재생에너지로 정의하고 있으며, 신·재생에너지 연구개발 및 보급정책에서는 주로 소수력발전을 대상으로 하고 있다.

③ Stall(失速) control : 한계풍속 이상이 되었을 때 양력이 회전날개에 작용하지 못하도록 날개의 공기역학적 형상에 의한 제어한다.

(2) 소수력발전의 원리

수력발전(水力發電, Hydroelectric power generation)은 높은 곳에 위치한 물이 가지는 위치에너지를 수차에 의해서 기계에너지로 변환하고, 다시 이것을 발전기를 이용해 전기에너지로 변환하여 전기를 얻는 방법이다.

(3) 소수력발전의 특징

1) 장점

① 댐 건설이 필요치 않으며 설비와 투자 비용이 적게 든다.
② 연간 유지비가 적게 든다.
③ 비교적 계획, 설계, 시공 기간이 짧다.

2) 단점

① 기상과 계절에 따라 강수량이 차이가 있어 발전량의 변동이 심하다.
② 소수력발전을 하기 위한 자연낙차가 큰 장소가 드물다.
③ 첨두부하[3]에 대한 기여도가 크지 않다.

(4) 소수력발전의 구성

하천이나 수로에 댐이나 보를 설치하고 발전소까지 물을 유동하는 수압관로, 물이 떨어지는 낙차로 전력을 생산하는 수차발전기, 생산된 전력을 공급하기 위한 송·변전설비, 출력 제어와 감시를 위한 감시제어설비로 구성되어 있다.

그림 1-21 소수력발전 구성도

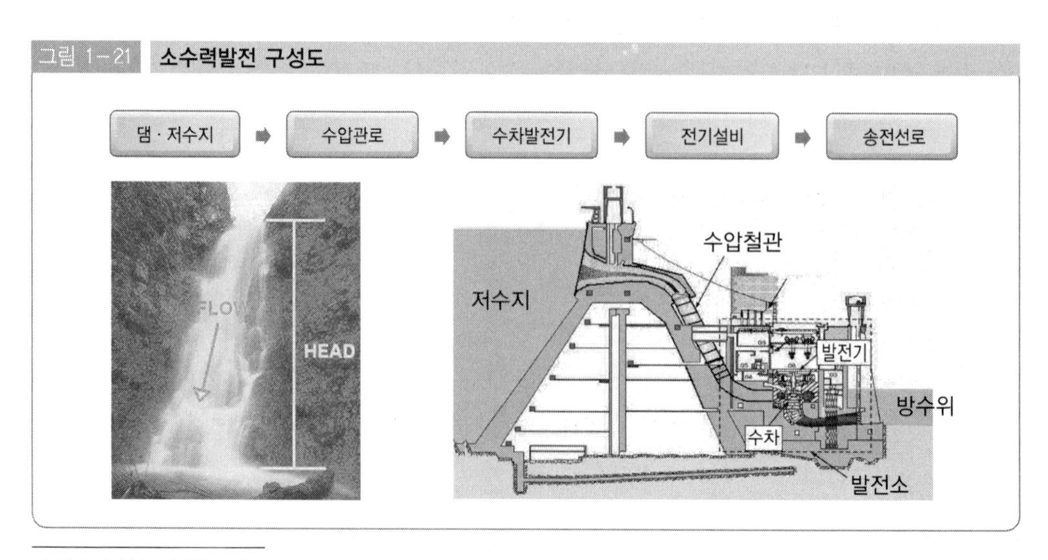

3) 첨두부하(尖頭負荷) : 하루의 전력사용 상황으로 보아 여러가지 부하가 겹쳐져서 종합수요가 커지는 시각의 부하.

(5) 소수력발전의 분류

소수력발전은 소규모 하천의 물을 인공적으로 유도하여 저낙차 터빈을 이용한 발전방식으로 발전방식, 출력규모, 낙차에 따라 분류할 수 있다.

1) 발전방식에 따른 구분

① 수로식(Run-of-river type)

하천을 따라 완경사의 수로를 결정하고 하천의 급경사와 굴곡 등을 이용하여 수로에 의해 낙차를 얻는 방식으로 하천경사가 급한 상·중류에 적합한 형식이다.

② 댐식(Storage type)

주로 댐에 의해서 낙차를 얻는 형식으로 발전소는 댐에 근접해서 건설하고 하천경사가 작은 중·하류로서 유량이 풍부한 지점이 유리하며, 하천의 구배가 완만하나 유량이 풍부한 곳과 낙차는 크나 하천의 수위변동이 심한 지역을 택한다.

③ 터널식(Tunnel type)

댐식과 수로식을 혼합한 방식으로 지형상 지하 터널로 수로를 만들어 큰 낙차를 얻을 수 있는 곳에 설치하게 되므로 수로식 소수력발전의 변형이라 할 수 있다.

2) 출력규모(설비용량)에 따른 구분

① 마이크로수력(Micro hydropower) : 100kW 미만

② 미니수력(Mini hydropower) : 100~ 1,000kW

③ 소수력(Small hydropower) : 1,000~ 10,000kW

3) 낙차에 따른 구분

① 저낙차(Low head) : 2~20m

② 중낙차(Medium head) : 20~150m

③ 고낙차(High head) : 150m 이상

(6) 수차(터빈, Turbine)의 종류 및 특징

소수력의 가장 중요한 설비는 수차이며, 설비별 특징은 다음과 같다.

1) 충격수차

물이 갖는 속도에너지를 이용하여 회전차를 충격시켜 회전력을 얻는 수차이다. 물이 노즐이라는 곳에서 발사되는 힘에 의해 회전차를 직접 충격시켜서 회전력을 얻는 수차를 의미한다.

2) 반동수차

물이 회전차를 지나는 동안 압력에너지를 회전차에 전달하여 회전력을 얻는 수차

이다. 즉 물이 케이싱에서 안내깃을 통하여 회전차를 빠져나갈 때 빠져나가는 힘의 반동에 의해 회전차를 돌려주는 수차를 의미한다.

(7) 소수력발전의 보급현황

국내 소수력발전소 현황은 아래 표에서 보는 바와 같이 2012년도 현재 97개소, 설비용량 156,854㎾이며 2011년도 소수력 연간 발전량은 361백만㎾h의 전력을 생산하였다. 한국수자원공사 35개소, 한국전력공사 및 발전회사 17개소, 민간 발전사업자 20개소, 한국농어촌공사 14개소, 지자체 11개소(하수종말처리장 6개소, 정수장 2개소, 하천 3개소)가 운영 중에 있다. 현재 소수력발전소의 평균 설비용량은 1,617㎾으로 1990년 이전의 평균 설비용량인 1,648㎾과 비교하면 보다 작은 소수력을 개발하고 있으며, 최근에는 일반하천을 이용한 소수력과 화력발전소 냉각수를 이용한 소수력을 개발하고 있다. 2000년도 이전에 건설된 소수력발전소는 민간 발전사업자가 다수를 차지하였으나, 2001년도 이후 지역에너지보급사업과 발전차액지원제도가 시행된 이후 개발된 소수력은 대부분 지자체 및 정부투자기관 등 공공기관이 건설하였다.

표 1-3 소수력발전소 현황

구 분	설비용량(㎾)	점유율(%)
97개소	156,854	100
한국수자원공사(35개소)	69,160	44
한전 및 발전회사(17개소)	39,072	25
민간 발전사업자(20개소)	35,259	22
한국농어촌공사(14개소)	10,329	7
지자체(11개소)	3,034	2

4. 해양에너지(海洋, Ocean energy)

해양에너지는 그 이용방식에 따라 조력, 파력, 조류, 온도차, 염분차 등 여러 형태로 존재하며, 고갈될 염려가 전혀 없고, 인류의 에너지 수요를 충족시키고도 남을 만큼 풍부할 뿐 아니라, 공해문제가 없는 미래의 이상적인 에너지 자원이라 할 수 있다.
우리나라의 서해안은 세계적으로도 조석간만의 차가 크고, 수심이 얕고, 해안선의 굴곡이 심해 조력 발전의 훌륭한 입지조건을 지니고 있으며, 동해안은 수심이 깊고, 연중 파도 발생 빈도가 비교적 높아 파력 발전의 가능성이 클 뿐만 아니라, 동해로 북상하는 쿠로시오 해류를 이용하는 해양온도차 발전도 가능할 것으로 보고 있다. 서남해안 울돌목은 세계적으로 조류가 빠른 지역으로서 조류발전의 후보지로 각광을 받고 있다.

(1) 해양에너지의 개요

바닷물을 이용하여 얻을 수 있는 해양에너지에는 4가지가 있다. 파도를 이용하는 파력에너지, 밀물과 썰물을 이용하는 조력에너지, 좁은 해협의 조류를 이용한 조류에너지가 있고, 해양 온도차에 의해서도 전기를 얻을 수 있다. 여기서는 흐르는 바닷물을 이용하여 전기에너지를 얻는 조력, 파력, 조류, 온도차 에너지에 대해 알아보기로 한다.

조력발전 (潮力發電)	조석현상에 의해 생기는 해면 높이의 위치에너지를 전기에너지로 변환하는 발전방식
파력발전 (波力發電)	파도의 상하운동 에너지를 이용해서 동력을 얻어 발전하는 방식
조류발전 (潮流發電)	조류의 세기(강한 조류)를 이용해 발전하는 방식
온도차발전 (溫度差發電)	해면의 온수와 심해의 냉수의 온도차를 이용해서 발전하는 방식

(2) 해양에너지의 종류

1) 조력발전

① 조력발전의 개요

해수면의 상승하강 운동을 이용하여 전기를 생산하는 발전기술을 조력발전이라고 한다. 밀물을 가두어 두었다가 썰물 때 내보내면서 발전기를 돌리는 방식이다. 우리나라의 서해안의 경우 수위차가 수 미터나 될 정도로 매우 크기 때문에 좋은 입지조건을 갖추고 있다.

② 조력발전의 원리

조력발전은 말 그대로 조수간만의 차(밀물과 썰물)를 이용한 발전이다. 밀물이 밀려들어 오면 물높이가 높아지는데 이 물을 댐에 가두어 두었다가 썰물 때 좁은 곳으로 흐르게 만들어 터빈을 돌려 전기를 만들며, 반대로 밀물 땐 댐 안의 물높이는 낮기 때문에 밀물이 들어올 때 역시 좁은 곳으로 물을 들어오게 하여 터빈을 돌려 발전을 한다.

수력발전이 높은 곳에서 물을 떨어뜨리는 힘에 의해 터빈을 돌리듯이 조력발전은 밀물과 썰물의 높이차를 이용해 터빈을 돌려 발전을 한다.

그림 1-22 조수간만의 차를 이용한 발전

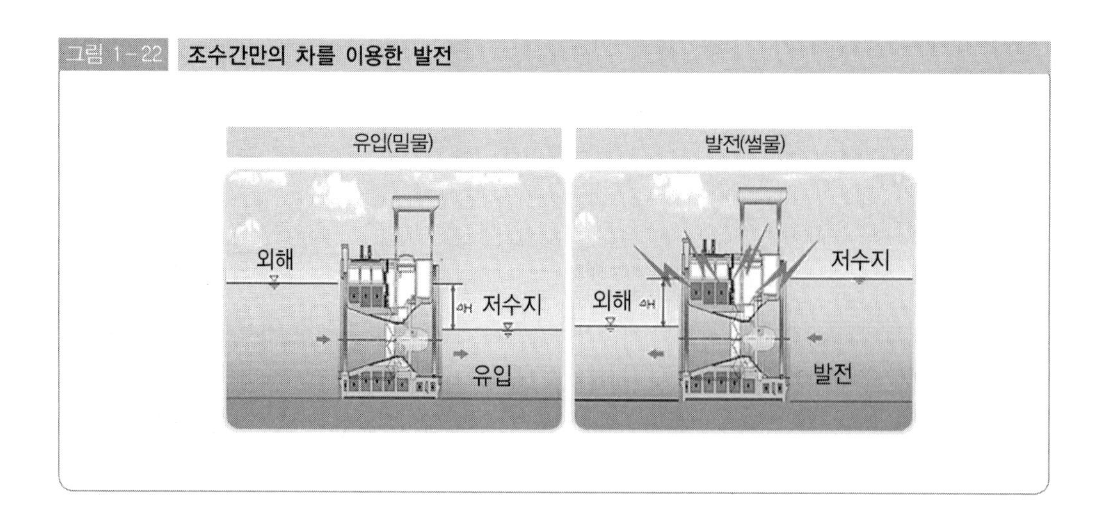

③ 조력발전의 특징

㉠ 장점

- 공해 발생 문제가 전혀 없는 청정에너지원이다.
- 희소하거나 고갈되지 않는 무한 에너지원이다.
- 태양광, 풍력, 연료전지에 비해 경제성이 뛰어나다.

㉡ 단점

- 간만의 차가 연간 균일하지 않다.
- 초기 투자시설비가 크고 해안 생태계에 영향을 줄 수 있다.
- 하루 중 2번은 발전이 중단된다(밀물과 썰물의 중간시기).

④ 조력발전의 입지조건

㉠ 조석간만의 평균 조차가 3m 이상

㉡ 만의 형태가 폐쇄된 모양을 이룰 것

㉢ 에너지 수요처와의 거리가 되도록 가까울 것

2) 파력발전

① 파력발전의 개요

파도의 상하운동을 에너지 변환장치를 통하여 기계적인 회전운동 또는 축 방향 운동으로 변환시킨 후 전기에너지로 변환시키는 방식이다. 파력발전에 관한 연구는 미국, 일본, 영국, 노르웨이 등 여러 나라에서 수행하였으며 현재 약 50여종의 파력발전장치가 고안되어 있다.

파력발전을 하려면 파도가 끊임없이 쳐야 하는데, 이런 장소를 찾기란 그리 쉽지 않다.

② 파력발전의 원리

파력발전은 파도의 상하운동으로 터빈을 돌려 전기를 생산하는 시스템으로 설치방식에 따라 크게 부유식과 고정식으로 구분한다. 일반적으로 파력발전기의 시스템 내부는 밑 빠진 병 모양을 하고 있는데, 아래쪽이 바다에 잠겨 파도가 출렁거리면 내부의 공기가 위 아래로 움직이게 되고, 이로 인해 위쪽의 좁은 구멍에서 공기의 상하운동 속도가 빨라져 이 공기로 터빈을 돌려 전기를 생산하는 원리를 이용해 전기를 만든다.

그림 1-23 파력발전 구성도

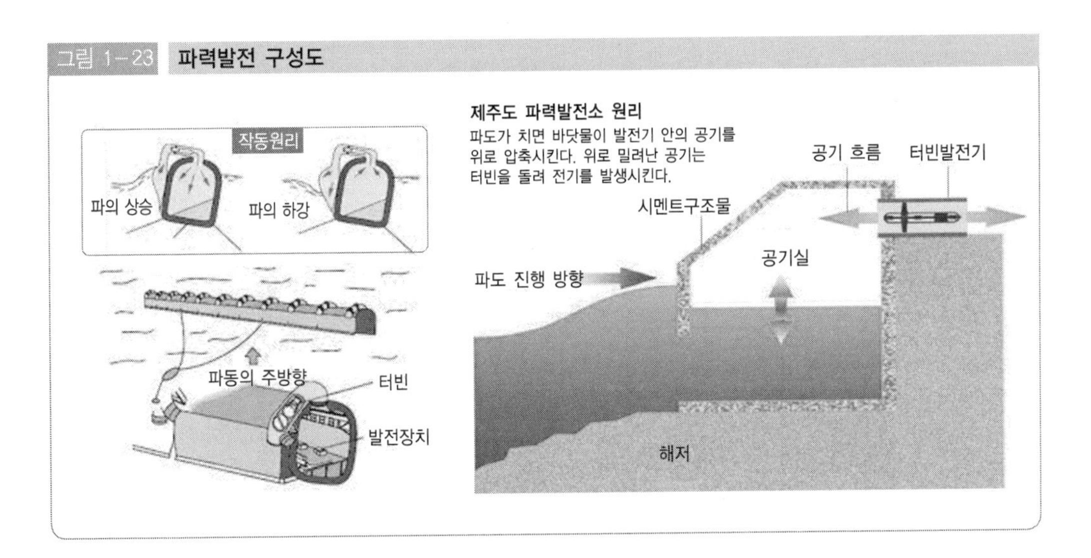

③ 파력발전의 특징

㉠ 장점

- 공해 발생 문제가 전혀 없는 청정에너지원이다.
- 한번 설치해 놓으면 거의 영구적으로 사용 가능하다.
- 고갈될 염려가 없는 미래 에너지원이다.

㉡ 단점

- 출력변동이 심하고 파도가 센 곳만 가능하다.
- 초기 투자시설비가 크고 유지관리비가 많이 든다.

④ 파력발전의 입지조건

㉠ 파랑(波浪)이 풍부한 연안

㉡ 육지에서의 거리가 30km 미만일 것

㉢ 수심이 300m 미만인 해상

3) 조류발전

① 조류발전의 개요

흐르는 조류에 의한 발전도 가능하다. 우리나라에서 가장 조류가 센 울돌목은 진도와 해남 사이의 폭 294m의 좁은 해협으로 최대유속은 12노트이다. 진도 울둘목 조류 발전소는 2005년에 착공하여 4년 만에 1,000㎾급(500㎾ 발전기 2대) 시험조류발전소가 건설되어 2009년 5월 14일 준공식을 가졌다. 본격적인 가동이 시작되면 약 400가구에 전력 공급이 가능하다고 한다. 한편 오는 2015년까지 조도면 장죽수도(150㎾), 맹골수도(250㎾) 등지에도 조류발전시스템을 설치할 계획이어서, 앞으로 진도 일대가 세계적인 조류발전지대로 발돋움할 것으로 기대된다.

그림 1-24 울돌목 조류발전 조감도

② 조류발전의 원리

유속이 빠른 바다 속에 큰 프로펠러식 터빈을 설치하고 자연적인 조류흐름을 이용하여 터빈을 돌리는 발전방식이다. 조류발전은 댐이나 방파제의 설치 없이 선박의 통행이 자유로우며 어류의 이동을 방해하지 않고 주변 생태계에 영향을 주지 않으므로 환경친화적 재생에너지시스템이다.

③ 조류발전의 특징

㉠ 장점

- 공해 발생 문제가 전혀 없는 청정에너지원이다.
- 날씨와 계절에 관계없이 연중 안정적인 발전이 가능하다.

그림 1-25 조류발전 구성

- 고갈될 염려가 없는 미래 에너지원이다.

㉡ 단점

- 조류의 흐름이 강한 곳에만 설치가 가능하다.
- 발전기의 제작비용이 많이 든다.

④ 조류발전의 입지조건

㉠ 조류의 흐름이 2m/s 이상 빠르고 유속의 지속시간이 길 것

㉡ 조류흐름의 특징이 확실할 것

㉢ 수심과 수로폭 등이 발전을 하기에 충분한 공간일 것

⑤ 조류발전의 종류

㉠ 수평축(HAT: Horizontal Axis Turbine)방식

유입방향과 로터 회전축의 방향이 평행을 유지하는 형태로 유입방향의 변화에 따라 발전기의 방향을 조정할 수 있으며 수직축방식에 비해 유지 및 보수가 어렵다.

㉡ 수직축(VAT: Vertical Axis Turbine) 방식

유입방향과 로터 회전축의 방향이 직각을 유지하는 형태로 유입방향과 관계없이 발전이 가능하며 발전기가 수면 위에 위치하여 유지 및 보수가 용이하다.

4) 온도차발전(溫度差發電, Thermal difference generation)

해면의 온수와 심해의 냉수의 온도차를 이용해서 발전하는 방식으로 표층과 심층간의 20℃ 전후의 수온차를 이용하여 표층의 온수로 암모니아, 프레온 등의 저비점 매체를 증발시킨 후 심층의 냉각수로 응축시켜 그 압력차로 터빈을 돌려 발전하는 방식이다.

① 온도차발전의 개요

바다는 태양과 가까운 표층부터 데워지고, 그 열이 점차 아래로 전해지기 때문에 표면으로부터 100m~1,000m 정도의 구간에서 온도가 급격히 저하되어 1,000m 이하에서는 4~6℃ 정도가 된다. 태평양과 인도양의 수심 1,000m와 표층수간의 연 평균 온도 차이를 보면 적도 지역을 중심으로 20℃ 이상의 온도차가 있는데 이처럼 바다 표면 쪽과 바다 깊은 곳의 온도차에 의해 생기는 열에너지가 온도차 에너지이다.

② 온도차발전의 원리

온도차발전이란 표층과 심층간의 20℃ 전후의 온도차를 이용하여 표층의 온수를 증발시킨 후, 심층의 냉각수로 응축시켜 그 압력차로 터빈을 돌려 발전하는 방식이다.

③ 온도차발전의 특징

㉠ 장점

- 공해 발생 문제가 전혀 없는 청정에너지원이다.
- 해수는 무한히 있으므로 원료부족이 전혀 없다.
- 조석이나 파랑 등에 별로 영향을 받지 않고 전력을 발생할 수가 있다.

그림 1-26 해저 온도차 및 해양 온도차 발전 원리

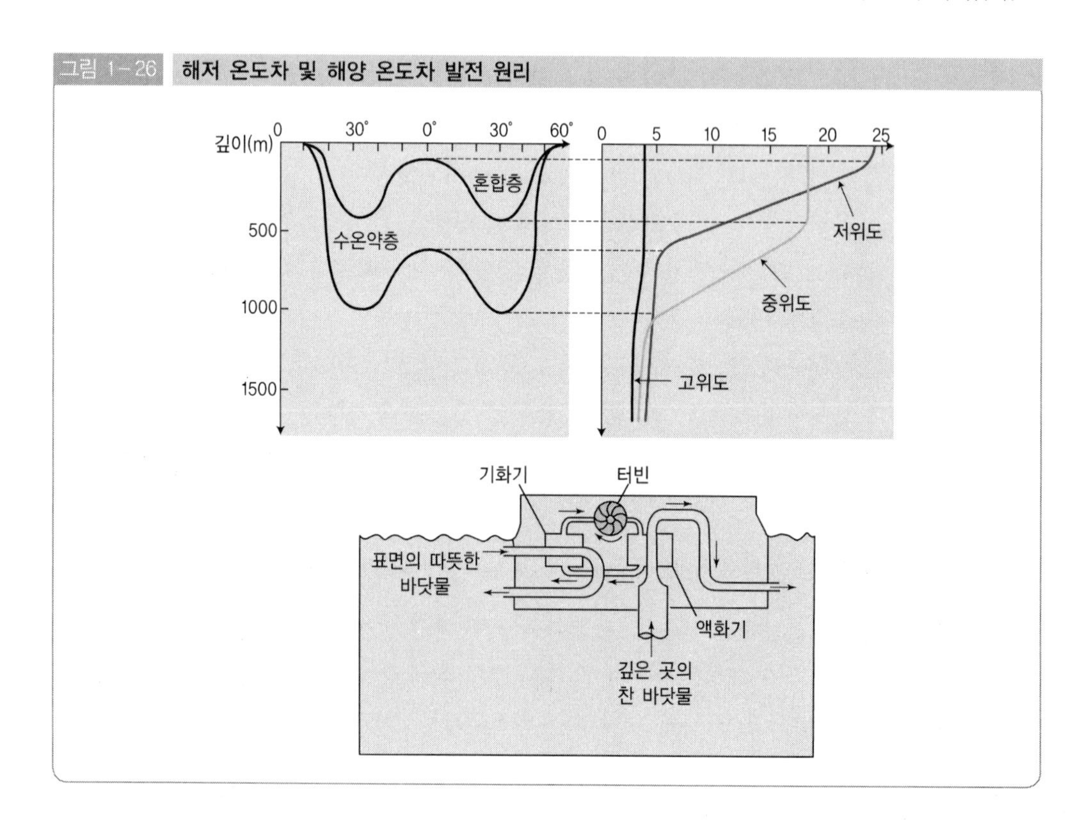

ⓛ 단점

- 수증기의 압력이 높아야 많은 양의 증기압을 얻을 수 있으므로, 터빈 등의 장치가 대형화되어야 한다.
- 파도나 해류로부터 파괴되지 않도록 견고한 재료를 써야한다.

④ 온도차발전의 입지조건

㉠ 표층수와 심층수와의 온도차가 큰 해안이 있어야 한다

ⓛ 심층의 차가운 해수가 필요하므로 해안에 깊은 해중절벽과 같은 지형이 있어야 한다.

5. 지열에너지(地熱, Geothermal energy)

지열은 지구의 내부에서 외부로 나오는 열을 말한다. 이러한 지열은 수증기, 온수 및 화산 분출 등에 의해서 지표로 유출된다. 지열은 지구의 모든 표면에서 방출되지만 그 양은 지역에 따라 크게 다르다. 지열 에너지는 지구 자체가 가지고 있는 에너지이므로 굴착하는 깊이에 따라 잠재력이 무한하다고 할 수 있다. 현재 지열 에너지는 온천 등의 관광 자원이나 난방의 열원 등으로 직접 이용되는 경우가 많다. 앞으로는 지열 발전을 통하여 전기에너지를 얻는 방식으로 나아갈 전망이다.

(1) 지열에너지의 개요

지열 에너지는 말 그대로 땅의 열 에너지를 말한다. 지구 내부에는 내핵, 외핵, 맨틀, 지각으로 구성되어 있는데, 지열 에너지는 지각이나 맨틀에 있는 마그마의 열이 지각으로

그림 1-27 지열에너지의 이용

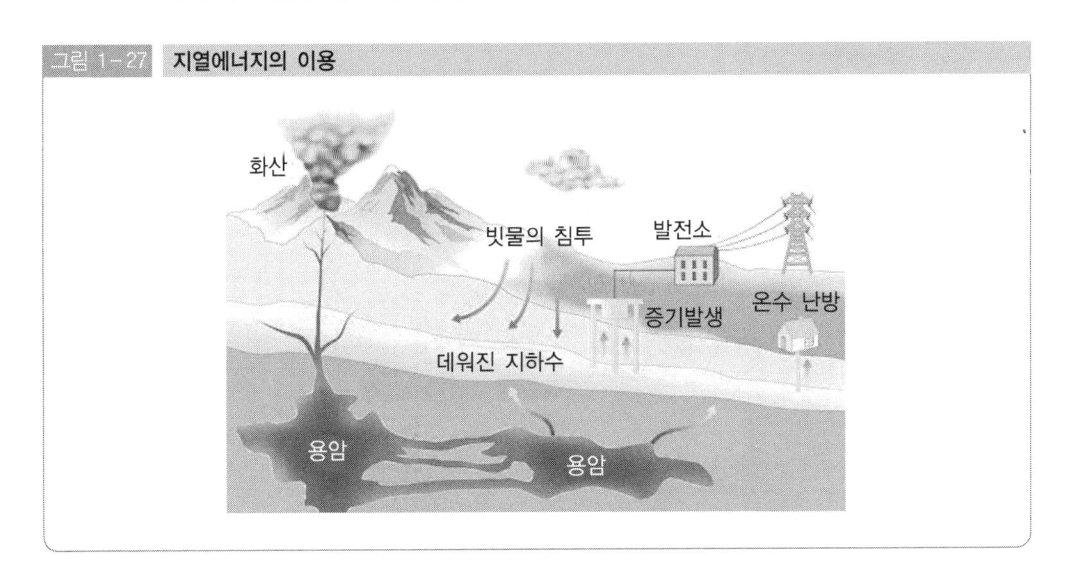

전달 된 것과 내핵, 외핵의 열이 바깥으로 방출된 것 두 가지가 더해진 것이다. 마그마는 우라늄이나 토륨, 칼륨 등의 방사능 붕괴로 인한 열로 암석이 녹은 상태로 있는 것을 말하며, 이 열이 지각으로 전달되는 것이 약 80%이다. 그리고 내핵과 외핵에서 지표면으로 전달되는 열이 약 20% 정도이다. 지하 10 km정도 내의 지열 에너지는 전 세계의 석유와 천연가스의 에너지를 모두 합한 것의 50,000 배나 많다고 하니, 엄청난 에너지가 지구 속에 저장되어 있다.

(2) 지열발전(地熱發電, Ggeothermal power generation)

지하에 있는 고온층으로부터 증기 또는 열수(熱水)의 형태로 열을 받아들여 발전하는 방식을 말한다.

1) 지열발전의 원리

지하 수km 아래로부터 고온의 건조증기를 얻어, 이 고온의 증기를 증기터빈에 보내고 고속으로 터빈을 회전시킨다. 터빈에는 발전기가 연결되어 있어 전기에너지를 생산한다. 열수(熱水)로서 분출하는 경우는 증기만을 얻고 물은 흘려보내거나, 열교환기에 보내어 물을 증발시켜 보내는 방식을 취하기도 한다.

2) 지열발전의 특징

① 장점

㉠ 발전 비용이 비교적 저렴하고 운전 기술도 비교적 간단하다.

㉡ 공해물질의 배출이 없다.

㉢ 가동률이 높으며 남는 열(잉여열)은 지역에너지로 이용될 수 있다.

그림 1-28 지열발전기의 구조

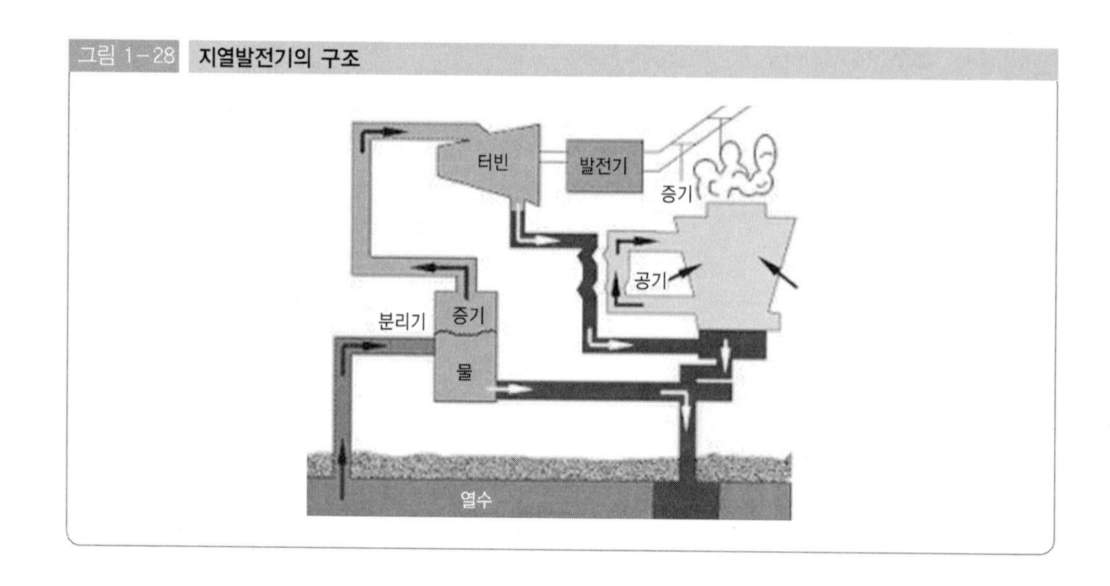

② 단점

㉠ 초기 투자비가 타 냉난방시스템보다 크다.

㉡ 지열 발전이 가능한 지역이 한정되어 있어 우리나라는 적합한 장소가 드물다.

㉢ 다시 보충이 될 수 없어 재생 불가능한 에너지이다.

(3) 지열 냉난방시스템

지열 냉난방 시스템은 지반을 하나의 거대한 에너지 저장고라는 개념에서 출발한다. 여름에 실내의 더운 열을 지반으로 보내고 대신 지반을 통과한 차가운 바람이나 물을 통해 실내를 냉방하며, 겨울에는 반대로 실내의 차가운 공기를 지반으로 보내어 상대적으로 따뜻한 공기나 물로부터 열을 얻는다. 기존의 화석에너지(석유, 석탄, 가스연료)로만 동작하는 냉난방 시스템과는 차별성을 가지는 것으로 무한의 에너지원에 따른 환경 친화적인 시스템이라고 하겠다. 땅속 일정한 깊이 아래의 온도가 일정하다는 것을 이용해서 냉난방을 하는 방법은 땅속의 온도가 오랜 시간이 경과해도 변하지 않기 때문에 뜨거운 물이나 증기를 이용하는 지열발전과 달리 재생이 가능한 방법이다. 지열 냉난방시스템은 히트펌프, 열교환기(파이프), 지열(루프)파이프 등으로 구성되어 있다.

(4) 지열원 열교환기의 분류

지열을 회수하는 파이프(열교환기)의 회로구성에 따라 폐회로(Closed Loop)와 개방회로(Open Loop)로 구분할 수 있다.

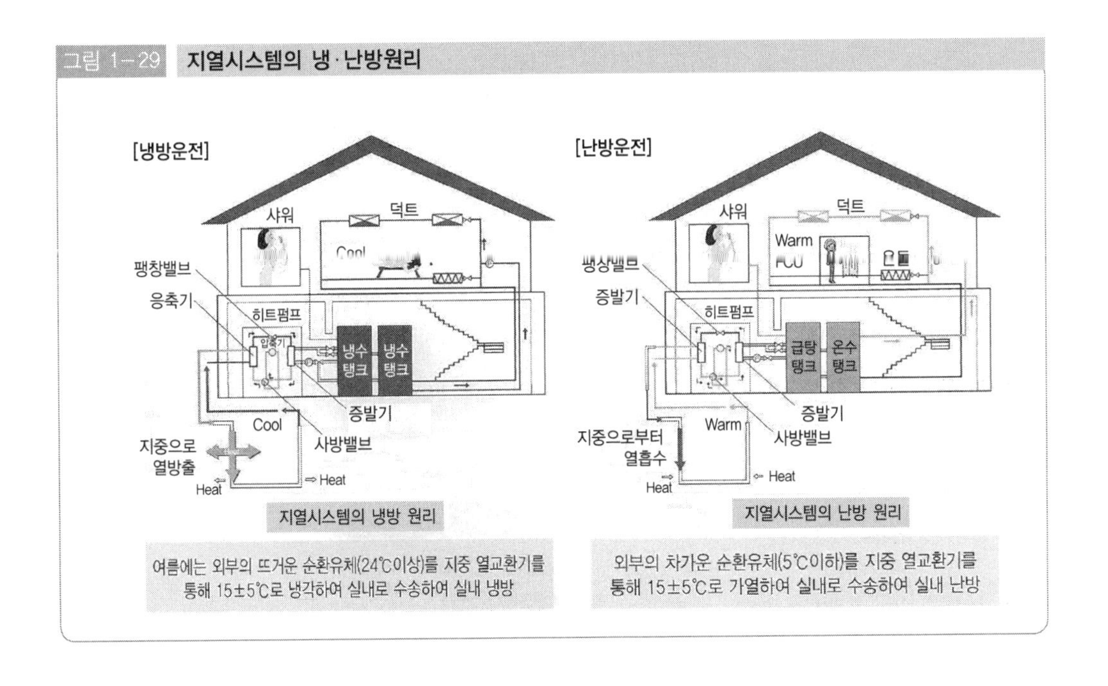

그림 1-29 지열시스템의 냉·난방원리

① 폐회로 시스템(Closed loop system, 폐쇄형)

폐회로 시스템은 파이프가 폐회로로 구성되어 있는데, 파이프 내에는 지열을 회수(열교환)하기 위한 열매가 순환하며 파이프 내의 열매(물 또는 부동액)와 지열원이 열교환 된다. 그리고 루프의 형태에 따라 수직·수평 루프시스템으로 구분할 수 있다.

그림 1-30 폐회로 시스템 분류

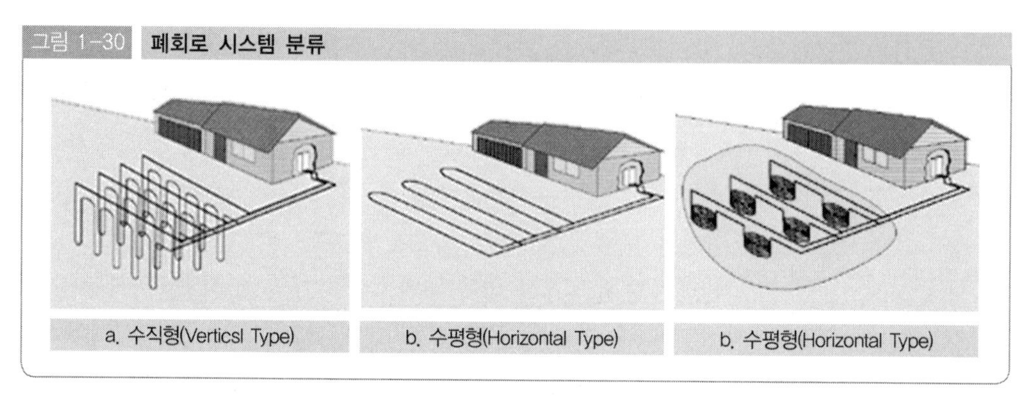

a. 수직형(Verticsl Type) b. 수평형(Horizontal Type) b. 수평형(Horizontal Type)

② 개방회로 시스템(Open loop system, 개방형)

개방회로 시스템은 수원지, 호수, 강, 우물 등에서 공급받은 물을 운반하는 파이프가 개방되어 있는 것으로 풍부한 수원지가 있는 곳에 적용 될 수 있고, 파이프 내로 직접 지열원이 회수되므로 열전달효과가 높다.

그림 1-31 개방회로 시스템

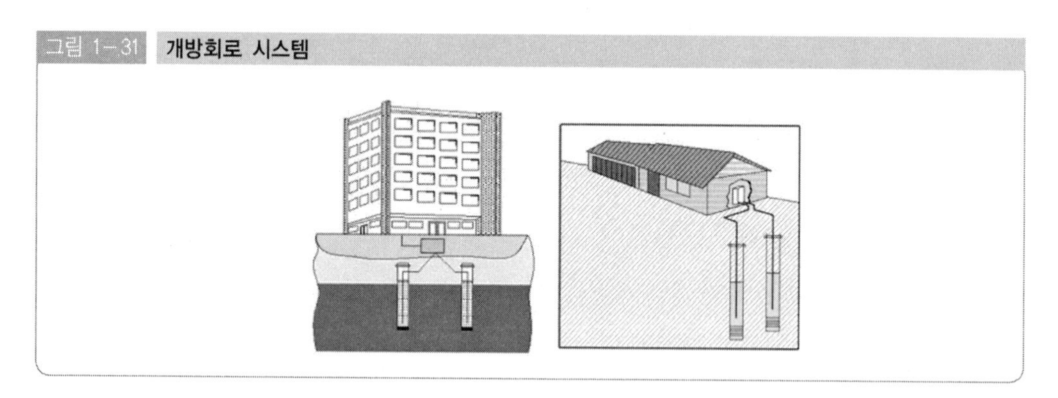

(5) 지열에너지의 이용분야

① 지열발전(증기발전)

② 관광레저

③ 제조업 분야

④ 지역난방

⑤ 농업, 양식, 기타

그림 1-32 지열에너지 이용분야

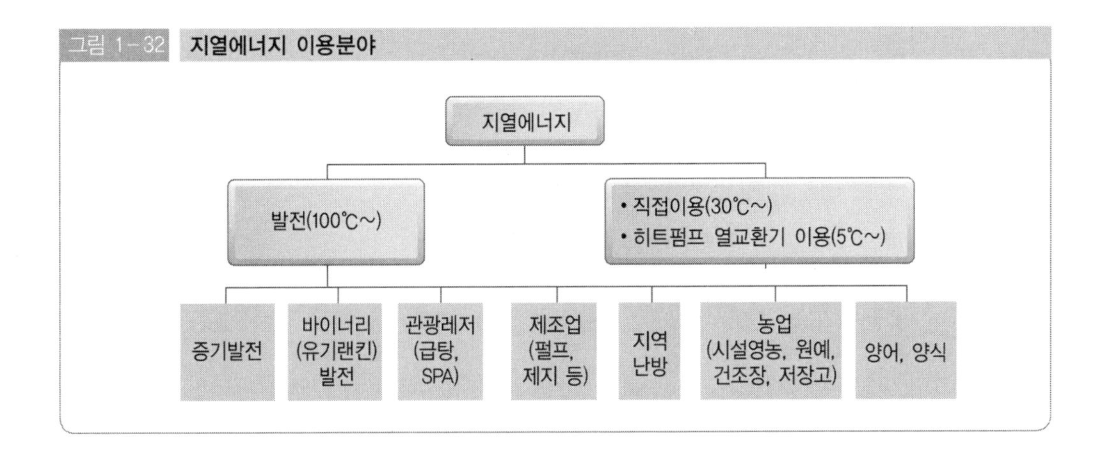

6. 바이오에너지(Bioenergy)

나무나 곡식 등 식물을 연료로 하여 얻어지는 에너지로 직접연소·메탄발효·알코올발효 등을 통해 얻어진다. 예를 들어 생물이 공기가 없는 곳에서 썩으면 메탄가스가 발생하는데 이때 생성된 메탄가스 즉, 바이오가스는 조리용·난방용 등의 연료로 사용할 수 있다. 바이오매스 에너지는 저장, 재생이 가능하며 물과 온도조건만 맞으면 지구 어느 곳에서나 얻을 수 있고 환경적으로도 안전하며 광합성 과정을 통해서 이산화탄소를 흡수하기 때문에 지구온난화 진행억제에도 효과가 좋은 자원이라 할 수 있다.

(1) 바이오에너지의 개요

바이오매스 에너지라고도 하는데 에너지로 사용할 수 있는 동물, 식물, 미생물을 총칭하여 일반적으로 바이오매스라고 한다. 바이오에너지(Bioenergy)는 바이오매스(Biomass)를 연료로 하여 얻어지는 에너지로 직접연소·메테인발효·알코올발효 등을 통해 얻어진다.

쉽게 말해 식물이나 그런 종류의 박테리아(세균) 등에서 뽑아낸 가스나 기름 이런 종류의 에너지를 말한다.

(2) 바이오에너지의 특징

1) 장점

① 바이오매스는 재생이 가능한 에너지원이다.

② 온도와 물의 조건만 맞으면 지구상 어느 곳에서나 얻을 수 있다.

③ 최소한의 자본으로 이용기술의 개발이 가능하다.

④ 에너지로 저장하기가 쉽다.

2) 단점

① 바이오매스 생산을 위한 넓은 면적의 토지가 필요하다.
② 과도로 이용 시는 환경파괴의 가능성이 있다.
③ 자원 매장량의 지역적 차가 크다.
④ 비료, 토양, 물 및 에너지의 투입이 필요하다.

(3) 바이오에너지의 종류별 변환 시스템

그림 1-33 바이오에너지 변환원리

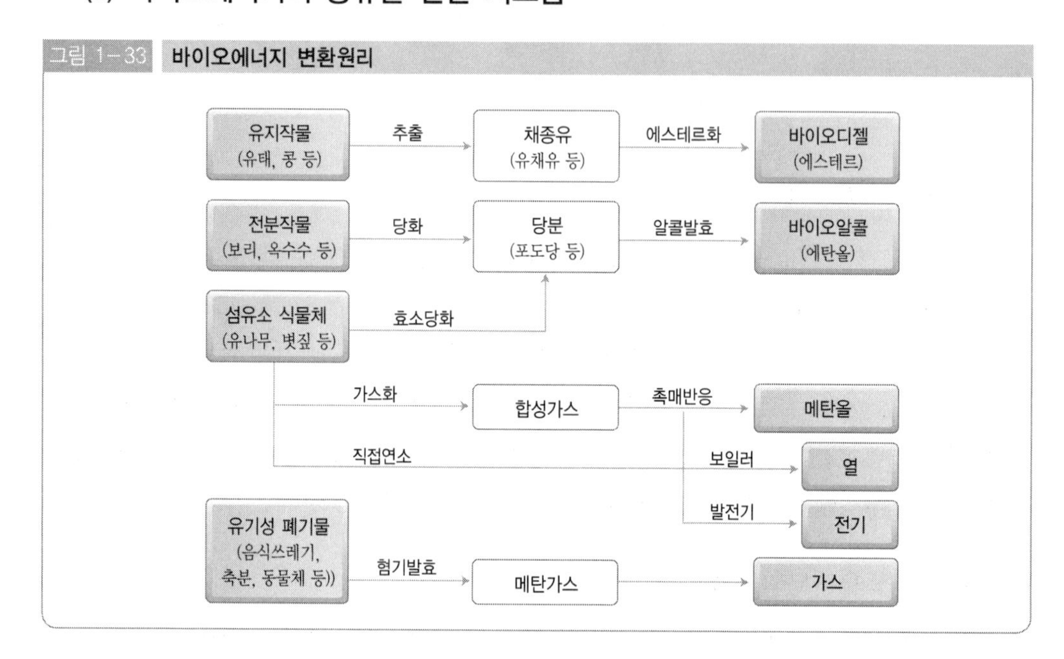

① 열화학적 변환법

바이오매스를 열화학적으로 변환하여 이용하는 방법은 직접연소, 열분해, 직접 액화, 가스화 등 여러 가지 방법이 있다.

② 생물화학적 변환법

바이오매스를 혐기성 분해, 호기성 분해, 메탄발효, 알코올발효, 수소변환기술 등 여러 가지 방법이 있다.

③ 직접연소법

바이오매스를 직접 연소시켜 열을 직접 얻은 것은 물론 전력으로 변환하는 기술을 포함한다.

(4) 바이오에너지의 종류

식물유기물 및 동물유기물 등을 열분해하거나 발효시키면 메탄 또는 에탄올, 수소와 같은 액체기체의 연료를 얻을 수 있는데, 이러한 모든 생물유기체(바이오매스)를 통해 얻을 수 있는 에너지를 말한다. 바이오에너지의 종류에는 바이오에탄올, 바이오디젤, 바이오가스 등 3가지가 있다.

① 바이오에탄올

옥수수, 사탕수수, 감자 등 곡물이나 나무볏짚 등의 식물체의 당분을 발효시켜 만든다.

② 바이오디젤

대두유, 팜유, 폐식용유 등에서 식물성 기름을 추출해 만든다.

③ 바이오가스(메탄가스)

음식물 쓰레기, 축분동물체 등을 발효시켜 생성한다.

7. 폐기물에너지

(1) 폐기물에너지의 개요

폐기물에너지는 사업장, 가정에서 발생되는 가연성 폐기물 중 에너지 함량이 높은 폐기물을 열분해하여 고체연료, 액체연료, 가스연료, 폐열 등을 생산하고, 이를 산업활동에 필요한 에너지로 이용될 수 있도록 재생하는 기술이다.

그림 1-34 폐기물에너지 이용

(2) 폐기물에너지의 특징

1) 장점

① 폐기물을 절감시켜 환경오염 문제 해소에 기여한다.
② 단기간 내에 상용화가 가능하다.
③ 원료인 폐기물 가격이 낮거나 처리비를 받을 수 있어 에너지 회수의 경제성이 높다.
④ 가스, 고체 에너지, 고형 폐기물 연료 등 다양한 에너지원을 얻을 수 있다.

2) 단점

① 고도의 처리기술이 요구되고 환경오염 유발 가능성이 있다.
② 문화나 산업 특성에 따라 다양한 처리기술이 요구된다.
③ 폐기물 에너지화 과정에서 또 다른 환경오염을 유발할 수 있다

(3) 폐기물에너지의 종류

1) 성형고체연료(RDF : Refuse Derived Fuel)

가연성 생활폐기물인 종이, 나무, 비닐 등과 플라스틱, 폐타이어, 건설폐목재 등의 고체폐기물을 파괴, 분리, 건조, 성형 등의 공정을 거쳐 고체연료를 얻는 것이다.

2) 폐유 정제유

자동차 폐윤활유 등의 폐유를 이온정제법, 열분해 정제법, 감압증류법 등의 공정으로 정제하여 얻어내는 재생유이다.

3) 플라스틱 열분해 연료유

플라스틱, 합성수지, 고무, 타이어 등의 고분자 폐기물을 열분해하여 생산되는 연료유이다.

4) 폐기물 소각열

가연성 폐기물을 CO, H_2 및 CH_4 등의 혼합가스 형태로 전환하여 증기생산 및 복합발전을 통한 전력 생산, 화학원료 합성 등으로 이용하는 것을 말한다.

PART 1 신 · 재생에너지(New Renewable Energy)

실·전·기·출·문·제

2013 제5회 태양광기능사

01. 다음 중 신 에너지에 속하지 않는 것은?

① 연료전지 ② 수소에너지
③ 바이오에너지 ④ 석탄을 액화 가스화한 에너지

[정 답] ③
③ 바이오에너지는 재생에너지에 속한다.
1. 신 에너지 : 기존의 화석연료를 변환시켜 이용하거나 수소산소 등의 화학 반응을 통하여 전기 또는 열을 이용하는 에너지를 말한다.
① 수소에너지 ② 연료전지 ③ 석탄을 액화가스화한 에너지 및 중질잔사유(重質殘渣油)를 가스화한 에너지 ④ 그 밖에 석유석탄원자력 또는 천연가스가 아닌 에너지

2013 제4회 산업기사

02. 신·재생에너지 중 재생에너지의 특징이 아닌 것은?

① 비고갈성 에너지이다 ② 친환경 청정에너지이다.
③ 온실효과의 영향이 있다. ④ 기술주도형 자원이다.

[정 답] ③
재생에너지의 특징
① 비고갈성 에너지이다. ② 환경오염이 없는 친환경 청정에너지이다.
③ 유지관리 및 보수가 비교적 용이하다. ④ 기술주도형 자원이다.
⑤ 온실효과의 영향이 없다.

03. 다음 중 신 재생에너지의 필요성으로 보기 어려운 것은?

① 에너지의 안정적 확보 ② 친환경적 에너지
③ 에너지의 국유화 ④ 무한정이며 지속적인 에너지

[정 답] ③
에너지의 국유화는 신 재생에너지의 필요성으로 보기 어렵다.

실전기출문제

04. 풍력발전시스템의 구성 순서를 나타낸 것이다. 바르게 나열한 것은?

① 풍차 날개 → 동력전달장치 → 발전기 → 수용자
② 동력전달장치 → 풍차 날개 → 발전기 → 수용자
③ 발전기 → 동력전달장치 → 풍차 날개 → 수용자
④ 풍차 날개 → 발전기 → 동력전달장치 → 수용자
⑤ 발전기 → 풍차 날개 → 동력전달장치 → 수용자

[정 답] ①

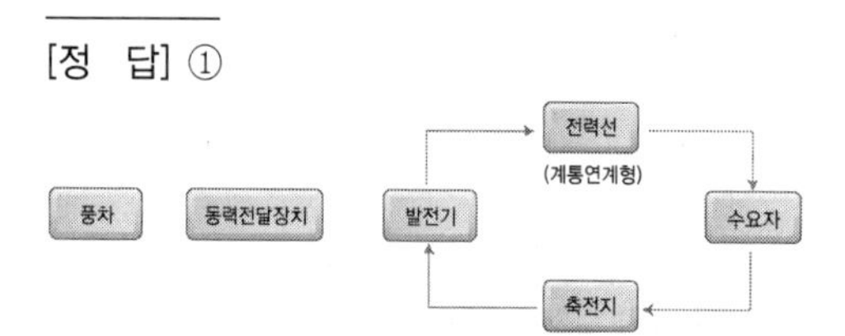

05. 신·재생에너지 중 해양에너지를 이용한 발전방식으로 옳은 것은?

① 조류발전 ② 파력발전
③ 조력발전 ④ 풍력발전

[정 답] ④
해양에너지를 이용한 발전방식에는 조력발전, 파력발전, 조력발전, 온도차발전 등으로 나눌 수 있다.

06. 물을 전기분해 했을 때 양극(+)과 음극(−)에서 얻을 수 있는 물질은?

① 양극(+) : 산소, 음극(−) : 수소 ② 양극(+) : 산소, 음극(−) : 질소
③ 양극(+) : 질소, 음극(−) : 수소 ④ 양극(+) : 수소, 음극(−) : 산소

[정 답] ①
물을 전기분해하면 양극(+)에는 산소가 발생하고, 음극(−)에는 수소가 발생한다.

07. 현재 우리나라에서 가장 큰 비중을 차지하고 있는 신 재생에너지 분야는?

① 풍력발전 ② 바이오에너지
③ 폐기물에너지 ④ 태양에너지

[정 답] ③
에너지원별로 살펴보면 현재 비중이 높은 폐기물과 수력의 증가율은 상대적으로 낮아질 것으로 예상되며, 폐기물 중심에서 바이오에너지, 태양에너지, 풍력 등의 증가율이 높게 나타날 것으로 예상된다.

08. 산소와 수소를 각각 양극(+)과 음극(-)에 공급하고, 전기화학반응을 이용하여 연속적으로 전기를 생산하는 신 재생에너지 분야로 옳은 것은?

① 소수력발전 ② 태양에너지
③ 바이오에너지 ④ 연료전지

[정 답] ④
신 에너지인 연료전지는 수소와 산소를 각각 양극(+)과 음극(-)에 공급하고, 전기화학 반응을 이용하여 연속적으로 전기를 생산하는 기술로서 미래의 청정에너지원 가운데 한 분야이다

09. 소수력의 분류 중 발전방식에 따른 분류에서 그 종류가 아닌 것은?

① 중력식 ② 자연유하식
③ 댐식 ④ 터널식 댐과 수로식 발전방식을 합한 것

[정 답] ①
소수력의 분류 중 발전방식에 따른 분류 종류
1. 수로식(혹은 자연 유하식) : 수로식 소수력 발전방식은 하천을 따라서 완경사의 수로를 결정하고 하천의 급경사와 굴곡 등을 이용하여 수로에 의해서 낙차를 얻는 방식. 하천 중류, 상류에 적합.
2. 댐식 : 댐에 의해서 낙차를 얻는 형식으로 발전소는 댐에 근접하여 건설. 일반적으로 하천경사가 작은 중, 하류로서 유량이 풍부한 지점 유리.
3. 터널식 : 댐과 수로식 발전방식을 혼합한 것으로서 하천의 형태가 조롱박형(오메가)인 지점에 적합, 자연낙차를 크게 얻을 수 있으며 댐은 일반적으로 월류식, 지형상 지하터널 수로를 통해 큰 낙차를 얻을 수 있는 곳.

PART 2

태양광발전
(太陽光發電, Photovoltaic power generation)

1 태양광발전시스템

학습포인트

1. 태양광발전시스템의 종류를 정리한다.
2. 우리나라 태양광산업의 현황을 정리한다

태양광발전은 발전기의 도움 없이 태양전지를 이용하여 태양의 빛에너지를 직접 전기에너지로 변환시키는 발전방식이며, 태양광발전시스템은 태양전지, 축전지, 전력변환장치(충전조절기, 인버터) 등으로 구성된 장치와 이에 부속된 장치의 총체를 말한다.

1. 태양광발전시스템의 개요

태양전지(Solar cell)에 태양빛이 비치면 기전력이 발생하여 전류가 흐른다. 태양광발전시스템은 일정한 전력을 공급하기 위해 태양전지 모듈을 직·병렬로 연결한 태양전지 어레이(Array)와 전력저장용 축전지, 전력조절장치, 직·교류변환을 위한 인버터와 주변장치 등으로 구성된다.

그림 2-1 태양광발전시스템 구성도

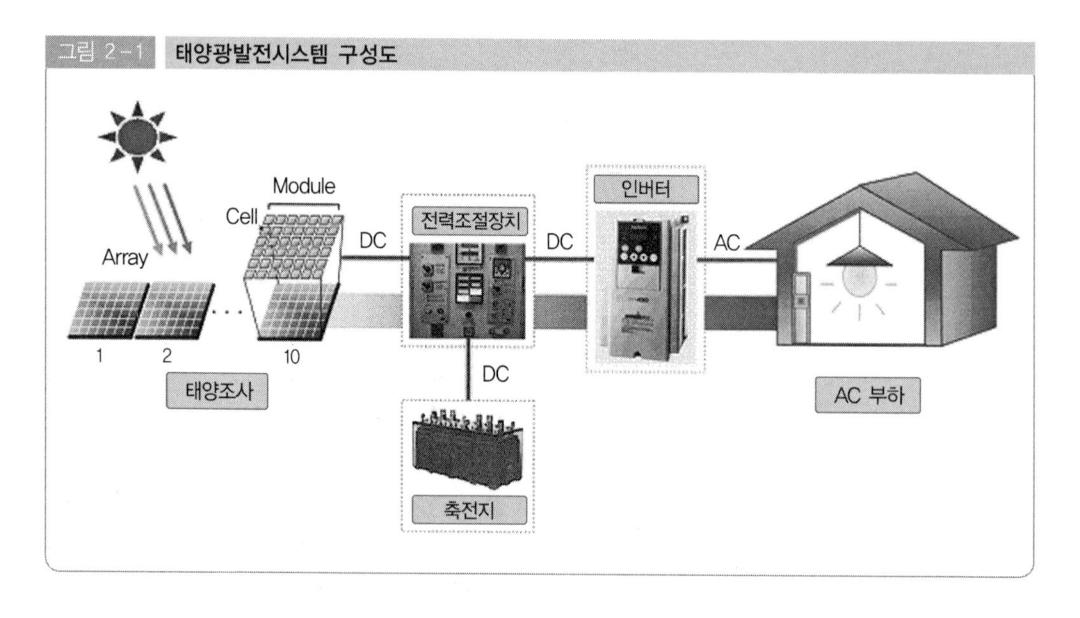

2. 태양광발전시스템의 분류

태양광발전시스템은 독립형과 계통연계형의 2종류로 분류할 수 있다.

(1) 독립형 태양광발전시스템(Stand Alone System)

전력계통과 연계되지 않은 태양광발전시스템으로 전력을 생산하여 바로 사용하는 방식과 축전지를 이용하여 전력을 축전한 후 원하는 시간에 산간벽지, 도서지역 등에 전력을 공급하기 위한 목적으로 사용하는 방식이다.

그림 2-2 독립형 태양광발전시스템

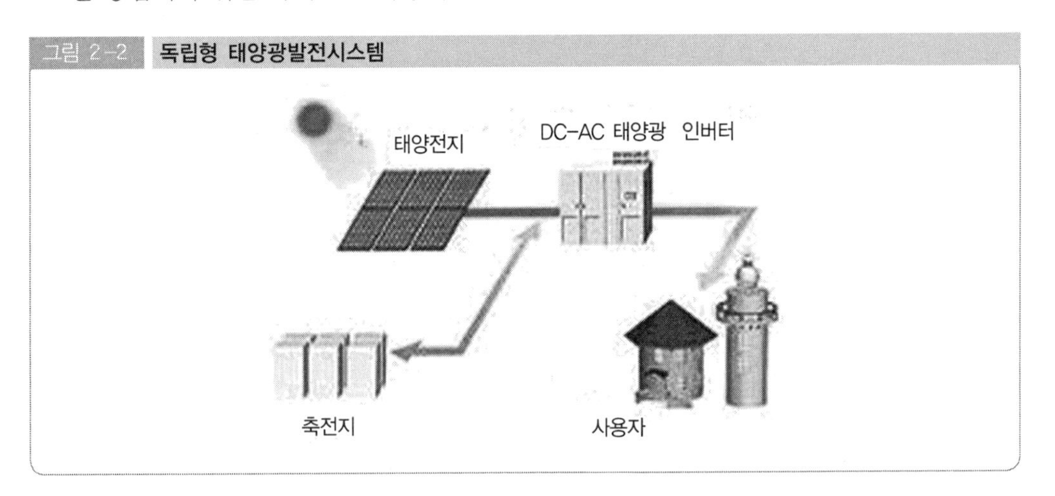

(2) 계통연계형 태양광발전시스템(Grid-Connected System)

전력계통과 연계된 태양광발전시스템으로서 발생시킨 전력을 한전과 같은 전력계통이나 전력계통의 부하 측에 공급하는 방식이다.

그림 2-3 계통연계형 태양광발전시스템

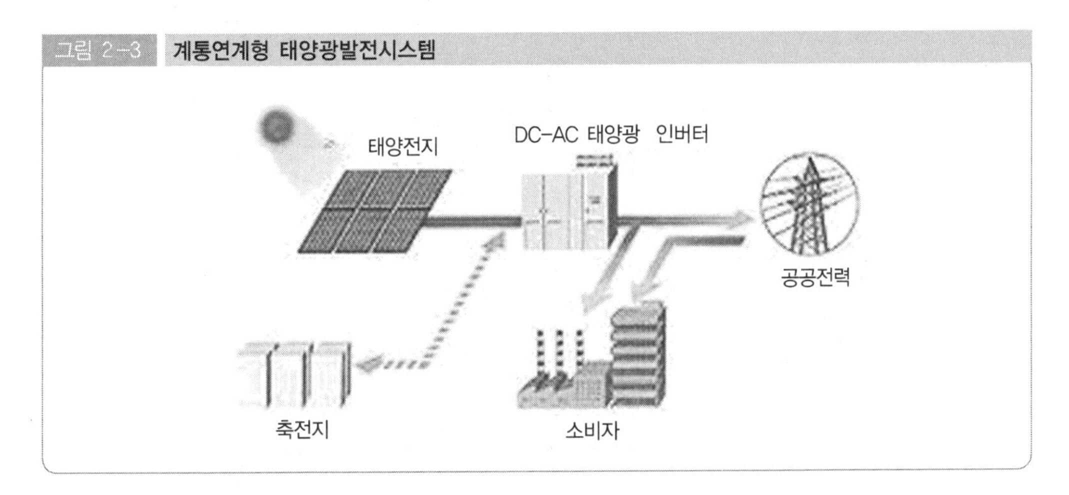

3. 태양광산업과 태양광발전 이용률 및 시장전망

(1) 태양광산업

태양광발전은 반도체 또는 고분자 등으로 구성된 태양전지를 이용해 태양광으로부터 직접 전기를 생산하는 친환경 신·재생에너지이며, 태양광산업은 태양광발전에 관련된 산업을 말한다. 태양광발전의 산업구조는 소재(폴리실리콘), 전지(잉곳·웨이퍼, 셀), 전력기기(모듈, 패널), 설치·서비스(시공, 관리)의 4단계로 구성되어 있다.

1) 태양광산업의 분류

태양광산업과 관련된 분야를 세분하여 보면 소재 및 부품 분야, 태양전지 분야, 모듈 및 시스템 분야, 전력변환 분야, 관련장비 분야 등으로 분류할 수 있다.

① 소재 및 부품 분야 : 실리콘원료, 잉곳·웨이퍼

② 태양전지 분야 : 실리콘, 화합물, 박막형

③ 모듈 및 시스템 분야 : 집광시스템, 추적시스템, 시스템 설치

④ 전력변환 분야 : 축전지, 인버터

⑤ 관련장비 분야 : 증착장비, 잉곳성장장비, 식각장비

2) 태양광산업의 산업구조

태양광산업은 수직계열화 성격이 강한 산업구조로 되어있다. 태양광 기초소재인 규

그림 2-4 태양광발전 주요 단계

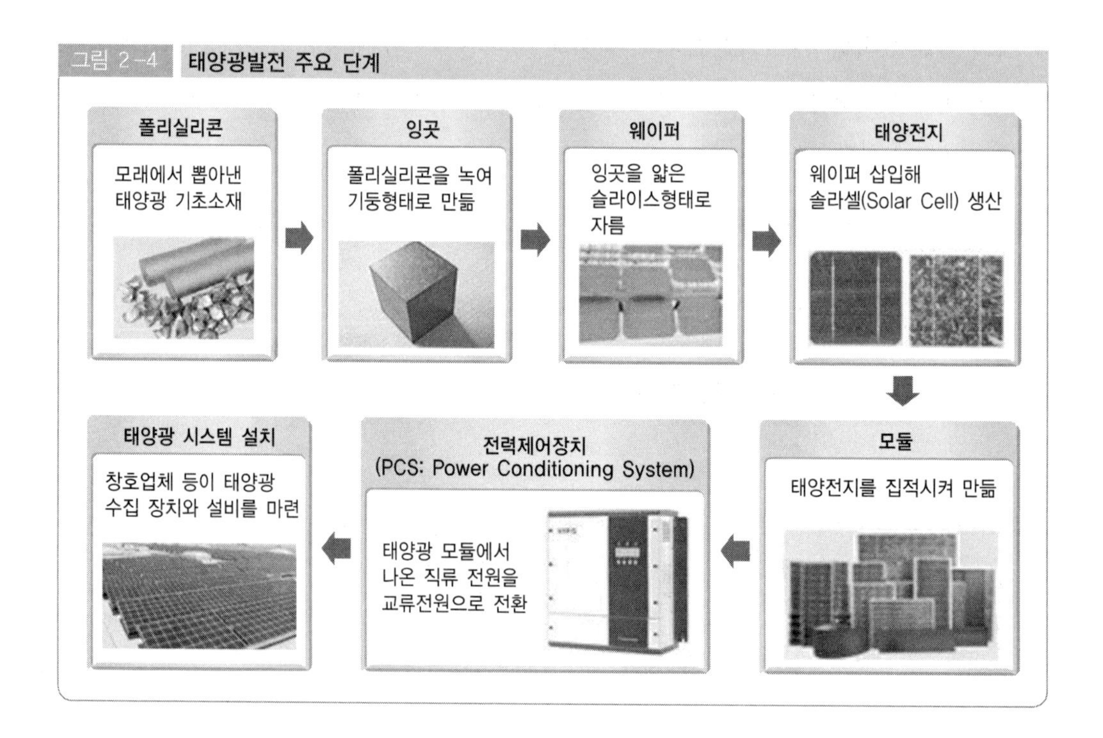

소를 가공해 폴리실리콘을 만드는 소재산업을 시작으로 잉곳과 웨이퍼를 거쳐 태양전지의 셀과 모듈을 만든 뒤 시스템공정 및 운영에 이르는 순차적인 과정을 거치는 특성을 지니고 있다. 현재 국내 기업들은 태양광 밸류체인(가치사슬)을 구성하여 태양광산업 분야에 진출하고 있다.

(2) 태양광발전 이용률

태양광발전은 기본적으로 햇볕을 이용한 발전이므로 태양광발전 이용률은 일조량의 영향이 가장 크며 발전소 설비효율과 기타 운영조건 등에 따라 달라진다.
태양광발전은 일출과 함께 발전을 시작하여 일조량이 가장 많은 정오에서 오후 1시 사이에 최대 발전을 하고 일몰 후에 발전을 마친다.

그림 2-5 시간별 태양광발전 이용률

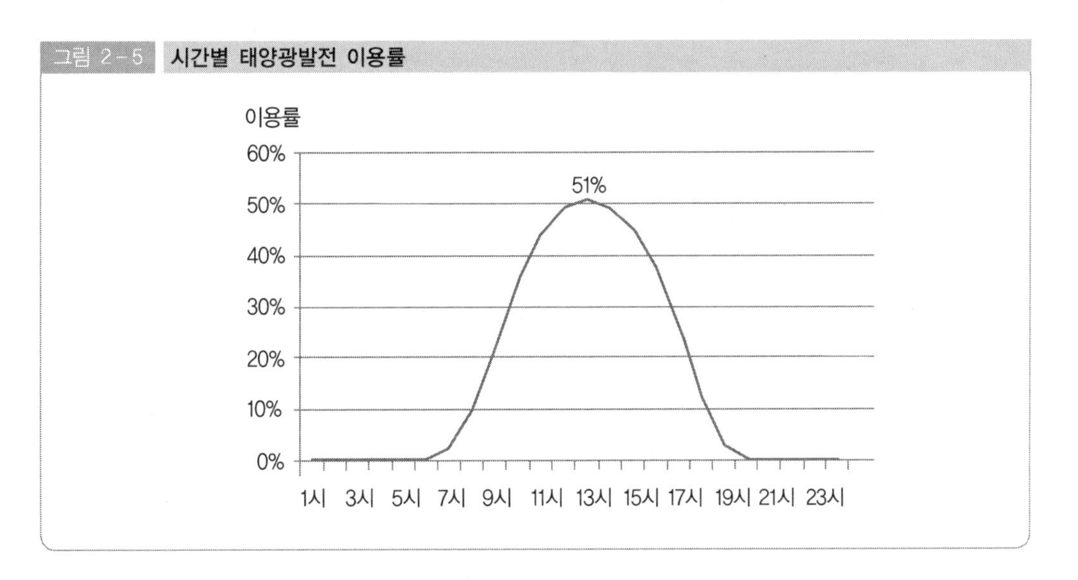

우리나라와 같이 4계절이 뚜렷한 지역에서는 태양광발전 역시 계절별로 다른 발전 특색을 나타낸다. 봄·가을철에는 최고 20% 이상의 높은 이용률을 나타내는 반면, 여름·겨울철에는 10% 전·후반 대의 낮은 이용률을 보인다. 단순히 생각하면, 일조량이 많은 여름철에 가장 높은 이용률을 보여야 하지만, 실제로는 겨울철과 비슷한 낮은 수준의 이용률을 나타낸다. 이는 크게 2가지 요인으로 분석할 수 있다. 첫 번째는 날씨 요인으로는 여름철에 발생하는 장마로 인해 일조량이 부족하기 때문이며, 두 번째는 반도체로 구성된 태양광 셀의 특성상 높은 열에는 효율이 낮아지기 때문이다. 이런 이유로 인해 4계절이 뚜렷한 우리나라에서는 날씨가 맑고, 기온이 서늘한 봄·가을철에 태양광발전 이용률이 가장 높게 나타난다.

그림 2-6 계절별 태양광발전 이용률

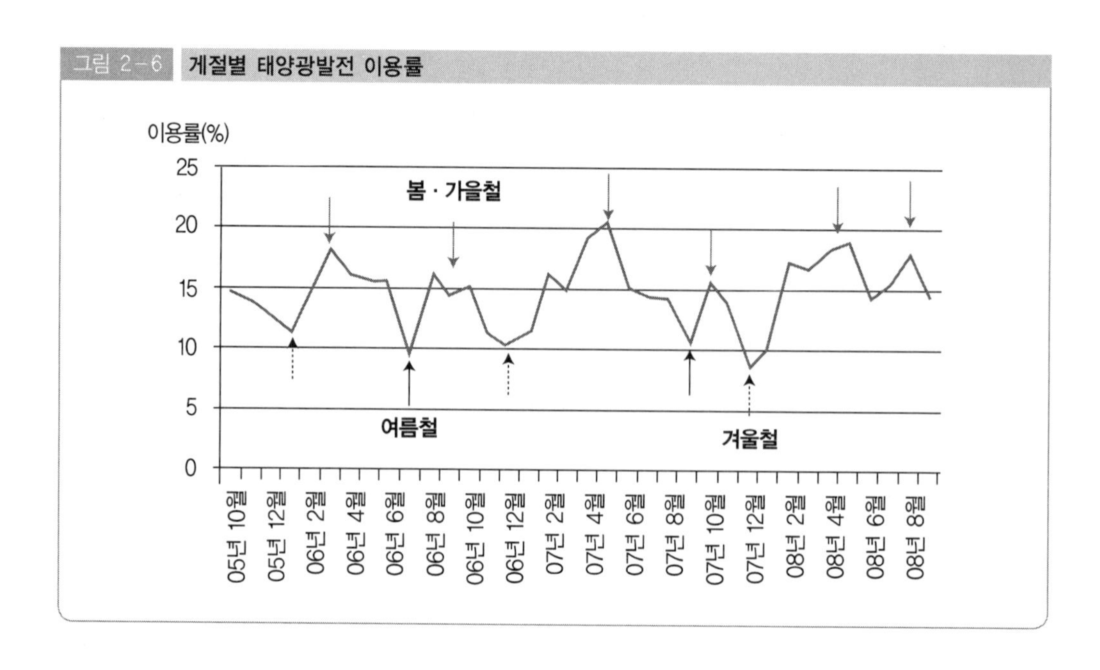

(3) 태양광발전 시장전망

글로벌 경제위기 및 유가 하락으로 태양광발전 시장이 위축되었으나, 2010년 이후 에너지 비용상승 및 온실가스 감축 의무 등으로 2011년에는 발전량 기준으로 30.6GW, 1,210억 달러 시장성장을 전망하고 있다.

국내 기술수준은 선진국 대비 71% 수준이며 국내시장은 중국 등 해외제품에 선점당해 이를 극복하기 위한 정책이 시급한 상황이며 국내 태양광 관련 업체는 부가가치가 낮은 설치·운영에 편중되어 있으나, 대기업의 폴리실리콘 공장 증설과 수직계열화를 통한 사업 진출로 기술력 및 세계 시장 점유율이 향상될 것으로 전망된다.

한국전력거래소에 등록된 태양광 발전업체는 278개이고 총 발전설비용량은 307MW에 달하나, 평균 설비용량인 1.1MW 이하 규모를 가진 업체가 80%를 차지할 정도로 영세한 발전업체가 대부분이다. 2012년 의무할당제로 전환 후에는 소규모 발전업체의 경우 경제성이 악화되어 사업 유지에 어려움을 겪을 전망이다.

발전규모에 비해 많은 업체가 태양광 사업에 참여하고 있어 경쟁이 심하고, 부가가치가 낮은 시스템의 설치·서비스 분야에 편중된 것이 문제이며 태양광이 신·재생에너지 발전량에서 차지하는 비중은 6.7%에 불과하나 신·재생에너지센터에 등록된 태양광 기업은 4,745개로 90.1%를 차지하고 있다.

자국의 태양광산업을 육성하기 위해 고정가격제(FIT)와 의무할당제(RPS)를 활용하고 있으며 보조금 지급, R&D 투자 확대 및 태양광주택 보급사업 등도 수행하고 있다.

2 태양전지(Solar cell, Solar battery)

1. 태양전지의 원리

태양광선의 빛에너지를 전기에너지로 바꾸는 장치. P(Positive)형 반도체와 N(Negative)형 반도체를 사용하고, 빛을 비추면 내부에서 전하가 이동하고 P극과 N극 사이에 전위차가 발생하며 이때, 태양전지에 부하를 연결하면 전류가 흐르게 된다. 이를 광전효과라 한다.

(1) 태양전지의 기본구조

결정질의 실리콘 태양전지는 실리콘에 붕소(boron)를 첨가한 P형 반도체와 그 표면에 인(phosphorous)을 확산시켜 만든 N형 반도체를 접합시킨 P-N접합(PN-junction) 형태의 구조로 되어 있으며, P형 반도체는 다수의 정공(正孔 : hole, +)을 가지고 있고 N형 반도체는 다수의 전자(電子 : electron, -)를 가지고 있다.

그림 2-7 태양전지의 구조

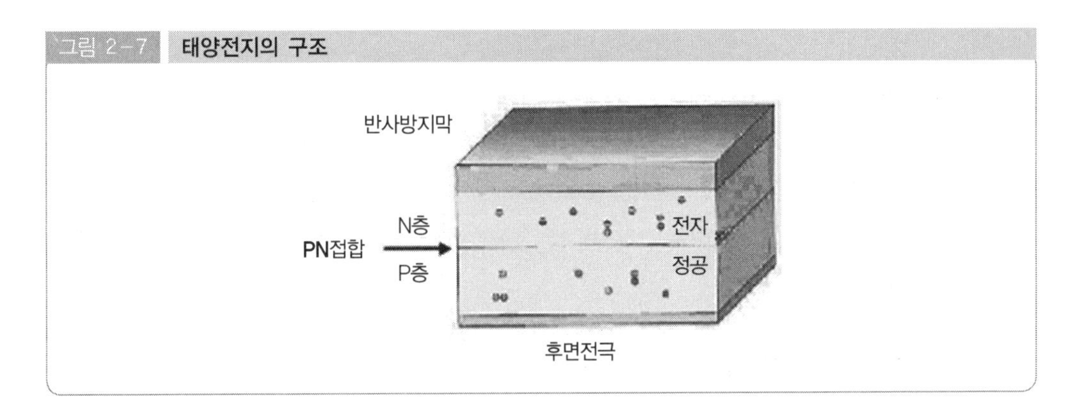

(2) 태양전지의 구동순서

① 태양광 흡수

태양광이 실리콘 내부로 흡수되는 과정으로, 태양광의 양을 증가시키기 위하여 실리콘 표면에 반사방지막을 증착시키거나 표면을 거칠게 하여 반사율을 감소시키기도 한다.

② 전하생성

흡수된 태양빛에 의해 P-N접합 내의 전자결합이 끊어지면서 반도체 내에서 정공(正孔 : hole, +)과 전자(電子 : electron, -)의 전기를 갖는 정공과 전자가 발생하여 각각 자유롭게 태양전지 속을 움직이게 된다.

그림 2-8 태양광 흡수와 전하생성

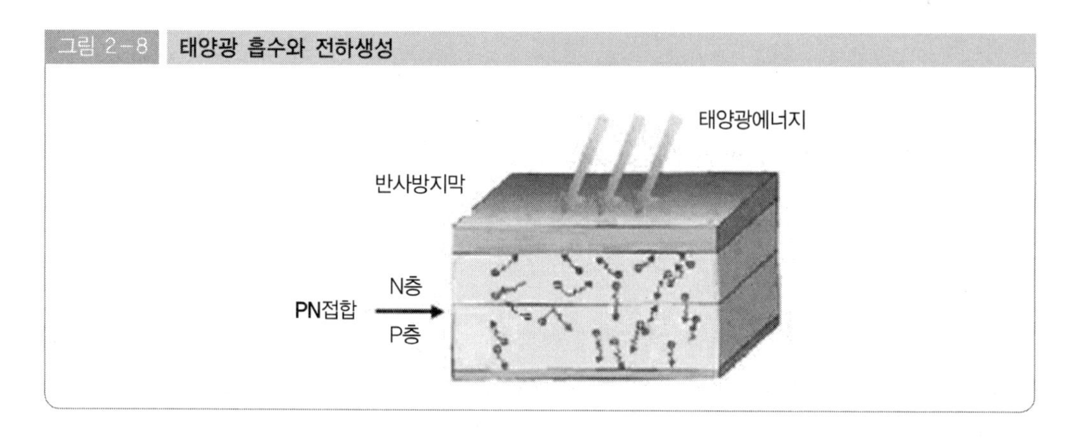

③ 전하분리

자유로이 이동하다가 전자(-)는 N형 반도체 쪽으로, 정공(+)은 P형 반도체 쪽으로 모이게 되어 전위차가 발생한다.

④ 전하수집

태양광(태양에너지)이 흡수되면 전위차가 발생하는데 이때 전자(-)가 모인 N형 반도체 쪽은 음극이 되고 정공(+)이 모인 P형 반도체 쪽은 양극이 된다. 음극과 양극에 전하를 연결하면 전자(-)는 전선을 따라 흘러가는데, 이 전자의 흐름에 의해 전기가 발생하는 것이다.

그림 2-9 태양전지의 전하수집

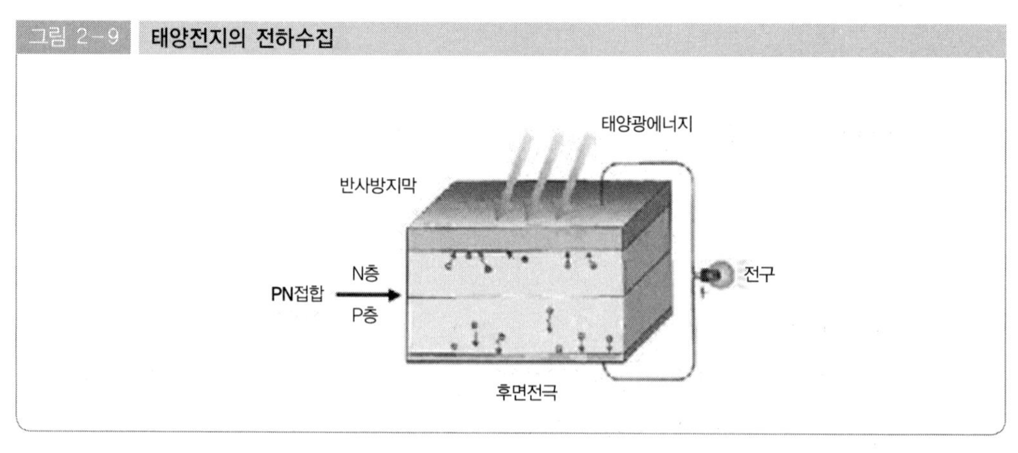

출처: 에너지관리공단 신·재생에너지 센터

2. 태양전지의 종류

태양전지의 종류에는 실리콘 반도체를 재료로 사용하는 것과 화합물 반도체를 재료로 하는 것으로 구별되고, 또 실리콘 반도체에 의한 것은 결정계와 비결정계로 분류된다.

태양전지는 그림 2-10과 같이 크게 결정질 실리콘 태양전지와 박막 태양전지, 제3세대 태양전지로 구분한다. 전체 태양전지 시장의 95% 이상을 차지하는 결정질 실리콘 태양전지는 실리콘 덩어리를 얇은 기판으로 절단하여 제작하며, 실리콘 덩어리의 제조방법에 따라 단결정과 다결정으로 구분이 된다.

박막태양전지는 얇은 플라스틱이나 유리 기판에 막을 입히는 방식으로 제조하는 태양전지로 막의 종류에 따라 그림 2-10과 같이 비정질실리콘 태양전지, CIS 태양전지, CdTe 태양전지, 염료감응 태양전지 등으로 분류가 된다.

그림 2-10 태양전지의 종류

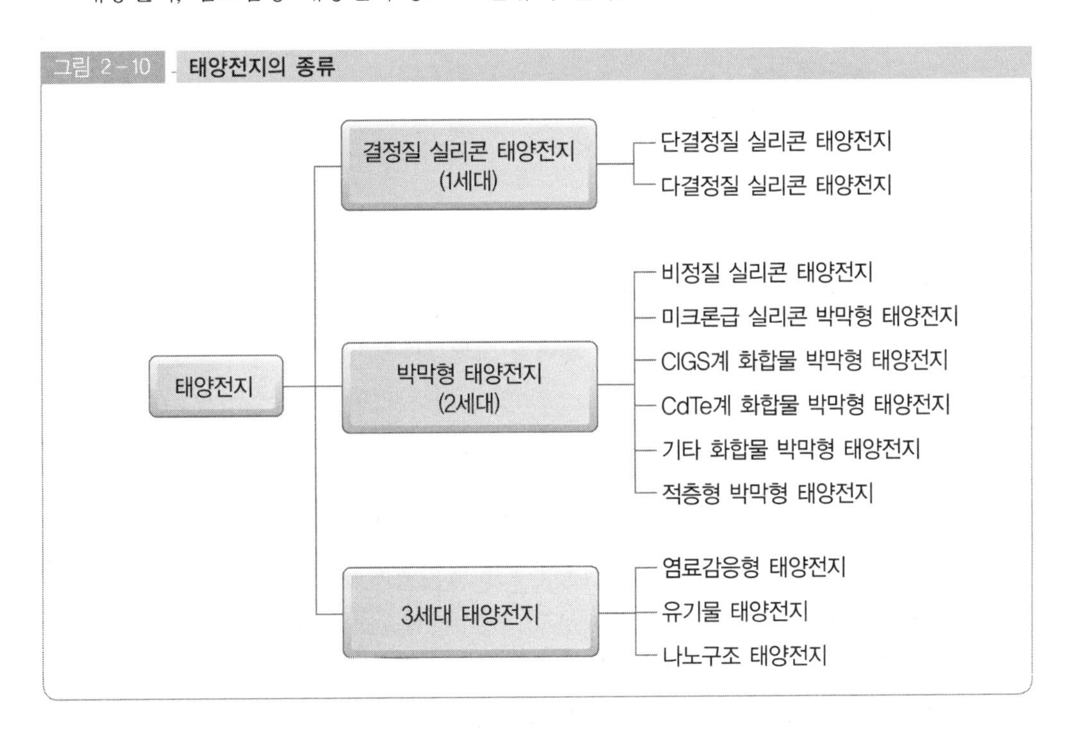

(1) 결정질 실리콘 태양전지(Crystalline Silicon Solar Cell)

1) 단결정 실리콘 태양전지

단결정 실리콘 태양전지는 실리콘 원자배열이 균질하고 일정하여 전자이동에 걸림돌이 없어서 다결정보다 변환효율이 높다. 모양새는 잉곳이 정사각형이 아니고 원주형으로 네 귀퉁이가 원형형태로 되어서 셀 모양도 원형형태이며 공정이 복잡하고 제조비용이 높다.

2) 다결정 실리콘 태양전지

낮은 순도의 실리콘을 주형에 넣어 결정화하여 만든 것으로 공정이 간단하여서 제조비용이 낮지만 단결정에 비하여 변환효율이 조금 낮다. 사각형 틀(주형)에 넣어서 잉곳을 만들며, 셀 모양은 사각형인 특징이 있다. 현재 가장 많이 보급되어 있는 형태이다.

체크포인트

※ 결정질(단결정, 다결정) 태양전지 제조과정
① 광석(규석, 모래)
② 폴리실리콘
③ 잉곳(원통형 긴 덩어리)
④ 웨이퍼(원판형 얇은 판)
⑤ 셀(웨이퍼를 가공한 상태 모양)
⑥ 모듈(셀 즉 태양전지를 여러 개를 배열하여서 결합한 상태의 구조물)

(2) 박막형 태양전지(Thin Film Solar Cell)

1) 비정질(비결정성, 아몰포스[1]) 실리콘 태양전지

실리콘의 사용량을 약 1/100까지 줄일 수가 있어서 제조비용이 결정질보다 낮아서 좋으나 결정질보다는 배열이 비규칙적으로 흩어져 있어서 변환효율이 낮다.

2) CdTe(Cadmium Telluride) 화합물 박막형계 태양전지

카드뮴 텔루라이드(CdTe) 화합물 박막형계 태양전지는 Cd(Ⅱ족), Te(Ⅵ족)이 결합된 직접 천이형 화합물 반도체로, 높은 광흡수와 낮은 제조단가로 상용화에 유리하며 차세대 태양전지로 떠오르고 있다.

3) CIGS(Cu, In, Gs, Se) 화합물 박막형계 태양전지

CIGS 화합물 박막형계 태양전지는 유리기판, 알루미늄, 스테인리스 등의 유연한 기판에 구리, 인듐, 갈륨, 셀레늄 화합물 등을 증착시키는 방식으로 실리콘을 사용하지 않으면서도 태양광을 전기로 변환시켜주는 태양전지로 변환효율이 높다.

1) 아몰포스(Amorphous) : 비정질, 비결정성

(3) 3세대(차세대) 태양전지

1) 염료감응형(Dye-Sensitized) 태양전지

유기염료와 나노기술을 이용하여 고도의 효율을 갖도록 개발된 태양전지로 날씨가 흐려도 빛의 투사각도가 0도에 가까워도 발전이 가능하며, 투명과 반투명으로 만들 수 있으며, 유기염료의 종류에 따라서 노란색, 빨간색, 하늘색, 파란색 등 다양한 색상이 있고 원하는 그림을 넣을 수가 있어서 건물 인테리어와도 잘 어울린다.

2) 유기물(Organic) 태양전지

플라스틱의 원료인 유기물질로 만든 것으로 자유자재로 휠 수 있는 기판위에 유기물질을 분사하여 제작하므로 다양한 모양의 대량생산이 가능하나, 실리콘계 태양전지보다 변환효율은 떨어지는 태양전지이다.

※ 제2세대와 3세대 박막형은 얇은 플라스틱처럼 휠 수가 있는 플렉시블한 형태가 되어서 벽이나 기둥 창문 지붕 등에 다용도로 사용을 할 수가 있고 실리콘 결정질보다 가벼워서 건축물 지붕 등에 활용도가 더 높다고 볼 수가 있다.

그림 2-11 태양전지 셀 모듈

(4) 태양전지의 에너지 변환효율(Conversion Efficiency)

태양전지의 에너지 변환효율이란 셀(Cell, 태양전지의 기본단위)에 입사된 태양 에너지에 대해 전기에너지를 얼마만큼 발생을 시키는가를 나타내는 양, 즉 퍼센트(%)를 말한다.

통상적으로 현재는 6인치(156㎜×156㎜) 셀을 많이 사용하는데, 1㎡의 태양전지판에서 1kW의 전기가 발생될 때의 효율을 100%로 기준하여 변환효율을 나타낸다.

태양전지 유형	변환효율	특 징
단결정(Mono-Crystaline)	12~15%	• 수명이 길다. • 가격이 고가이다.
다결정(Poly Crystalline)	11~14%	• 수명이 단결정보다 짧다. • 가격이 단결정보다 저렴하다.
비결정(Amorphous)	6~8%	• 수명이 상대적으로 짧다. • 가격이 저렴하다.

체크포인트

[문제] 입사조도의 여건과 조건은 다음과 같다.

1000W/㎡, 태양전지 셀 최대출력 4.015W, 온도 25℃, 풍속 1m/s, 스펙트럼 AM(대기질량) 1.5
일때의 셀의 변환효율은 얼마인가?

해설 ① 6인치 셀의 단위면적(1㎡) = 0.156m × 0.156m = 0.024336㎡
② 1㎡에 입사된 에너지 량 = 0.024336㎡ × 1000W/㎡ = 24.336W
③ 셀 변환효율(%) = (태양전지 셀 최대출력) / (1㎡에 입사된 에너지 량) × 100(%)
= (4.015W) / (24.336W) × 100 = 16.5%
∴ 셀의 변환효율은 16.5% 이다.

3. 태양전지의 구성

태양전지의 최소단위를 셀이라고 한다. 실제로 태양전지를 셀 그대로 사용하는 일은 거의 없다. 그 이유는 셀 1개로부터 나오는 전압은 약 0.5V로 매우 작아서 셀 여러 개를 직렬로 연결해야 필요한 전압을 얻을 수 있다. 여러 개의 셀을 여러가지 형태 즉 패키지로 하여 모듈을 만들고, 이 모듈을 적절한 방법으로 연결하여 어레이를 구성하여야 태양전지가 되는 것이다.

태양전지를 구성하는 셀, 모듈, 어레이에 대해 알아보도록 하자.
일반적으로 셀이 벌크형을 나타낼 경우에는 그것의 상하를 동등한 방법으로 커버하여 보호하면서 모듈화하지만, 박막의 경우에는 태양전지 셀이 무언가의 기판 위에 밀착하고 있기 때문에, 그 기판을 포함한 모듈이 형성된다.

모듈의 구성부재는 일반적으로 셀, 표면재, 충진재, Back sheet, Seal재, 프레임재의 6점으로 구성된다.

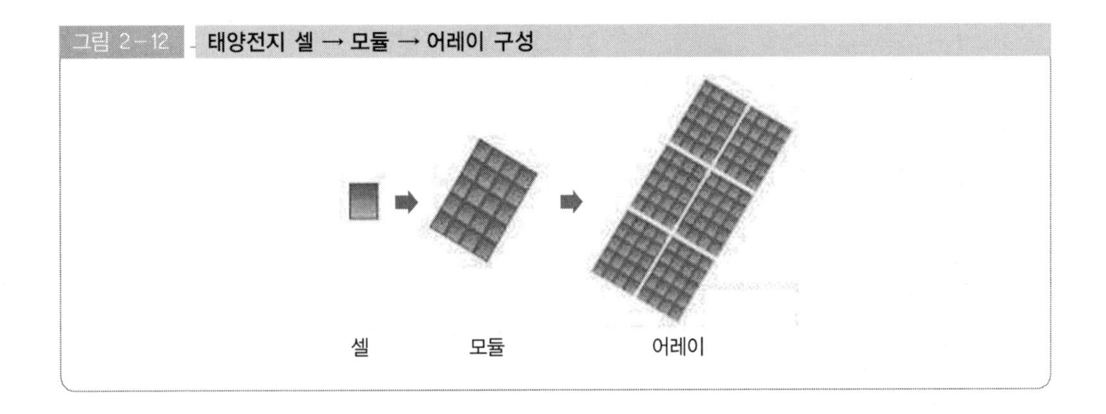

그림 2-12 태양전지 셀 → 모듈 → 어레이 구성

표면재는 대부분의 경우가 백판 강화유리가 이용되고 있으며, 일부 아크릴, 폴리카보네이트, 불소수지 등의 합성수지가 이용되고 있는 예가 있으나, 대부분은 우주용 혹은 민생용으로 한정되어 있다.

그 이유는 전력용에서는 수십년의 신뢰성을 요구하기 때문에 그것을 만족하는 것은 현재로는 유리로 압축되어 있기 때문일 것이다. 충진재로서는 실리콘 수지, PVB, EVA가 이용된다. 처음 태양전지를 제조하면서는 실리콘 수지가 최초로 사용되었으나, 충진하는데 기포방지와 셀의 상하로 움직이는 균일성을 유지하는 데에 시간이 걸리기 때문에 PVB, EVA가 이용되게 되었다. 그러나 PVB도 재료적으로 흡습성이 있기 때문에 최근에는 EVA가 많이 이용되고 있으나, EVA도 자외선 열화가 있다는것 때문에 재검토되고 있다. Back sheet의 재료는 PVF가 대부분이지만, 그밖에 폴리에스테르, 아크릴 등도 사용되고 있다.

PVF의 내습성을 높이기 위해 PVF에 알루미늄 호일을 씌우거나, 폴리에스테르를 씌운 샌드위치 구조를 취하고 있다. Back sheet 재료에 유리를 이용한 것으로 더블 그라스 타입이라고 한다.

더블 그라스 타입은 다소 오래된 타입이라고 생각할 수 있지만, 현재에도 유럽을 위주로 일부 미국에서도 사용되고 있다. Seal재는 리드의 출입부나 모듈의 단면부를 Seal로 하기 위해 이용된다.

재료로서는 실리콘 시란트, 폴리우레탄, 폴리 설파이드, 부틸고무 등이 있지만, 신뢰성면에서 부틸고무가 자주 사용되고 있다. 패널재는 통상 표면 산화한 알루미늄이 사용되지만, 민생용 등에서는 고무를 사용하고 있는 예도 있다.

(1) 셀(Cell)

셀이란 태양전지를 구성하는 최소 기본단위로 크기는 5인치(125㎜×125㎜)와 6인치(156

㎜×156㎜)가 있고 모양은 얇은 사각 또는 둥근 판 모양으로 되어 있다. 하나의 셀에서 나오는 정격전압은 약 0.5V, 효율은 14~17% 정도이다.

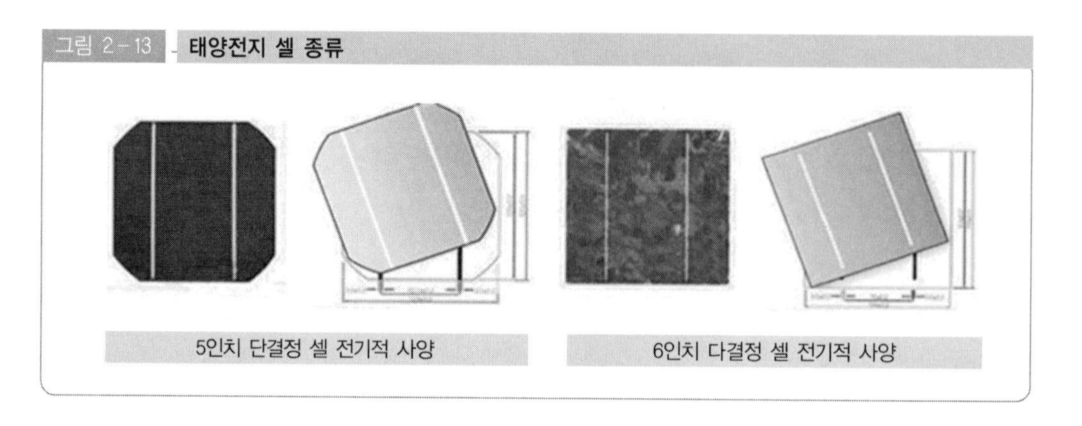

그림 2-13 태양전지 셀 종류

(2) 모듈(Module)

셀 자체는 파손되기 쉬우므로 외부충격이나 악천후로부터 보호하기 위해 견고한 알루미늄 프레임 안에 표면유리, 충전재, 후면시트 등을 사용하여 다수의 셀을 패키지로 제작하여 만든 판을 모듈이라 한다.

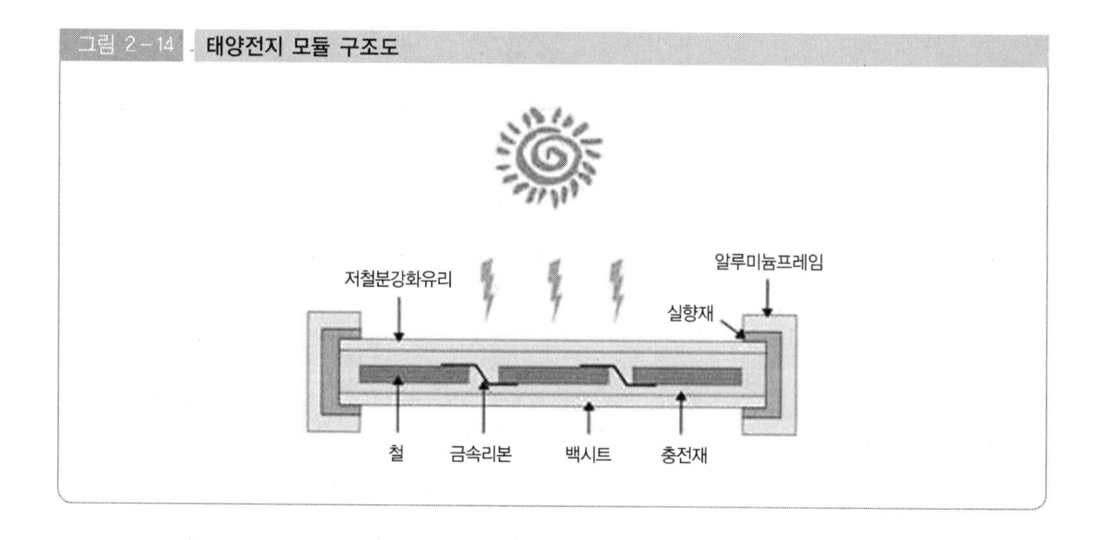

그림 2-14 태양전지 모듈 구조도

모듈의 구성부재는 일반적으로 셀, 표면재(강화유리), 충전재(EVA), Back sheet, Seal재, 프레임재(패널재)의 6점으로 구성된다.

① 표면재는 대부분 수명을 길게 하기 위해 백판 강화유리가 이용되고 있으며, 일부 아크릴, 폴리카보네이트, 불소수지 등의 합성수지가 이용되고 있는 예가 있지만, 대부

그림 2-15 태양전지 모듈 구조

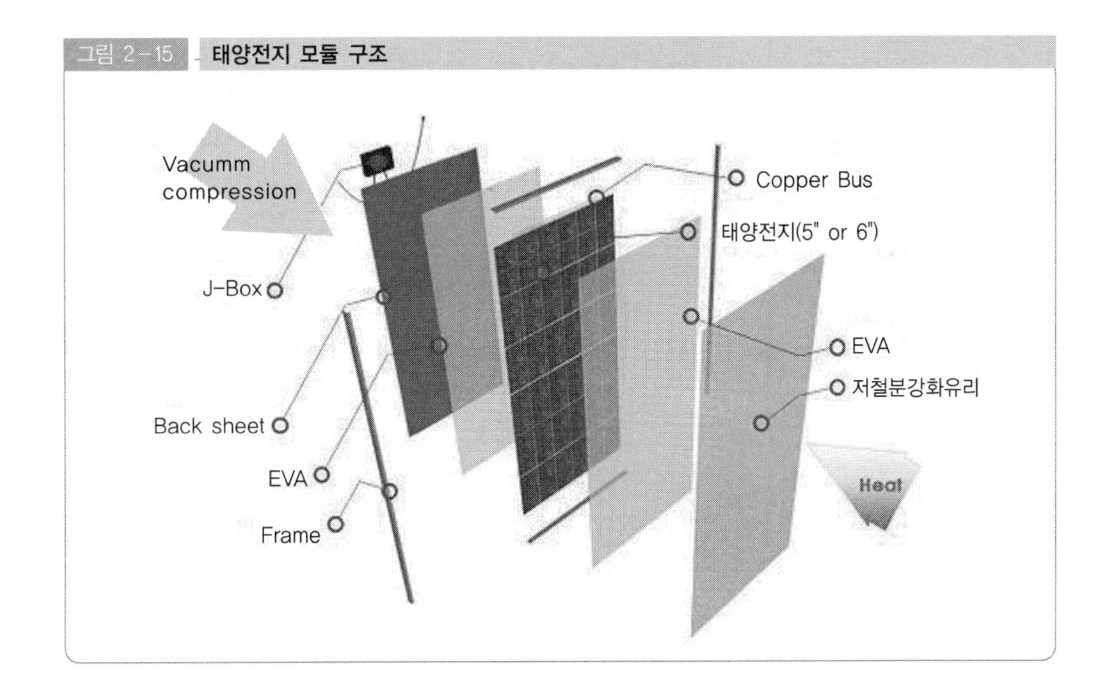

분은 우주용 혹은 민생용으로 한정되어 있다. 전력용에서는 수십 년의 신뢰성을 요구하기 때문에 그것을 만족하는 것은 현재로는 유리로 압축되어 있기 때문일 것이다.

② 충전재로서는 실리콘 수지, PVB, EVA(봉지재)가 이용되지만, 처음 태양전지를 제조하면서는 실리콘 수지가 최초로 사용되었으나, 충전하는데 기포방지와 셀의 상하로 움직이는 균일성을 유지하는 데에 시간이 걸리기 때문에 PVB, EVA가 쓰이게 되었다. 그러나 PVB도 재료적으로 흡습성이 있기 때문에 최근에는 EVA가 많이 이용되고 있다. 하지만, EVA도 자외선 열화가 있다는 것 때문에 재검토되고 있다.

③ Back sheet는 외부충격과 부식, 불순물 침투방지, 태양광 반사 역할로 사용하는 재료로 PVF가 대부분이지만 그밖에 폴리에스테르, 아크릴 등도 사용되고 있다. PVF의 내습성을 높이기 위해 PVF에 알루미늄호일을 씌우거나, 폴리에스테르를 씌우거나 한 샌드위치 구조를 취하고 있다.

④ Seal재는 리드의 출입부나 모듈의 단면부를 처리하기 위해 이용된다. 재료로서는 실리콘 시란트, 폴리우레탄, 폴리 설파이드, 부틸고무 등이 있지만, 신뢰성 면에서 부틸고무가 자주 사용되고 있다.

⑤ 프레임재는 통상 표면 산화한 알루미늄이 사용되지만, 민생용 등에서는 고무를 사용하고 있는 예도 있다.

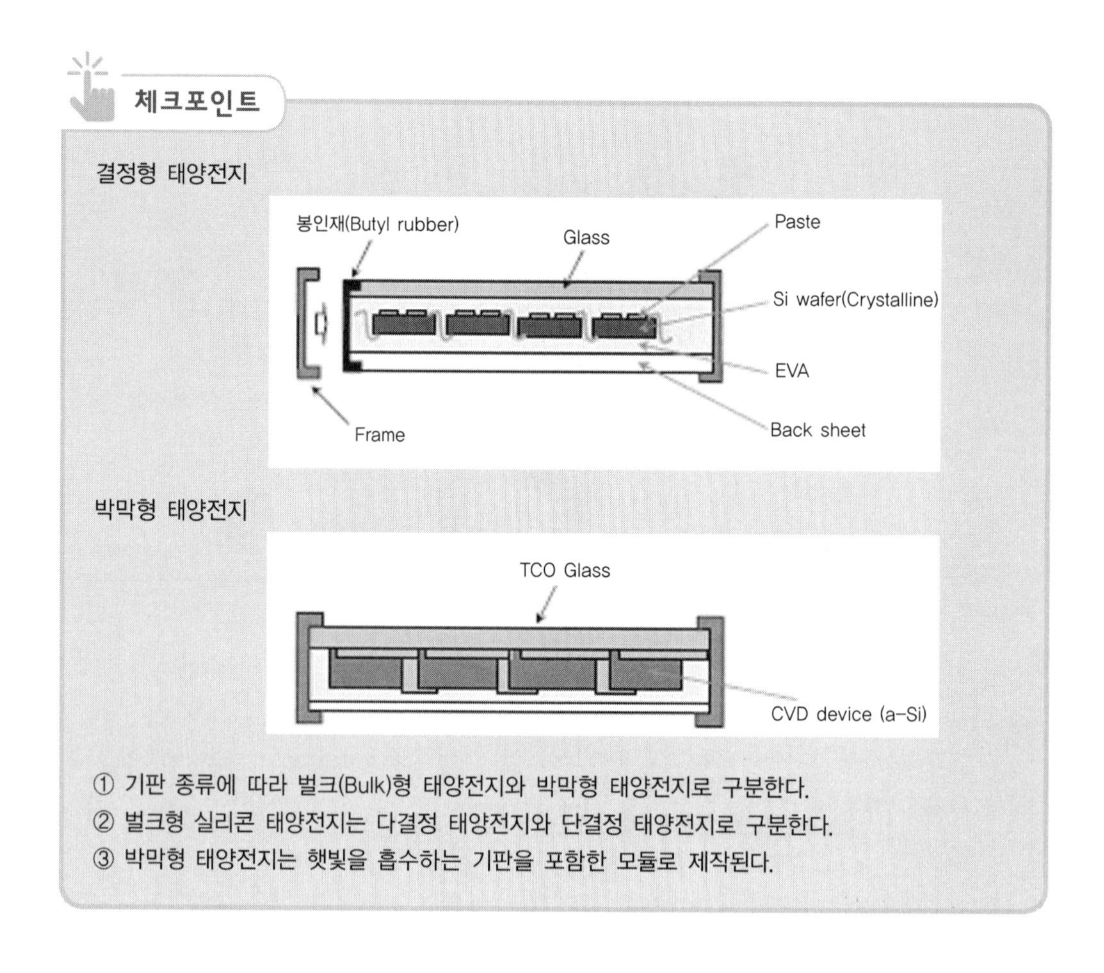

① 기판 종류에 따라 벌크(Bulk)형 태양전지와 박막형 태양전지로 구분한다.
② 벌크형 실리콘 태양전지는 다결정 태양전지와 단결정 태양전지로 구분한다.
③ 박막형 태양전지는 햇빛을 흡수하는 기판을 포함한 모듈로 제작된다.

(3) 어레이(Array)

어레이는 태양전지 모듈의 집합체로, 필요한 만큼의 전력을 얻기 위해 여러 장의 태양전지 모듈을 최상의 조건(방위각, 경사각)을 고려하여 거치대를 설치하여 연결한 장치를 말한다.

그림 2-16 태양전지 어레이

직렬로 묶는 매수는 인버터 정격출력전압의 10%를 증가한 최대출력동작전압으로 제한하여 설계하는 것이 일반적이다.

(4) 태양전지 모듈의 전류–전압(I–V) 특성

태양전지 모듈의 전압–전류 특성은 태양전지 모듈에 입사된 광 에너지가 변환되어 발생하는 전기적 출력특성을 말하며 이때, 그려지는 곡선을 태양전지 모듈의 전류–전압(I–V) 특성곡선이라고 한다. 태양전지 모듈의 특성값은 모듈온도 25℃, 분광분포 AM 1.5, 방사조도 1,000W/㎡을 기준으로 측정한다.

그림 2–17 전압 – 전류 (I–V) 특성 곡선

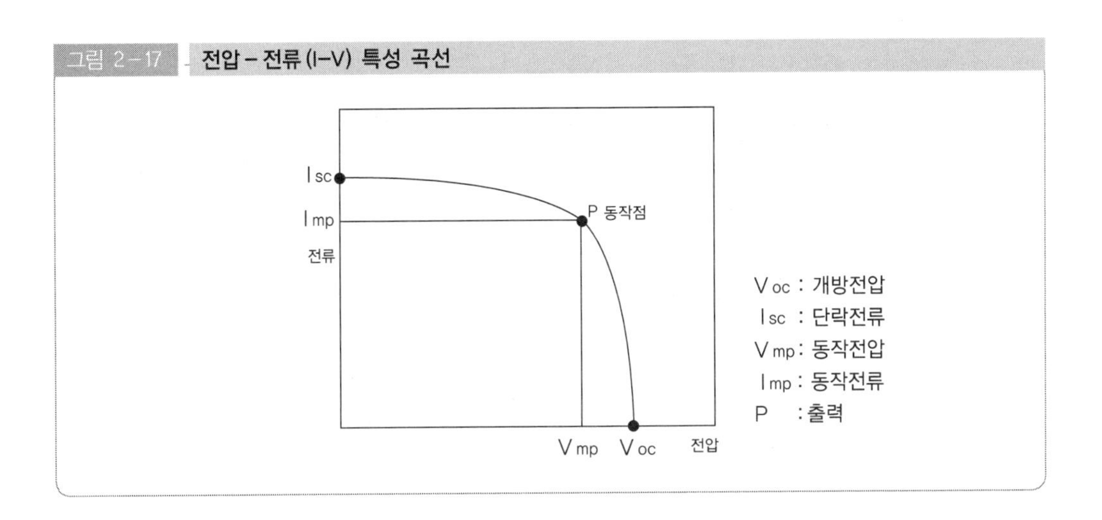

태양전지 모듈의 전류–전압(I–V) 특성곡선에서 태양전지로부터 출력을 얻을 때 설정된 전압에 대해 발생되는 전류가 결정되는데 이때, 전류와 전압이 만나는 지점을 동작점이라 한다. 동작점, 전류, 전압, 원점을 잇는 사각형의 면적이 최대가 될 때 태양전지는 최대출력(Pmax)이 되고 이때의 전류를 최대출력동작전류(Imp), 전압을 최대출력동작전압(Vmp)이라 한다. 최대출력을 발생시키는 곡선 위의 점을 최적동작점이라고 한다.

① 최대출력(Pmax) : 최대출력동작전류(Imp) × 최대출력동작전압(Vmp)
② 개방전압(Voc) : (+), (–)극 사이를 개방한 상태의 전압을 말한다.
③ 단락전류(Isc) : (+), (–)극 사이를 단락한 상태에서 흐르는 전류를 말한다.
④ 최대출력동작전압(Vmp) : 최대출력 시 동작전압을 말한다.
⑤ 최대출력동작전류(Imp) : 최대출력 시 동작전류를 말한다.

1) 모듈온도

태양전지의 모듈온도가 높아지면 출력(효율)이 저하되고, 모듈온도가 낮아지면 출력(효율)이 상승하는 특성을 가지고 있다. 일반적으로 1℃ 상승 시 0.4% 정도 효율이 감소한다. 따라서 태양전지의 특성을 결정할 때는 일정온도상태(보통 25℃를 기준상태로 표시)에서 출력특성을 측정해야 한다.

2) 분광분포

모든 빛의 파장에 대해 단위 파장당의 방사량과 파장과의 관계를 나타내는 것으로 가시광 전역에 걸쳐 균일한 빛을 갖는 광원이 이상적인 광원이다.

태양은 대기권을 통과할 때 대기 중의 오존이나 수증기 등에 의해 빛의 일부가 흡수된다.

AM(Air Mass)이란 대기 통과량을 뜻하는 의미로 AM 1.0이란 빛의 입사각이 90도(직각)부터 입사한 빛을 의미하고, AM 1.5는 그 통과량이 1.5배(입사각 41.8도)에서의 도달광을 나타내고 있다.

그림 2-18 모듈 온도변화와 분광분포

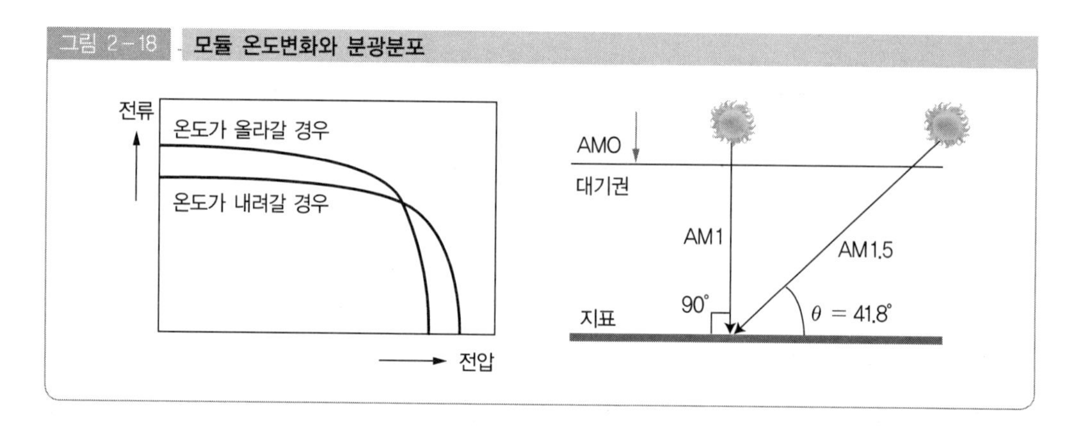

3) 방사조도

지표면 1㎡당에 도달하는 태양광 에너지의 양을 나타내고 단위는 W/㎡을 사용한다. 대기권 밖에서는 일반적으로 1,400W/㎡이지만 태양광 에너지가 대기를 통과해 지표에 도달하면 1,000W/㎡ 정도가 된다. 이때의 1,000W/㎡을 방사조도의 기준상태로 한다.

4. 태양전지의 제작공정

그림 2-19 태양전지 제작공정

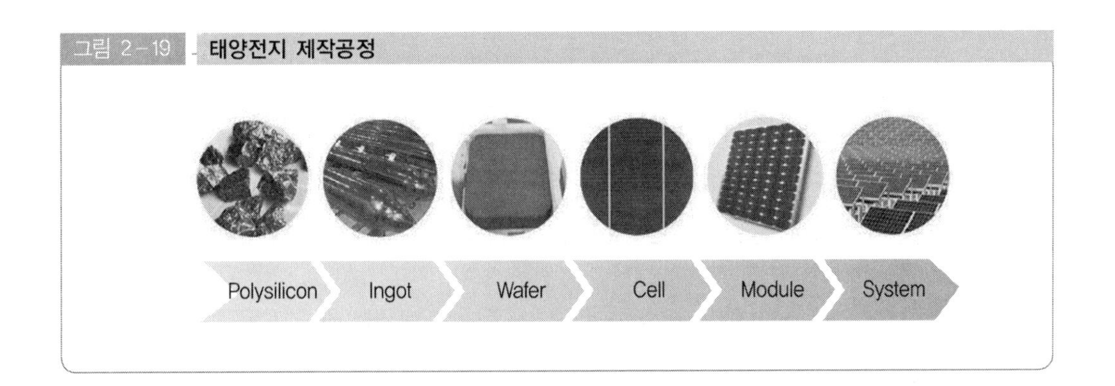

(1) 원료생산

그림 2-20 원료생산 공정

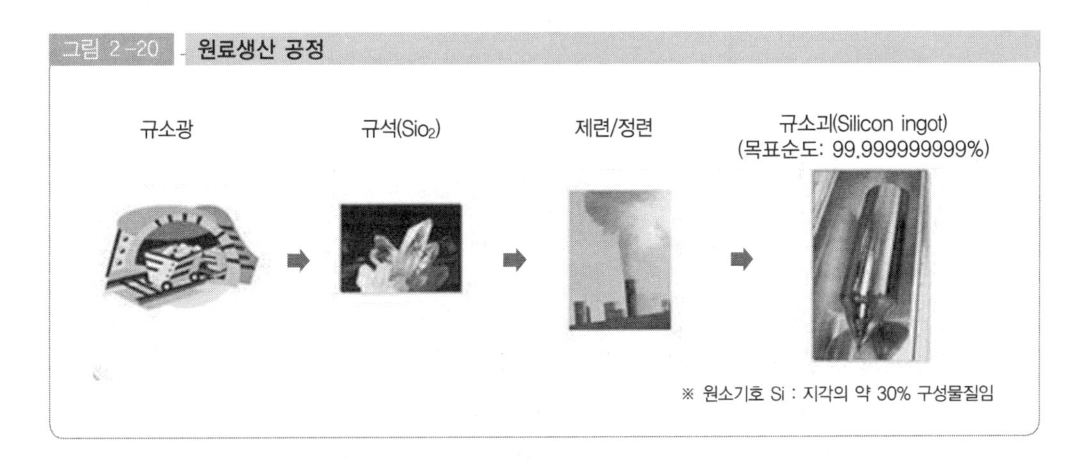

태양전지의 기본이 되는 원료가 바로 폴리실리콘인데 모래나 자갈에서 채취한 규소 화합물질에서 고온정제공정을 거쳐 만든다. 폴리실리콘은 작은 실리콘결정체들로 이루어진 물질로, 일반 실리콘결정과 아모퍼스(비정질)실리콘의 중간 정도에 해당하는 물질이다. 일반 실리콘에 비해 불에 잘 견디는 내화성, 발수성, 산화 안정성, 저온 안정성, 가스 투과성 등이 뛰어나다. 지금은 결정질 실리콘이 주류를 이루지만, 쉽게 휘어지는 얇은 화합물 반도체가 생산되고 가격도 낮아진다면 상황은 급변할 것이다.

(2) 잉곳(Ingot) 제작

추출한 폴리실리콘은 매끈한 형태의 결정이 아닌 여러 가지 형태의 결정들이 모인 형태로 존재한다.

잉곳이란 태양전지의 원재료인 폴리실리콘을 녹여 기둥모양의 결정으로 뽑아 올린 것으로, 기둥모양을 사각형으로 만들면 다결정 실리콘 잉곳이 되고 다결정 실리콘을 고온에서 융해하여 회전시키면 원심력에 의해 결정방향이 일정한 둥근모양의 단결정 실리콘 잉곳이 된다.

그림 2-21 잉곳(Ihgot), 웨이퍼(Wafer) 제작

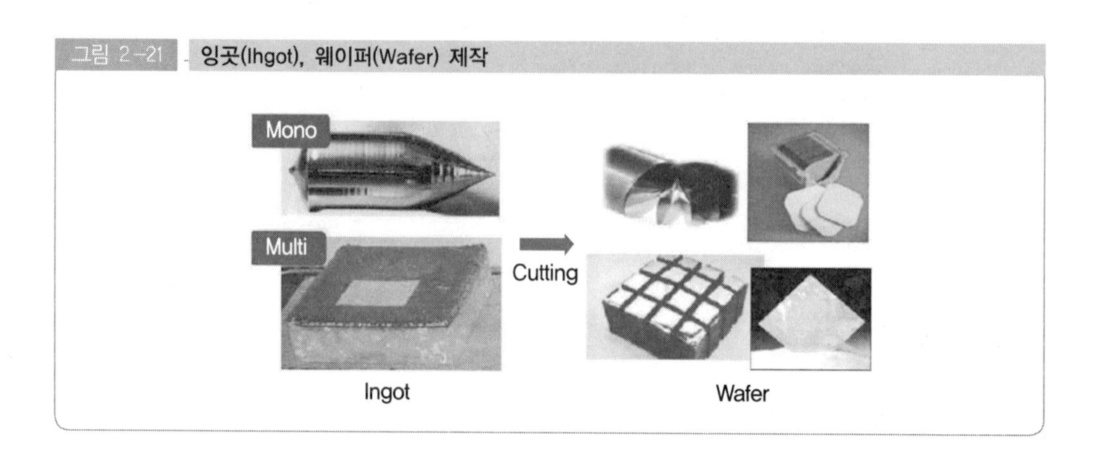

(3) 웨이퍼(Wafer) 제작

잉곳을 다이아몬드나 절단용 와이어를 이용하여 단면모양으로 얇게 잘라낸 것을 웨이퍼라고 한다.

▶ 웨이퍼 가공처리

① **모서리가공** : 모서리가공 및 연마를 통해 웨이퍼 간 마찰로 인한 손상을 예방한다.
② **Etching(에칭, 식각공정)** : 화학용액에 담가 한번 더 표면을 벗겨낸다.
③ **열처리** : 급속열처리(RTA)로부터 웨이퍼 내의 산소불순물을 제거한다.
④ **경면(웨이퍼 표면)연마** : 표면을 매우 균일하게 조정한다.
⑤ **검사** : 완성품으로부터 저항, 두께, 평탄도, 불순물, 생존시간, 육안검사 등을 실시한다.

그림 2-22 웨이퍼 가공처리

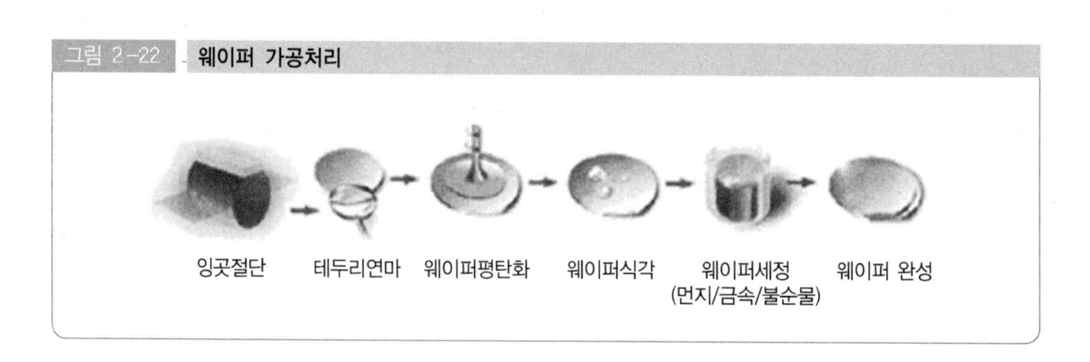

(4) P-N층 접합

웨이퍼가 전도성을 띠도록 하기 위해 붕소(B), 인산(P_2O_5)등의 불순물을 웨이퍼에 도핑(주입)하고 고온처리하여 P-N층을 접합한다. 그리고 에칭공정을 통하여 불순물 도핑과정에서 형성된 산화막(인화시리케이트유리 : PSG, Phosphorous Silicate Glass)을 제거한다.

(5) 태양광 반사방지막 및 전극 형성

태양광 반사방지막은 태양전지 표면으로 입사하는 빛의 반사손실을 줄이기 위해 형성시킨 막으로, 실리콘 웨이퍼의 표면에 특정 굴절율의 물질(질화규소 또는 산화티탄 재질)로 막을 형성시켜 물질 간의 굴절률 차이를 이용하여 보다 많은 태양광이 입사할 수 있도록 한다. 반사방지막 위 웨이퍼 양면에 전극을 형성하기 위해서 스크린 프린트 방식으로 금속분말을 인쇄한 후 건조 및 소성시킨다. 고온에서 스크린 표면을 소재 내부로 접합하고 레이저를 이용 전극을 분리시켜 태양전지를 제작한다.

(6) 효율측정 및 등급분류

태양전지의 효율을 측정하여 등급을 분류한다(6인치 : 156mm × 156mm 다결정 셀 기준).

5. 태양전지의 특성 측정법

태양전지는 태양빛을 받아 전력을 생산하는 반도체 소자로서 개방전압(Voc), 단락전류(Isc), 최대출력(Pmax), 충진률(F.F), 변환효율(η) 등의 지표는 태양전지의 성능 및 시장

그림 2-23 태양전지 특성측정법

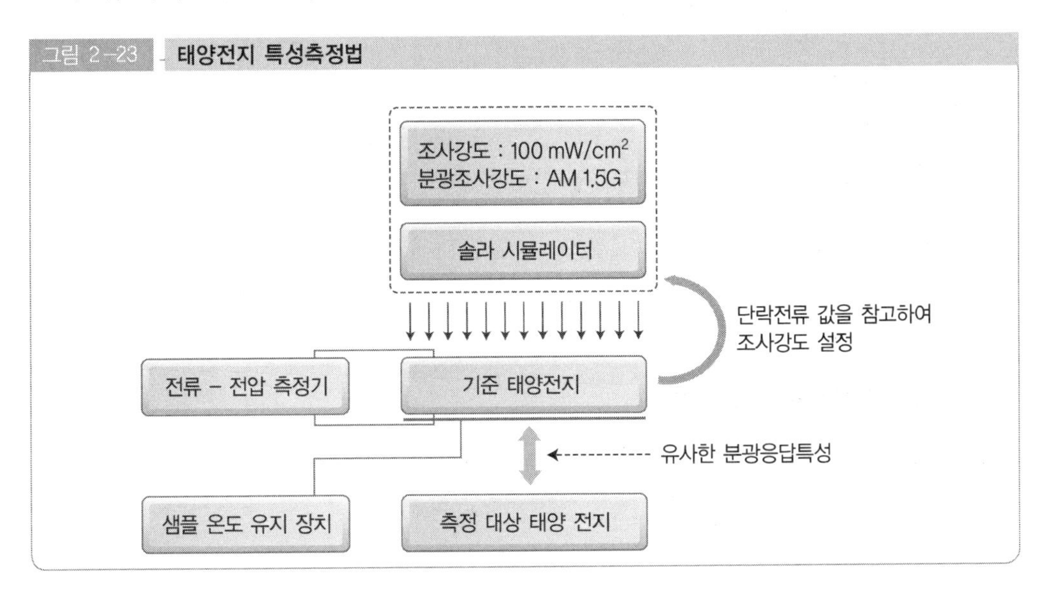

에서의 거래가격을 결정하는 주요 요소이다. 태양전지 성능지표는 IEC 규격에서 제시하는 특정한 스펙트럼 및 조사강도를 가지는 빛에 태양전지를 노출시킨 후 태양전지가 출력하는 전류-전압 특성을 측정함으로서 확인할 수 있다.

(1) 태양전지 특성 측정을 위한 장치구성

솔라 시뮬레이터는 표준시 조건의 빛과 유사한 빛을 인공적으로 발생시켜 주는 장치이다. KS C IEC 60904-9에서 규정하는 방사조도 ±2% 이내, 광원균일도 ±2% 이내의 A 등급 이상으로 한다.

1) 온도유지장치

측정시간동안 태양전지의 온도를 25℃로 유지시켜주는 장치

2) 항온항습기

태양전지 모듈의 온도사이클시험, 습도-동결시험, 고온고습시험을 하기 위한 환경 챔버장치이며, KS C IEC 61215에서 규정하는 온도 ±2 ℃ 이내, 습도 ±5 % 이내이어야 한다.

3) 전류-전압 측정기

태양전지의 전류-전압 특성곡선을 측정하는 장치

4) 기준 태양전지

표준시험조건에서 항상 일정한 단락전류를 출력하는 특성이 안정된 태양전지로 솔라 시뮬레이터의 조사강도를 표준시험 값인 100mW/㎠를 조정하는데 사용

5) 분광응답측정기, 분광복사계

6) 염수분무장치

태양전지 모듈의 구성재료 및 패키지의 염분에 대한 내구성을 시험하기 위한 환경 챔버이며, KS C IEC 61701의 규정에 따른다.

7) UV 시험장치

태양전지 모듈이 태양광에 노출되는 경우에 따라서 유기되는 열화정도를 시험하기 위한 장치로서, KS C IEC 61215의 규정에 따른다.

8) 기계적하중 시험장치

태양전지 모듈에 대하여 바람, 눈 및 얼음에 의한 하중에 대한 기계적 내구성을 조사하기 위한 장치로서 KS C IEC 61215의 규정에 따른다.

9) 우박시험장치

우박의 충격에 대한 태양전지 모듈의 기계적 강도를 조사하기 위한 시험장치로서 KS C IEC 61215의 규정에 따른다.

10) 단자강도 시험장치

태양전지 모듈의 단자부분이 모듈의 부착, 배선 또는 사용 중에 가해지는 외력에 대하여 충분한 강도가 있는지를 조사하기 위한 장치로서 KS C IEC 61215의 규정에 따른다.

(2) 태양전지 모듈의 특성 판정기준

1) 외관검사

1,000 Lux 이상의 광 조사상태에서 모듈외관, 태양전지 셀 등에 크랙, 구부러짐, 갈라짐 등이 없는지를 확인하고, 셀간 접속 및 다른 접속부분에 결함이 없는지, 셀과 셀, 셀과 프레임상의 터치가 없는지, 접착에 결함이 없는지, 셀과 모듈 끝 부분을 연결하는 기포 또는 박리가 없는지 등을 검사하며, KS C IEC 61215의 시험방법에 따라 시험한다.

① Cell, Glass, J-Box, Frame, 기타사항(접지단자, 출력단자) 등의 이상이 없을 것
② 모듈외관 : 크랙, 구부러짐, 갈라짐 등이 없는 것
③ 셀 : 깨짐, 크랙이 없는 것
④ 셀간 접속 및 다른 접속부분에 결함이 없는 것
⑤ 셀과 셀, 셀과 프레임의 터치가 없는 것
⑥ 접착에 결함이 없는 것
⑦ 셀과 모듈 끝 부분을 연결하는 기포 또는 박리가 없는 것 등

2) 최대출력 결정

이 시험은 환경시험 전후에 모듈의 최대출력을 결정하는 시험으로 인공 광원법에 의해 태양광 모듈의 I-V 특성시험을 수행하며, AM 1.5, 방사조도 1 kW/㎡, 온도 25 ℃ 조건에서 기준 셀을 이용하여 시험을 실시하여 개방전압(Voc), 단락전류(Isc), 최대전압(Vmax), 최대전류(Imax), 최대출력(Pmax), 충진률(F.F) 및 효율(eff)을 측정한다.

KS C IEC 61215에서 정하는 KS C IEC 60906-9의 솔라 시뮬레이터를 사용하여 KS C IEC 60904-1 시험방법에 따라 시험한다. 단, 시험시료는 9매를 기준으로 한다.

AM이란 에어매스(Air Mass)의 약자인데, 이것은 태양 직사광이 지상에 입사하기까지의 통과하는 대기의 양을 표시하고 있고 바로 위(태양고도 90도)에서의 일사를 AM = 1로 하여 그 배율로 표시한 파라미터로서, AM 1.5는 광(光)의 통과거리가 1.5배로 되고 태양고도 42도에 상당한다. AM이 크게 되면 아침 해와 석양의 해처럼 짧은 파장의 광이 대기에 흡수되어 적광(적외선)이 많게 되고, AM이 적게 되면 청광(자외선)이 강하게 된다.

태양전지는 그 종류 및 구성재료나 제조방법에서 광의 파장감도와는 다르지만, 광의 질(분광분포)을 일치하여 측정할 필요가 있다.

① 해당 태양광 모듈의 최대출력을 측정하되, 시험시료의 평균출력은 정격출력 이상일 것

② 시험시료의 출력 균일도는 평균출력의 ±3 % 이내일 것

③ 시험시료의 최종 환경시험 후 최대출력의 열화는 최초 최대출력의 -8%를 초과하지 않을 것

3) 절연시험

① 절연내력시험은 최대시스템 전압의 두 배에 1,000V를 더한 것과 같은 전압을 최대 500V/s 이하의 상승률로 태양전지 모듈의 출력단자와 패널 또는 접지단자(프레임)에 1분간 유지한다. 다만 최대시스템 전압이 50V 이하일 때는 인가전압은 500V로 한다.

② 절연저항 시험은 시험기 전압을 500V/s를 초과하지 않는 상승률로 500V 또는 모듈시스템의 최대전압이 500V보다 큰 경우 모듈의 최대시스템전압까지 올린 후 이 수준에서 2분간 유지한다. KS C IEC 6215의 시험방법에 따라 시험한다.

㉠ ①항의 시험동안 절연파괴 또는 표면균열이 없어야 한다.

㉡ ②항은 모듈의 측정면적에 따라 0.1 m^2 미만에서는 400MΩ 이상일 것

㉢ ②항은 모듈의 시험면적에 따라 0.1 m^2 이상에서는 측정값과 면적의 곱이 40 $M\Omega \cdot m^2$ 이상일 것

4) 온도계수의 측정

모듈측정을 통해 전류의 온도계수(α), 전압의 온도계수(β) 및 피크전력(δ)을 조사하는 것을 목적으로 한다.

이렇게 결정된 계수는 측정한 방사조도에서 유효하다. 다른 방사조도 수준에서의 모듈의 온도계수 계산은 KS C IEC 60904-10을 참조하며, KS C IEC 61215의 시험방법에 따라 시험한다.

별도의 판정기준을 갖지 않으며, 해당 태양광 모듈의 온도계수를 측정한다.

5) 공칭 태양전지 동작온도(NOCT)의 측정(Nominal Operating Cell Temperature)

이 측정은 모듈의 공칭 태양전지 동작온도(NOCT)를 결정하는 것을 목적으로 하며, KS C IEC 61215의 시험방법에 따라 시험한다.
별도의 판정기준을 갖지 않으며, 해당 태양전지 모듈의 NOTC를 측정한다.

6) STC(Standard Test Condition) 및 NOCT에서의 성능

모듈의 전기특성이 STC(KS C IEC 60904-3의 기준 분광방사조도를 가진 25℃에서 1000W/m^2의 방사조도) 조건 하에서와 NOCT(KS C IEC 60904-3의 기준 분광방사조도를 가진 800 W/m^2의 방사조도) 조건 하에서, 부하와 함께 어떻게 변화하는지 결정하는 것을 목적으로 하며, 시험방법은 KS C IEC 61215의 시험방법에 따라 시험한다.
별도의 판정기준을 갖지 않으며, 해당 태양광 모듈의 STC, NOCT 조건 하에서 부하에 따른 성능특성을 측정한다.

7) 낮은 조사강도에서의 특성

이 시험은 모듈의 전기적 특성이 25℃ 및 200 W/m^2(적절한 기준기기로 측정)의 방사조도에서, 부하와 함께 어떻게 변화하는지를 자연광 또는 규정의 요구에 적합한 B등급 이상의 시뮬레이터를 사용하여 KS C IEC 60904-1에 의해 전기적 특성을 결정하는 것을 목적으로 하며, KS C IEC 61215의 시험방법에 따라 시험한다.
별도의 판정기준을 갖지 않으며, 해당 태양전지 모듈의 낮은 조사강도에서의 성능특성을 측정한다.

8) 옥외노출시험

이 시험은 모듈의 옥외 조건에서의 내구성을 일차적으로 평가하고 또 시험소의 시험에서는 검출될 수 없는 복합적 열화의 영향을 파악하는 것을 목적으로 하고, 태양전지 모듈을 적산 일사량계로 측정한 적산 일사량이 60kWh/m^2에 도달할 때까지 시험하며, KS C IEC 61215의 시험방법에 따라 시험한다.

① **최대출력** : 시험 전 값의 95% 이상 일 것
② **절연저항** : 6.3항 기준에 만족할 것
③ **외관** : 두드러진 이상이 없고, 표시는 판독할 수 있으며 6.1항 기준에 만족할 것

9) 열점 내구성 시험

태양전지 모듈이 과열점 가열의 영향에 대한 내구성을 결정하는 것을 목적으로 한다. 이 결함은 셀의 부정합, 균열, 내부접속 불량, 부분적인 그늘 또는 오손에 의해 유발될 수 있다. 시험은 KS C IEC 61215의 시험방법에 따라 시험한다.

① 최대출력 : 시험 전 값의 95% 이상 일 것
② 절연저항 : 6.3항 기준에 만족할 것
③ 외관 : 두드러진 이상이 없고, 표시는 판독할 수 있으며 6.1항 기준에 만족할 것

10) UV 전처리 시험 (UV preconditioning test)

태양전지 모듈의 태양광에 노출되는 경우에 따라서 유기되는 열화정도를 시험한다. 제논아크등을 사용하여 모듈온도 60℃±5℃의 건조한 조건을 유지하고 파장범위 280nm~320nm에서 방사조도 5kWh/m2 또는(3~10%) 및 파장범위 280nm ~380 nm에서 방사조도 15kWh/m2에서 시험하며, KS C IEC 61215의 시험방법에 따라 시험한다.

① 최대출력 : 시험 전 값의 95% 이상 일 것
② 절연저항 : 6.3항 기준에 만족할 것
③ 외관 : 두드러진 이상이 없고, 표시는 판독할 수 있으며 6.1항 기준에 만족할 것

11) 온도사이클시험 (시험a : 200 사이클, 시험b : 50 사이클)

환경온도의 불규칙한 반복에서, 구조나 재료간의 열전도나 열팽창률의 차이에 의한 스트레스의 내구성을 시험한다.

고온 측 85 ℃±2 ℃ 및 저온 측 −40 ℃±2 ℃로 10분 이상 유지하고 고온에서 저온으로 또는 저온에서 고온으로 최대 100 ℃/h의 비율로 온도를 변화시킨다. 이것을 1사이클로 하고 6시간 이내에 하고 특별히 규정이 없는 한 UV 전처리시험 후 온도사이클 시험b 50회, 습윤누설전류시험 후 온도사이클 시험a 200회를 실시 한다. 최소 1시간의 회복시간 후, KS C IEC 61215의 시험방법에 따라 시험한다.

① 최대출력 : 시험 전 값의 95% 이상 일 것
② 절연저항 : 6.3항 기준에 만족할 것
③ 외관 : 두드러진 이상이 없고, 표시는 판독할 수 있으며 6.1항 기준에 만족할 것
④ 시험 도중에 회로가 손상(open circuit) 되지 않을 것.

12) 습도−동결 시험

고온·고습, 영하의 저온 등의 가혹한 자연환경에 반복 장시간 놓았을 때, 영 팽창률의 차이나 수분의 침입·확산, 호흡작용 등에 의한 구조나 재료의 영향을 시험한다. 고온 측 온도조건을 85℃±2 ℃, 상대습도 85%±5%에서 20시간 이상 유지하고, 저온 측 온도조건을 −40℃±2 ℃ 조건에서 0.5시간 이상 유지한다.

위의 조건을 1사이클로 하여 24시간 이내에 하고 10회 실시한다. 최소 2~4시간의 회복시간 후, KS C IEC 61215의 시험방법에 따라 시험한다.

① **최대출력** : 시험 전 값의 95% 이상 일 것
② **절연저항** : 6.3항 기준에 만족할 것
③ **외관** : 두드러진 이상이 없고, 표시는 판독할 수 있으며 6.1항 기준에 만족할 것

13) 고온고습 시험

고온·고습 상태에서의 사용 및 저장하는 경우의 태양전지 모듈의 열적 스트레스와 적성을 시험한다. 이때 접합재료의 밀착력의 저하를 관찰한다.
시험조 내의 태양전지 모듈의 출력단자를 개방상태로 유지하고 방수를 위하여 염화비닐제의 절연테이프로 피복하여, 온도 85 ℃±2 ℃, 상대습도 85%±5%로 1,000시간 시험한다. 최소 2~4시간의 회복시간 후, KS C IEC 61215의 시험방법에 따라 시험한다.

① **최대출력** : 시험 전 값의 95% 이상 일 것
② **절연저항** : 6.3항 기준에 만족할 것
③ **습윤누설전류시험** : 6.15항 기준에 만족할 것
④ **외관** : 두드러진 이상이 없고, 표시는 판독할 수 있으며 6.1항 기준에 만족할 것

14) 단자강도 시험

모듈의 단자부분이 모듈의 부착, 배선 또는 사용 중에 가해지는 외력에 충분한 강도가 있는 지를 시험하며, KS C IEC 61215의 시험방법에 따라 시험한다.

① **최대출력** : 시험 전 값의 95% 이상 일 것
② **절연저항** : 6.3항 기준에 만족할 것
③ **외관** : 두드러진 이상이 없고, 표시는 판독할 수 있으며 6.1항 기준에 만족할 것

15) 습윤누설전류 시험

모듈이 옥외에서 강우에 노출되는 경우의 적성을 시험하며, KS C IEC 61215의 시험방법에 따라 시험한다.

① 모듈의 측정면적에 따라 0.1 ㎡ 미만에서는 절연저항 측정값이 400MΩ 이상 일 것
② 모듈의 측정면적에 따라 0.1 ㎡ 이상에서는 절연저항 측정값과 모듈면적의 곱이 40MΩ·㎡ 이상일 것

16) 기계적 하중시험

태양전지 모듈에 대하여 바람, 눈 및 얼음에 의한 하중에 대한 기계적 내구성을 시험하며, KS C IEC 61215의 시험방법에 따라 시험한다.

① **최대출력** : 시험 전 값의 95% 이상일 것

② **절연저항** : 6.3항 기준에 만족할 것
③ **외관** : 두드러진 이상이 없고, 표시는 판독할 수 있으며 6.1항 기준에 만족할 것
④ 시험동안 회로단선(open circuit)이 없어야 한다.

17) 우박 시험

우박의 충격에 대한 모듈의 기계적 강도를 시험하며, KS C IEC 61215의 시험방법에 따라 시험한다.

① **최대출력** : 시험 전 값의 95% 이상 일 것
② **절연저항** : 6.3항 기준에 만족할 것
③ **외관** : 두드러진 이상이 없고, 표시는 판독할 수 있으며 6.1항 기준에 만족할 것

18) 바이패스 다이오드 열시험 (Bypass diode thermal test)

태양전지 모듈의 핫-스폿 현상에 대한 유해한 결과를 제한하기 위해 사용된 바이패스 다이오드가 열에 대한 내성설계가 얼마나 잘 되어있는지 그리고 유사한 환경에서 장시간 사용할 경우 신뢰성이 확보되었는지를 평가하는 것을 목적으로 하며, STC조건에서 단락전류의 1.25배와 같은 전류를 적용한다. KS C IEC 61215의 시험방법에 따라 시험한다.

① **최대출력** : 시험 전 값의 95% 이상 일 것
② **절연저항** : 6.3항 기준에 만족할 것
③ **외관** : 두드러진 이상이 없고, 표시는 판독할 수 있으며 6.1항 기준에 만족할 것
④ 시험이 끝난 후에도 다이오드의 기능을 유지하여야 한다.

다이오드 접합온도는 다이오드 제조자가 제시한 정격최대온도를 초과하지 않아야 한다.

19) 염수분무시험

염해를 받을 우려가 있는 지역에서 사용되는 모듈의 구성재료 및 패키지의 염분에 대한 내구성을 시험한다. 시험품은 이상부식을 방지하기 위하여 미리 연선의 단자부 봉지 등 실사용 조건과 같은 단자처리 또는 보호하여 둔다.

소정의 염수분무실에서 15 ℃에서 35 ℃ 사이의 온도에서 염수농도 5%±1%의 무게비로 하여 2시간 염수분무 후 온도 40 ℃±2 ℃, 상대습도 93%±5%의 조건에서 7일간 시험하고, 위의 시험을 4회 반복한다. 소금 부착물을 상온의 흐르는 물로 5분간 세척한 후 증류수 또는 탈이온수로 씻고 부드러운 솔을 사용하여 물방울을 제거하고 55 ℃±2 ℃의 조건에서 1시간 건조시킨 후 표준상태에서 1~2시간 이내로 방치하고 냉각한다. KS C IEC 61215의 시험방법에 따라 시험한다.

① **최대출력** : 시험 전 값의 95% 이상 일 것
② **절연저항** : 6.3항 기준에 만족할 것
③ **외관** : 두드러진 이상이 없고, 표시는 판독할 수 있으며 6.1항 기준에 만족할 것

20) 시리즈인증

시리즈인증은 기본모델(시리즈 기본모델)의 정격출력 ± 10% 범위 내의 모델에 대하여 적용한다.

① 기본모델에 대하여 전항목을 시험한다. 단, 시리즈모델에 대한 유사모델 시험은 부속서에 따라 시리즈기본모델에 적용한다.
② 시리즈모델 중 최대 정격출력 모델에 대하여 6.1(외관검사), 6.2(발전성능시험), 6.3(절연저항시험)을 실시한다.

(3) 표시사항

1) 일반사항

내구성이 있어야 하며 소비자가 명확히 인식할 수 있도록 표시하여야 한다.

2) 제조 및 사용 표시

인증설비에 대한 표시는 최소한 다음 사항을 포함하여야 한다.

① 업체명 및 소재지
② 제품명 및 모델명
③ 정격(최대시스템 전압, 정격최대출력, 최대출력의 최소값 등) 및 적용조건
④ 제조연월일
⑤ 인증부여번호
⑥ 신·재생에너지 설비인증표지
⑦ 기타사항

6. 태양전지 모듈의 설치 분류

(1) 태양전지판의 집광유무에 따른 분류

1) 평판형((Flat-plate system, 비집광식) 태양전지 모듈

평판형 태양전지 모듈은 집열면이 평면형상이고 평판집전장치(Flat-plate collector)에 의해 전력을 생산하는 방식으로, 태양에너지 흡수면적이 태양에너지의 입사면적과 동일한 형태를 의미하는 가장 보편화된 시스템이다.

2) 집광형(Concentrator system) 태양전지 모듈

태양전지 배열의 성능을 향상시키기 위해 태양광을 렌즈로 모아 태양전지에 집중시켜 태양전지 소자에 입사하는 태양광의 강도를 증가시키는 방식이다. 일반적으로 빛을 집중하는 렌즈(프랜넬 렌즈, Plannel lens), Cell 부품, 입사중심을 빗겨난 빛 광선을 반사시키는 2차 집중기, 과도한 열을 소산시키는 장치 등으로 구성하며 평판 시스템보다 신뢰도가 높은 제어장치를 설치한다.

집중기를 사용하므로 필요한 태양전지 셀의 크기 또는 개수가 감소하고 셀의 효율이 증가하는 장점이 있다. 그러나 집중형 광학장치의 가격이 비싸고, 태양을 추적하는 장치와 집중된 열을 해소하는 장치에 대한 추가적인 비용이 필요한 단점이 있다.

(2) 어레이 설치형태에 따른 분류

1) 경사고정식 어레이

태양의 고도와 구조물의 경사면을 일정한 각도를 두어서 고정되게 설치하는 방식으로 대부분 정남향으로 태양광 모듈의 구조물(어레이)를 말 그대로 고정을 시키고 구조물(태양광 모듈 면)의 경사각도는 위도에 따라서 다르나 대략 30~33도의 범위 내에서 고정·유지를 시키는 형태를 말한다.

별도로 인위적인 기술이나 인력이 거의 필요가 없어서 유지보수 비용이 저렴한 것이 장점이나, 우리나라의 특성 상 위도와 경도에 맞게 사계절 태양의 고도각에 따라서 태양광 모듈의 경사면과 태양의 고도각을 일치를 시킬 수가 없어서 전력량이 떨어지는 것이 단점이다.

그림 2-24 경사고정식 어레이 설치

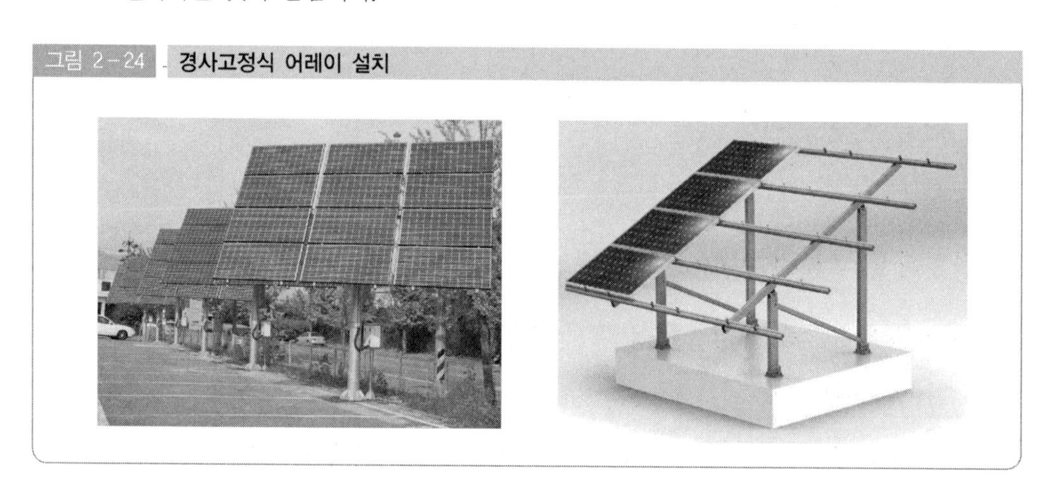

2) 경사가변식 어레이

태양의 고도와 구조물, 어레이(모듈)의 경사면을 변경시키는 형태로 고정식에서 탈

그림 2-25 경사가변식 어레이

피하여서 4계절 태양의 고도각을 중심으로 구조물(어레이)의 경사각을 조절(수동)하여서 전력량을 최대가 되게 하는 방식으로 동절기 구조물 각도는 대략 위도에 따라 다르나 일반적으로 47~52도, 춘추절기 32~37도, 하절기 15~20도를 유지한다. 반 능동식이라고 볼 수 있다.

4계절 태양광의 고도와 모듈의 수평면의 각도를 직각으로 최대한 유지하여서 전력량을 증대를 시킬 수 있는 것이 장점이나, 별도로 인력을 통하여 절기에 따라서 구조물 각도조절을 해야 하는 것이 단점이다.

3) 추적식 어레이(Tracking array)

발전효율을 극대화하기 위해 태양의 작사광선이 항상 태양전지판의 전면에 수직으로 입사할 수 있도록 동력이나 기기조작을 통해 태양의 위치를 축적하는 방식을 말한다.

① 추적방향에 따른 분류

㉠ 단방향(1축) 축적식

태양의 고도에 맞게 동과 서방향으로 태양이동에 따라서 추적하는 방식으로 동쪽에 떠서 서쪽으로 해가 질 때까지 발전을 할 수가 있어서 경사고정식에 비하여 10% 정도 전기량이 증대되는 것이 장점이나, 남북으로는 추적이 안 되므로 양축식에 비하여 발전효율이 떨어지며 구동장치에 전기를 사용하므로 구동모터의 고장이 발생하면 추적에 불편을 초래할 수도 있고 유지보수에도 신경을 써야하는 단점이 있다.

㉡ 양방향(2축) 축적식

태양의 고도각에 맞추어서 동서, 남북으로 태양이동에 따라서 추적하는 방식으로 동서, 남북으로 움직이는 태양의 방향을 따라서 궤적을 추적하듯이 하여서 발전효율이 증대되며 경사고정식에 비하여 10~15% 정도 전

그림 2-26 단방향 추적식 어레이 설치

기량이 증대되는 것이 장점이며, 단점은 단축식과 동일하나 추적하는 축이 하나 더 있어서 전기사용량이나 고장발생이 더 일어날 수 있고 유지보수에도 더 신경을 써야한다.

구분	고정식	추적식	
		1축	2축
개요	정남향 방위각으로 동에서 서로 30도 변위로 고정 설치	태양광 방위각 변화에 따라 모듈 방향 동→서 회전	태양 방위각 및 고도 변화에 따라 모듈 방향 동→서, 남→북 회전
설치단가	100%	110%	115%
발전효율	100%	120%	130~160%

추적식 발전설치로 태양광 발전설비의 효율 극대화
1축 20% 이상, 2축 30~60% 효율 상승 기대

② 추적방식에 따른 분류

㉠ 감지식 추적방식(광센서 방식)

광센서에 의한 추적방식은 감지부를 이용하여 최대 일사량을 추적하는 방식으로 프로그램 방식 대비 상대적으로 가격이 저렴하며 지역에 따른 태양고도 정보 값 필요없이 설치가 간편한 장점이 있으나 광센서의 민감도와 제조업체의 기술수준에 따라 오작동 가능성과 구름이 태양을 가리거나 부분 음영이 발생하는 경우 감지부의 정확한 태양궤도 추적은 기대할 수 없다는 단점이 있다.

㉡ 프로그램 추적방식

프로그램 추적방식의 장점은 이미 입력된 프로그램을 수행하기 때문에 오작동의 위험이 적으나 각 지역에 따른 정확한 정보값을 입력하기가 힘들며, 프로그램 오작동이 발생하였을 경우 유지관리가 어렵고 부품이 비싸다는 단점이 있다.

㉢ 혼합식 추적방식

감지식 추적방식과 프로그램 추적방식을 동시에 만족할 수 있도록 보완된 방식으로 프로그램 추적방식 중심으로 운영하나 설치위치에 발생하는 편차를 감지부를 이용하여 주기적으로 보정 및 수정을 해주는 방식으로 많이 이용되고 있다.

③ 설치방향에 따른 분류

㉠ 수평형 추적시스템

회전축의 방향에 따라 남북을 수평축으로 하고 동서로 회전하는 시스템이다.

㉡ 경사형 추적시스템

고정식과 같이 남북방향으로 최적의 각도로 경사를 제공한 상황에서 동서방향으로 태양을 추적하는 시스템이다.

PART 2 태양광발전 (太陽光發電, Photovoltaic power generation)

제2절 태양전지(Solar cell, Solar battery)

실·전·기·출·문·제

2013 태양광기능사

01. 다결정 실리콘 태양전지의 제조되는 공정 순서가 바르게 나열된 것은?

① 실리콘 입자 → 웨이퍼슬라이스 → 잉곳 → 셀 → 태양전지 모듈
② 실리콘 입자 → 잉곳 → 웨이퍼슬라이스 → 셀 → 태양전지 모듈
③ 잉곳 → 실리콘 → 입자 → 셀 → 웨이퍼슬라이스 → 태양전지 모듈
④ 잉곳 → 실리콘 → 입자 → 웨이퍼슬라이스 → 셀 → 태양전지 모듈

[정 답] ②

1. 실리콘 입자 : 태양전지의 기본이 되는 원료가 바로 폴리실리콘인데, 모래나 자갈에서 채취한 규소 화합물질에서 고온정제공정을 거쳐 만든다.
2. 잉곳 : 태양전지의 원재료인 폴리실리콘을 녹여 기둥모양의 결정으로 뽑아 올린 것으로, 기둥모양을 사각형으로 만들면 다결정 실리콘 잉곳이 되고 다결정 실리콘을 고온에서 융해하여 회전시키면 원심력에 의해 결정방향이 일정한 둥근모양의 단결정 실리콘 잉곳이 된다.
3. 웨이퍼슬라이스 : 잉곳을 다이아몬드나 절단용 와이어를 이용하여 단면모양으로 얇게 잘라낸 것을 말한다.
4. 셀 : 셀이란 태양전지를 구성하는 최소 기본단위로 크기는 5인치(125㎜×125㎜)와 6인치(156㎜×156㎜)가 있고 모양은 얇은 사각 또는 둥근 판 모양으로 되어있다.
5. 태양전지 모듈 : 셀 자체는 파손되기 쉬우므로 외부충격이나 악천후로부터 보호하기 위해 견고한 알루미늄 프레임 안에 표면유리, 충전재, 후면시트 등을 사용하여 다수의 셀을 패키지로 제작하여 만든 판을 말한다.

2013 태양광기능사

02. 다음은 태양전지의 원리를 설명한 것이다. ( ) 안에 들어갈 적당한 용어는?

"태양 전지는 금속 등 물질의 표면에 특정한 진동수의 빛을 쬐여주면 전자가 방출되는 현상인 ( )의 원리를 이용한 것으로 빛에너지를 전기에너지로 전환시켜 준다."

① 전자기 유도 효과 ② 압전 효과
③ 열기전 효과 ④ 광기전 효과

[정 답] ④

광기전 효과란 빛의 조사(照射)에 의해 반도체나 전해질 용액의 계면(界面)에 기전력이 발생하는 현상을 말한다.

2013 태양광기능사

03. 태양광발전시스템의 장점으로 옳지 않은 것은?

① 햇빛이 있는 곳이면 어느 곳에서나 간단히 설치 할 수 있다.
② 한번 설치해 놓으면 유지비용이 거의 들지 않는다.
③ 무소음 및 무진동으로 환경오염을 일으키지 않는다.
④ 낮은 에너지 밀도로 다량의 전기를 생산 할 때는 많은 공간을 차지한다.

[정 답] ④
낮은 에너지 밀도로 다량의 전기를 생산 할 때는 많은 공간을 차지하는 것은 태양광발전시스템의 장점이 아니라 단점이다.

2013 태양광산업기사

04. "수십 장의 태양전지 셀을 직렬로 연결하여 일정한 틀에 고정하여 구성한 것"을 무엇이라 하는가?

① 태양전지 어레이 ② 태양전지 모듈
③ 태양전지 프레임 ④ 태양전지 단자함

[정 답] ②
태양전지 모듈이란 견고한 알루미늄 프레임 안에 표면유리, 충전재, 후면시트 등을 사용하여 다수의 셀을 패키지로 제작하여 만든 판을 말한다.

2013 태양광기사

05. 태양광발전시스템의 분류 중 섬, 낙도 등에 사용하는 방식은?

① 계통연계형 ② 독립형 ③ 추적식 ④ 고정식

[정 답] ②
독립형이란 전력계통과 연계되지 않은 태양광발전시스템으로 전력을 생산하여 바로 사용하는 방식과 축전지를 이용하여 전력을 축전한 후 원하는 시간에 산간벽지, 도서지역 등에 전력을 공급하기 위한 목적으로 사용하는 방식이다.

06. 공칭 태양전지 동작온도(NOTC)의 영향요소가 아닌 것은?

① 전지표면의 방사조도
② 주위온도
③ 풍속
④ 주변습도

[정 답] ④
공칭 태양전지 동작온도(NOTC)에는 전지표면의 방사조도, 주위온도, 풍속 등에 의해 영향을 받으나 주변습도에는 영향을 받지 않는다.

07. 여름철에는 태양광발전소 이용률이 저조한데 그 이유로 가장 적합하게 설명한 것은?

① 일교차가 크다.
② 일조량이 적다.
③ 태양전지는 높은 열에 취약하다.
④ 바람이 많이 분다.

[정 답] ③
태양전지는 높은 열에 취약하므로 여름철의 태양광발전소 이용률이 저조하다.

08. 주택용 독립형 태양광발전시스템의 주요 구성요소가 아닌 것은?

① 태양전지 모듈
② 충방전 제어기
③ 축전지
④ 배전시스템

[정 답] ④
독립형 태양광발전시스템(Stand Alone System)은 태양전지 모듈, 충방전 제어기, 축전지, 인버터 등으로 구성되어 있다.

3 축전지(蓄電池, Storage battery)

학습포인트

1. 축전지의 원리를 정리한다.
2. 축전지의 종류별 특징을 정리한다.

축전지는 리튬 2차전지와 같은 소형 2차전지를 대형화한 것으로 남는 전기에너지를 저장했다가 피크시간이나 정전 시 비상전원으로 활용할 수 있는 전력공급장치이다. 태양광발전에서는 주간에 태양전지로부터 발생한 전기에너지를 저장하였다가 전기가 필요한 밤이나 흐린 날에 부하에 전기를 공급해 주는 기능을 하는 것이 축전지의 역할이다.

그림 2-27 납 축전지의 구조

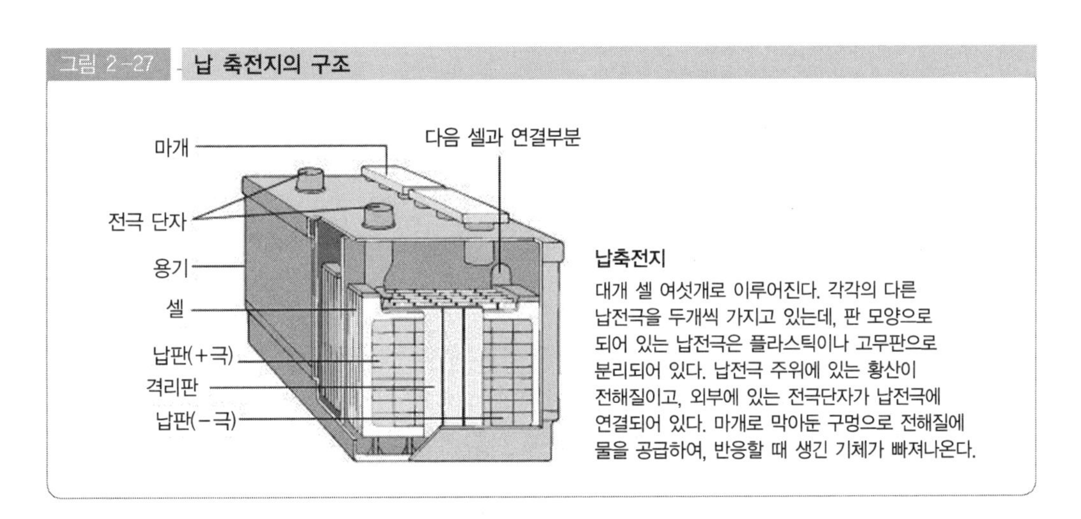

1. 축전지의 구성요소

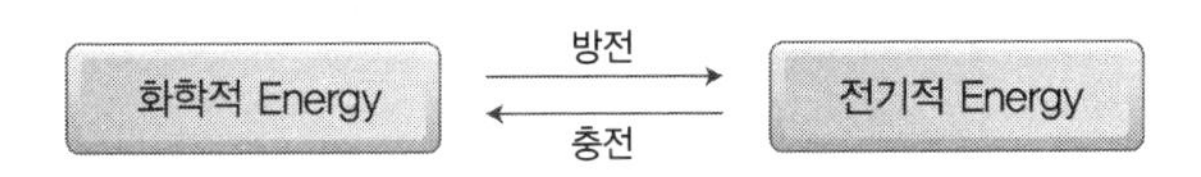

(1) 양극(Cathode, 캐소드)

외부 도선으로부터 전자를 받아 양극 활물질이 환원되는 전극을 말한다.

(2) 음극(Anode, 애노드)

음극 활물질이 산화되면서 도선으로 전자를 방출하는 전극을 말한다.

(3) 전해질(Electrolyte)

양극의 환원반응, 음극의 산화반응이 화학적 조화를 이루도록 물질이동이 일어나는 매체을 말한다.

(4) 분리막(Separator)

양극과 음극의 물리적 접촉 방지를 위한 격리막을 말한다.

2. 축전지의 원리

(1) 연(납)축전지(Lead-Acid)

묽은 황산속에 과산화연(PbO_2)과 해면상연(Pb)을 전해액(묽은 황산)속에 담그면 이온화 경향이 큰 금속인 해면상연은 음극이 되고, 이온화 경향이 적은 과산화연은 양극이 되어 화학반응에 의해 약 2V의 기전력이 발생된다.

$$PbO_2 + 2H_2SO_4 + Pb + PbSO_4 + 2H_2O + PbSO_4$$

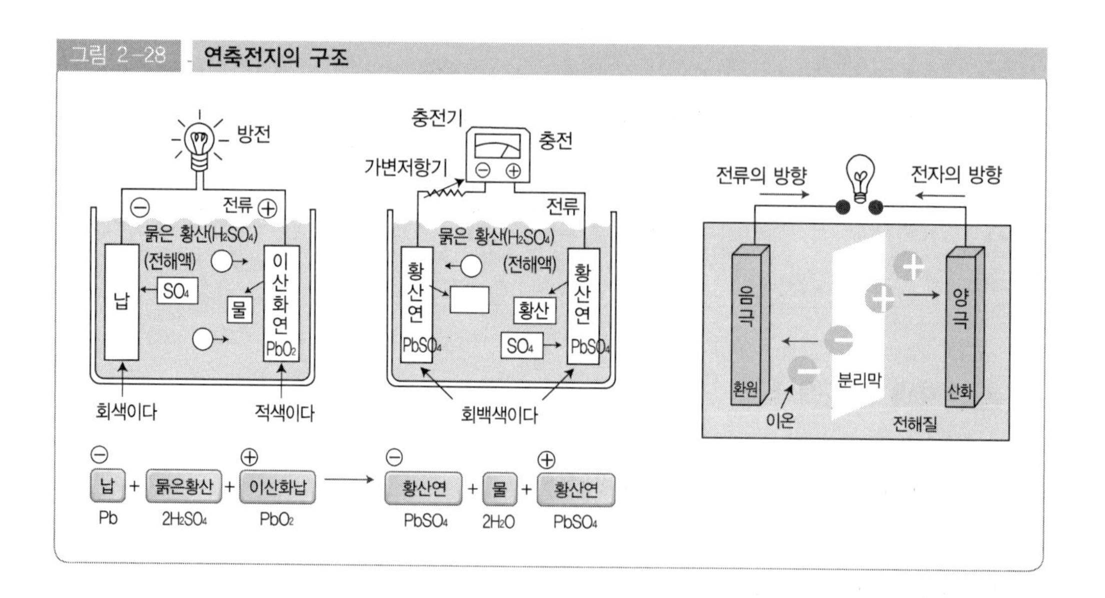

그림 2-28 연축전지의 구조

1) 방전(Discharge)

화학에너지를 전기에너지로 변환되는 과정을 말하며, 양극판의 과산화연(PbO_2)과 음극판의 해면상연(Pb)은 황산연($PbSO_4$)으로 변하고 전해액인 묽은 황산은 극판의 활물질과 반응하여 물로 변하여 비중이 떨어진다. 그리고 양극판과 음극판이 동일

물질(황산연)으로 변하게 되어 기전력이 발생치 않게 되므로 전압도 저하된다. 즉, 방전이라 함은 축전지에 저장되어 있던 전기에너지를 빼내어 쓰는 것을 의미한다.

① 양극 : 과산화연(PbO_2) → 황산연($PbSO_4$)

② 음극 : 해면상연(Pb) → 황산연($PbSO_4$)

③ 전해액 : 묽은 황산(비중1.280) → 물

2) 충전(Charge)

전기에너지를 충전기를 사용하여 화학에너지로 변환시키는 과정을 말하여, 방전의 역반응이다. 양극과 음극의 황산연은 전기에너지에 의해 각각 과산화연(PbO_2)과 해면상연(Pb)로 변하고 전해액은 극판의 활물질과 반응하여 비중이 규정치까지 증가되고, 이 과정에서 기전력도 발생한다.

3) 충전, 방전 과정에서의 전압과 비중의 변화

배터리의 전압과 전해액의 비중은 방전됨에 따라 하강하고 적정한 전기량이 투입되어 충전이 완료되면 규정치까지 상승하므로, 전압(무부하 상태)과 전해액의 비중을 측정함으로써, 배터리의 충전상태(SOC : State of Charging)를 판단할 수가 있다.

(2) 알칼리축전지 원리

알칼리 축전지는 가성카리의 수용액 중에 양극판(NiooH)과 음극판(cd)을 서로 격리해서 침적시킨 것으로 약 1.3V의 기전력을 발생하며, 공칭전압은 Cell당 1.2V이다.

(+극)		(−극)				(+극)		(−극)
2NiooH	+	cd	+	$2H_2O$	+	$2Ni(OH)_2$	+	$cd(OH)_2$
수산화제2니켈		카드뮴		물		수산화제2니켈		수산화카드뮴

(3) 니켈카드뮴(Ni-cd)축전지 원리

니켈카드뮴(Ni-cd)축전지는 납축전지와 비슷한 원리로 작동하지만 사용하는 화학물질은 다른데 (−)극은 카드뮴, (+)극은 산화니켈, 전해질로는 수산화칼륨을 사용한다. 니켈카드뮴축전지는 밀봉해서 부식성의 전해질이 새지 않는 장점 때문에 휴대용 장비의 전원으로 널리 사용된다. 또 인공위성의 전원으로도 사용된다.

3. 축전지의 용량 및 효율

(1) 축전지의 용량(Capacitor)

만충전시킨 축전지를 일정한 전류로 규정 종지전압까지 방전하였을 때의 방전량(방전전류 × 방전시간)을 축전지 용량이라고 하며, 표기는 암페어 시 [Ah]의 단위로 표시 한다. 따라서 이 용량이 곧 축전지의 출력을 표시하기 때문에 한 번 충전한 후의 일할 수 있는 작업량의 기본이 된다.

용량은 충전량에 따라 변화하고 충전량이 부족하면 충전 후의 용량은 감소한다. 다만 방전량에 대하여 120% 이상 충전량을 증가시켜도 충전 후의 용량은 그 만큼 증가하지는 않는다. 그 이유는 충전 말기에 충전량의 대부분이 전해액 중의 물을 전기분해하고 열을 발생하는데 소비하기 때문이다.

새 축전지는 사용시작 후 상단기간은 용량이 증가하나 기간이 지남에 따라 사용할수록 용량이 감소한다. 이의 주요 원인은 양음극판의 활물질과 양극기판의 금속물질이 장기 사용할수록 열화하기 때문이다.

(2) 축전지의 효율

축전지가 충전하는데 얻어지는 전기량(충전량)에 대하여 방전하는데 소요되는 전기량(방전량)의 비(比)로서 백분율로 표시하며 Ah 효율과 Wh 효율이 있다

① Ah 효율 = (방전전류 × 방전시간) /(충전전류 × 충전시간) × 100

② Wh 효율 = (방전전류 × 방전시간 × 평균방전전압) / (충전전류 × 충전시간 × 평균충전전압) × 100

4. 축전지실

(1) 충전기 및 축전지를 큐비클에 수납할 경우

큐비클 구조인 경우 축전지실은 따로 할 필요가 없으며 다른 기기와 함께 설치가 일반적이다.

(2) 축전지 설치 시 고려사항

① 축전지실은 불연재료로 구획된 전용의 방으로 한다.

② 천장의 높이는 2.6m 이상으로 한다.

③ 충전 중에는 수소가스가 발생되므로 환기설비가 필요하다.

④ 조명기구는 내산형을 사용한다.

⑤ 충전기는 변전실 또는 전기 실에 따로 설치한다.
⑥ 축전지실의 배선은 비닐전선을 사용한다.
⑦ 개방형으로 단자전압 16V 이상일 때 절연물질의 프레임대에 애자유리로 지지한다.
⑧ 진동이 없는 장소에 설치한다.
⑨ 축전지실의 크기는 최우선적으로 점검 및 보수의 편리성을 고려해야 하며 규정에 의한 이격거리를 준수하여 정한다.

5. 축전지 시스템 분류

(1) 독립형 시스템용(Stand Alone System) 축전지

독립형 시스템용 축전지는 매일 충전·방전을 반복하고 기기의 보수, 유지, 사후관리가 곤란한 장소에 설치되는 것도 많고, 충전상태도 일정하지 않기 때문에 축전지에서 보면 안전하지 않은 상태로 놓이게 된다.
독립형 시스템용 축전지의 기대수명은 방전심도, 방전횟수, 사용온도 등에 의해 변화가 발생하므로 PV시스템에서는 날씨에 따른 충전량이나 방전량의 변화에 평균적인 방전심도를 설정하여 축전지의 기종을 선정하는 것이 필요하다.

1) 독립형 전원시스템용 축전지 선정

독립형 전원을 설계하는 경우에는 부하의 전력량이 얼마만큼 필요한지, 태양전지의 용량과 충전·방전 제어장치의 설정치를 어떻게 해야 최적화 되는지 등을 상세하게 검토하여 설계하여야 하며 다음과 같은 순서로 진행한다.

① 부하에 공급되는 직류입력 전력량을 검토한다.
② 인버터의 입력전력을 파악한다.
③ 설치장소에 필요한 일사량에 관한 데이터를 입수한다.
④ 설치할 장소의 일조조건이나 부하의 중요성에서 일조가 없는 시간을 설정한다.
⑤ 축전지의 기대수명에서 정격용량을 어느 정도 사용하였는가를 표시하는 방전심도(DOD)를 결정한다.
⑥ 일사량이 최저인 월에도 충전량이 방전량보다 많아지도록 태양전지 용량, 어레이 각도 등을 결정한다.
⑦ 축전지 용량을 계산한다.

㉠ 축전지 용량(C) = 일소비전력량×부일조일 / 보수율×방전심도×방전종지전압 〔Ah〕

㉡ 축전지 용량(C) = 일적산부하전력량×부일조일×1,000 / 보수율×공칭축전지×축전지개수×방전심도 〔Ah〕

2) 독립형 전원시스템용 축전지 선정 시 고려사항

① PV시스템용 축전지는 자기방전이 적은 것을 선정한다.

② 빈번한 충전·방전으로 인한 수명단축을 고려하여 사이클 특성이 우수한 것을 선정한다.

③ 온도저하 시에도 출력특성이 우수한 것을 선정한다.

(2) 계통연계시스템용(Grid-Connected System) 축전지

1) 전지내장 계통연계시스템 분류

통상의 계통연계시스템에 비해서 축전지가 추가된 계통연계시스템용 축전지는 한층 더 향상된 기능을 갖추고 있다. 계통연계시스템용 축전지는 방재 대응형, 부하평준화 대응형, 계통안정화 대응형 등으로 분류할 수 있다.

① 방재 대응형

방재 대응형시스템은 계통연계시스템으로서 동작 시 재해나 기타 돌발상황 등으로 인해 정전이 발생할 경우 인버터를 자립으로 작동시켜는 것과 동시에 특정의 방재대응 부하로 전력을 공급할 경우에 사용되며 아래의 그림 2-29는 방재대응형을 표현한 것이다.

그림 2-29 방재 대응형 시스템

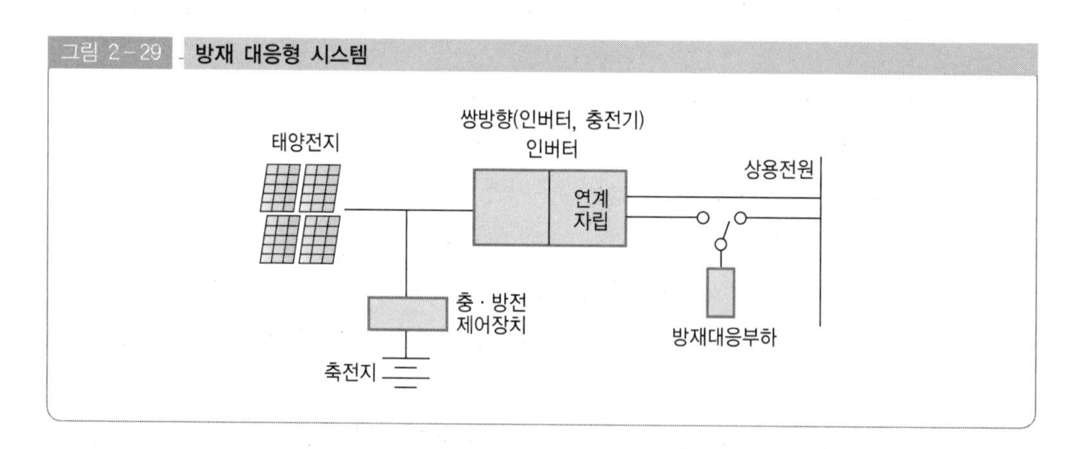

② 부하평준화 대응형(피크시프트형, 야간전력 축적형)

태양전지의 출력과 축전지의 출력을 병용하여 부하 피크 시 인버터를 필요한 출력으로 운전하여 수전전력의 증대를 억제하고 전력요금을 절감하도록 하는 방식으로, 본 시스템이 보급되면 수용가는 전력요금을 절감할 수 있고 전력회사는 설비투자를 절감할 수 있는 등의 큰 효과를 기대할 수 있다. 2~4시간 정도 피크전력을 충당할 수 있는 축전지 설비를 갖춘 경우에 그 시스템을 피크시프트용이라고 하며, 전력을 야간에 충전하고 그 축전지의 전력을 주간 피크 시에 방전하여 주간전력을 축전지에 공급하도록 하는 방법을 야간전력 축적형이라고 한다. 아래의 그림 2-30은 부하평준화 대응형을 표현한 것이다.

그림 2-30 부하평준화 대응형 시스템

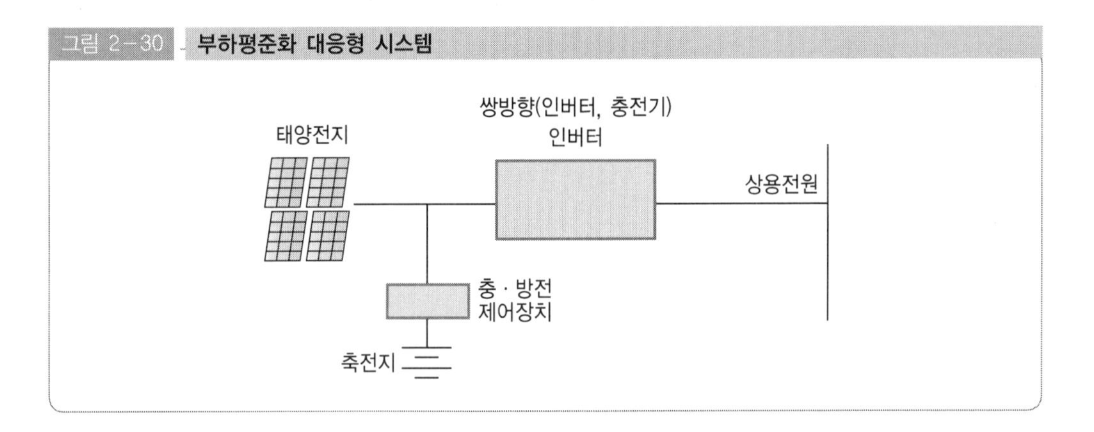

③ 계통안정화 대응형

계통안정화 대응형 시스템은 태양전지와 축전지를 병렬로 운전할 때, 계통에 연결된 부하가 급변하거나 기후가 급격히 변화하는 경우에는 태양전지 출력이 증대하고 축전지를 방전하여 계통전압이 상승하는데 축전지를 충전하고 전압의 상승을 억제하도록 하는 방식을 말한다.

2) 계통연계시스템용 축전지의 설계

방재 대응형 축전지의 설계는 비상전원용 축전지 설계할 때와 동일하게 축전지 용량을 산출하며 이때 방전전류, 방전시간, 예상 최저 축전지온도, 최저 허용전압 등을 미리 결정한 후에 실시한다.

① 방전전류

방전개시에서 방전종료까지 부하전류의 크기와 경과시간의 변화를 기준으로 방전전류를 산출한다.

② 방전시간

예측이 가능한 백업시간으로 정하는데, 방재 대응형에 관해서는 12시간에서 24시간을 기준으로 방전시간을 산출한다.

③ 예상 최저 축전지온도

실외의 경우는 -5, 실내의 경우에는 5, 축전지온도가 보증된 경우에는 그 온도를 예상 최저 축전지온도로 한다.

④ 최저 허용전압

기기의 최저 동작전압에 선로의 전압강하를 고려한 것으로 1셀당 1.8V를 최저 허용전압으로 한다.

⑤ 셀수 선정

셀수를 선정할 때는 부하의 최고 허용전압, 최저 허용전압, 축전지방전 종지전압, 충전전압 등을 고려하여 셀수를 결정한다.

전력변환장치(인버터)

학습포인트

1. 인버터 회로의 원리를 정리한다.
2. 인버터 회로의 구조를 정리한다.

1. 태양광 인버터의 개요

그림 2-31 태양광 인버터

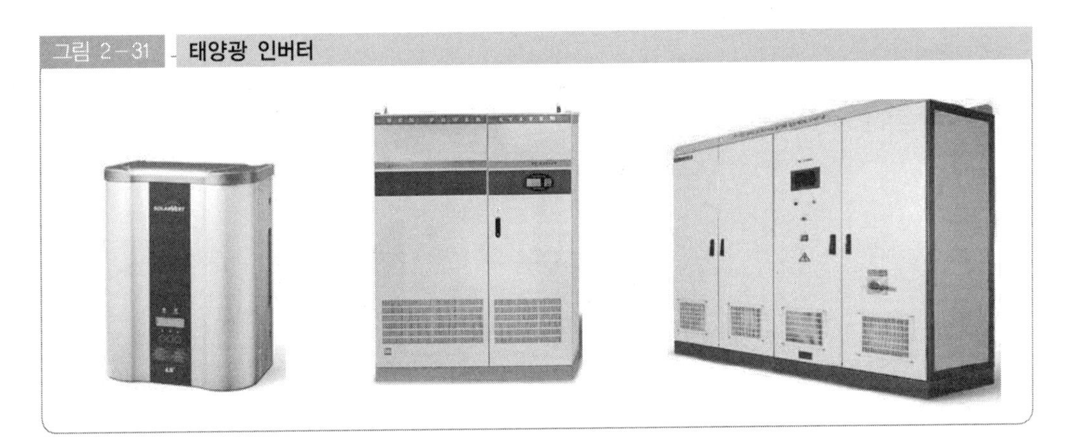

인버터는 반도체 소자의 스위칭 기능을 이용하여 직류를 교류로 변환시키는 장치이다. 태양광 인버터는 태양전지 어레이로부터 출력되는 직류전력을 변환하여 교류전력계통에 접속된 부하설비에 전력을 공급하는 것과 동시에 잉여전력을 계통에 역으로 흘려주는 역조류 기능, 전력계통의 이상 유무를 감지하여 전력계통과의 보호협조기능을 갖는 전력변환장치이다. 일명 PCS라고도 부르며, 태양광발전시스템 중 태양광 모듈을 제외한 주변장치 중에서 가장 큰 비중을 차지한다.

2. 태양광 인버터의 원리

인버터는 반도체 소자인 다이오드, 트랜지스터, 사이리스터, IGBT 등의 스위칭 소자를 이용하여 구성하고 트랜지스터(스위칭 소자)는 온(ON), 오프(OFF)를 규칙적으로 반복하면서 직류전원으로부터 교류전원으로 변환시키는 장치로 특히 태양광발전시스템에 사용되는 인버터를 PCS(Power Conditioning System)라고 말한다.

이와 같이 단순한 온(ON), 오프(OFF) 회로에서 만들어진 출력파형에는 많은 고주파가 포함되어 있어 실용적이지 못하다. 따라서 고주파 PWM(Pulse Width Modulation, 펄스 폭 변조)기술을 이용하여 정현파의 양단 끝부분에 가까운 것은 전압의 폭을 좁게 하고 중앙부는 그 폭을 넓게 함으로서 반사이클 사이에 몇 번이라도 같은 방향으로 스위칭 동작을 하여 펄스파형(유사 정현파)을 만든다. 펄스파를 간단한 필터에 통과시켜 정현파가 만들어지고 교류전기로 변환이 되는 것이다. 쉽게 표현하면 직류전기 - 스위칭 - 교류전기를 만들어 주는 장치이다.

그림 2-32 단상 전압용 안버터 기본회로

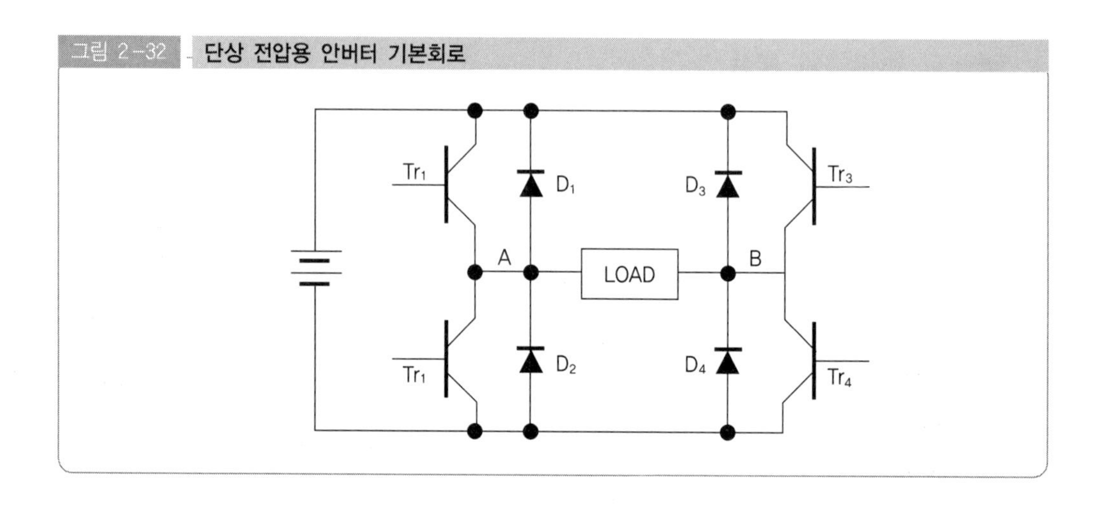

그림 2-33 고주파 펄스폭 변조(PWM)

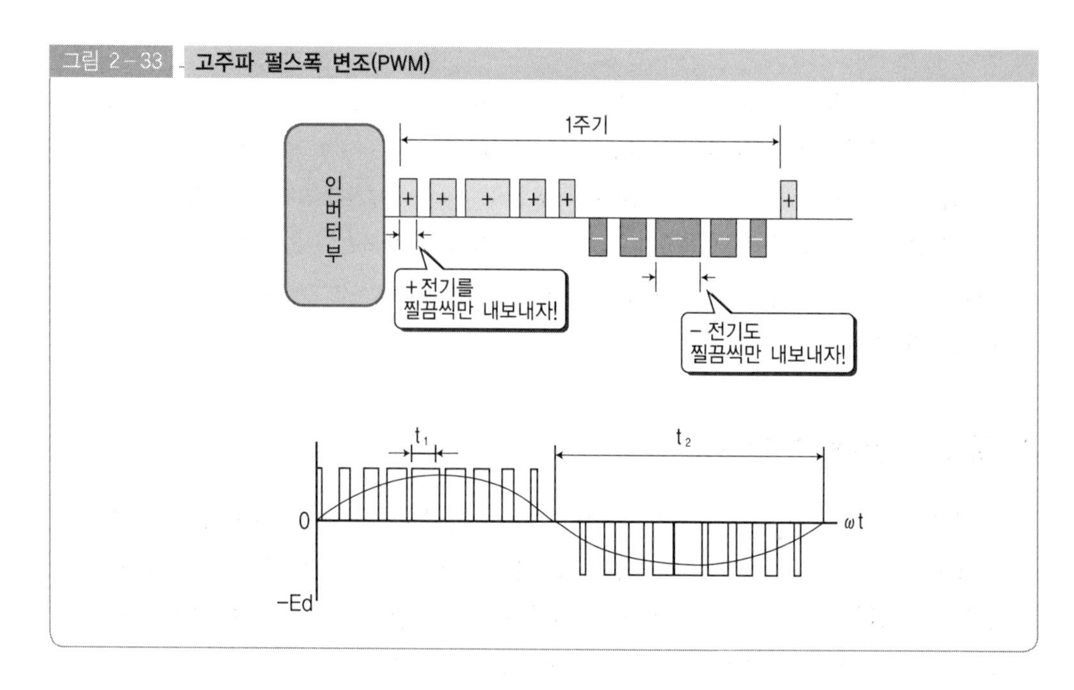

3. 태양광 인버터의 효율

(1) 직류입력전압 범위

① 발전시스템 구성 시 태양광 모듈의 직렬연결조합을 다양하게 할 수 있도록 하기 위하여 입력전압 범위가 넓다(250Vdc ~ 850Vdc : 용량에 따라 다름).

② 200Wp급 태양광 모듈(6인치 셀 54장으로 구성)의 경우, 직류전압이 26Vdc~27Vdc 이므로 전압상승, 용량증대를 위해 모듈의 직·병렬 연결이 필요하다. 특히, 3KW 인버터는 입력전압 범위가 250Vdc ~ 600Vdc이므로 200W급 모듈 15개를 직접 직렬연결이 가능하여 주택용 시스템 시공 시 매우 유리하다.

(2) European 효율

① 낮은 부하에서 전 부하영역까지 운전하는 것을 고려하여 산정하며 5%, 10%, 20%, 30%, 50%, 100% 부하에서 효율을 측정하고 각각의 효율에 다른 가중치를 부여한다.

② 특정 부하율에서의 최대효율보다 합리적이다.

4. 태양광 인버터의 기능

인버터는 직류를 교류로 변환시키는 것뿐만 아니라 다음과 같이 태양전지의 성능을 최대한 끌어내기 위한 기능과 이상 시나 고장 시를 위한 보호기능 등을 갖추고 있다.

(1) 자동운전정지기능

일출과 일몰시에 일사강도가 증대하여 출력을 얻을 수 있는 조건이 되면 자동적으로 운전을 시작하고, 해가 완전히 없어지면 정지하게 된다. 흐린 날과 같이 태양전지의 출력이 적어 인버터의 출력이 거의 0이 되면 대기상태가 된다.

(2) 최대전력점 추종(MPPT : Maximum Power Point Tracking) 제어기능

태양전지의 출력은 일사강도와 태양전지 표면온도에 따라 변동한다. 이러한 변동에 대하여 태양전지의 동작점이 항상 최대출력점을 추종하도록 변화시켜 태양전지에서 최대출력을 얻을 수 있는 제어를 최대전력점 추종(MPPT) 제어라 하며, 출력전력의 증감을 감시하여 항상 최대전력점에서 동작하도록 제어한다.

그림 2-34 태양전지 표면온도에 따른 변화

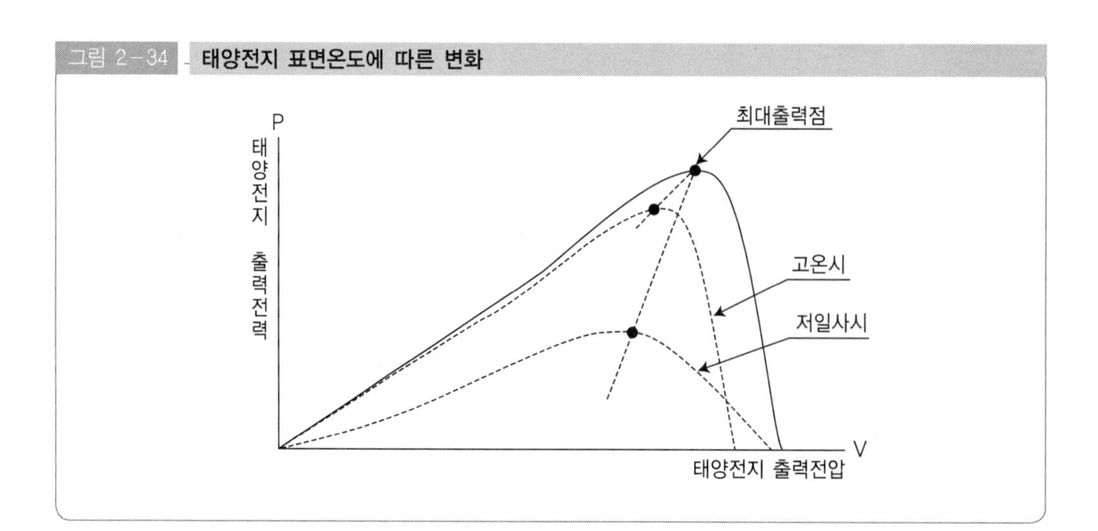

그림 2-34는 태양전지의 출력특성을 나타낸 것으로 태양전지 표면의 온도와 일사량의 변화에 따른 태양전지의 출력전압과 전류 및 출력전력의 변화를 보여주고 있다.

(3) 단독운전방지(Anti-Islanding) 기능

PV시스템(Photovoltaic System, 태양광발전시스템)이 계통과 연계되어 있는 상태에서 계통측에 정전이 발생한 경우 전력공급이 계속될 경우 보수점검자에게 위험을 초래할 수 있으므로 단독운전방지기능이 설치되어 안전하게 정지할 수 있도록 하고 있다.

계통사고 시에 인버터가 부하용량과 평형을 유지하여 이상현상을 검출하지 못하고 운전을 계속하는 상태를 단독운전이라고 한다. 단독운전이 발생하면 계통이 상위에서 차단되어 있어도 저압측으로부터 전압이 유기되기 때문에 안전면에서 문제가 발생한다.

단독운전방지기능 검출기법으로서는 수동적 방식과 능동적 방식으로 크게 분류할 수가 있으며, 국외에서는 수동적 방식과 능동적 방식의 각각 하나의 방식 이상을 조합하여 검출기법으로 사용하고 있다.

1) 능동적 방식

항상 인버터에 변동요인을 인위적으로 주어서 연계운전 시에는 그 변동요인이 출력에 나타나지 않고 단독운전 시에는 변동요인이 나타나도록 하여 그것을 감지하여 인버터를 정지시키는 방식이다.

① 주파수 Shift방식

② 무효전력 변동방식

③ 유효전력 변동방식

④ 부하 변동방식

2) 수동적 방식

연계운전에서 단독운전으로 동작 시의 전압파형 및 위상 등의 변화를 감지하여 인버터를 정지시키는 방식이다.

① 전압위상도약 검출방식
② 3차고조파전압 왜율급증 검출방식
③ 주파수변화율 검출방식

(4) 자동전압조정기능

PV시스템(Photovoltaic System)이 계통에 접속하여 역송전 운전을 하는 경우, 자동전압조정기능을 설치하여 전압의 상승을 방지하고 있다.

(5) 직류분제어기능

향후 주류를 이룰 트랜스레스방식 인버터에서는 인버터의 이상에 의해 교류출력에 직류성분이 혼입하여 계통에 유입하면 주상변압기의 편자현상 등에 의해 계통이나 다른 수용가 설비에 고장을 유발할 수 있는 영향을 미칠 염려가 있다. 국내에서는 이에 대한 규제규격이 없지만 외국의 경우는 "인버터의 정격교류출력전류의 1% 이하, 검출시한 0.5초 이내" 로 엄격히 규제하고 있다. 계통연계형의 인버터는 상기의 규제기준 이하로 직류성분의 유출을 억제할 수 있는 제어기능이 요구되고 있다.

(6) 직류지락검출기능

태양전지에서 지락이 발생하면 지락전류에 직류성분이 중첩되어 인버터로 들어오는 전류를 막기 위해 지락검출장치를 설치한다.

(7) 계통연계보호장치

인버터 고장 또는 계통사고 시 사고범위를 극소화하기 위해 PCS를 정지시키고 계통으로부터 분리할 필요가 있다. 일반적으로 과전압계전기(OVR : Over Voltage Relay), 부족전압계전기 (UVR : Under Voltage Relay), 주파수상승계전기(OFR : Over Frequncy Relay), 주파수저하계전기(UFR : Over Frequncy Relay) 등 4가지 요소를 검출하여 판별한다.

5. 태양광 인버터의 분류

(1) 주회로 방식에 의한 분류

1) 전압형 인버터

교류전원을 사용할 경우에는 교류측 변환기 출력의 맥동을 줄이기 위하여 LC필터를 사용하는데, 이를 인버터 측에서 보면 저 임피던스 직류 전압원으로 볼 수 있으므로 전압형 인버터라 한다. 제어방식이 PAM제어인 경우 컨버터부에서 전압이 제어되고, 인버터부에서 주파수가 제어되며, PWM제어인 경우 컨버터부에서 정류된 DC전압을 인버터부에서 전압과 주파수를 동시에 제어한다.

그림 2-35 Voltage Source Inverter

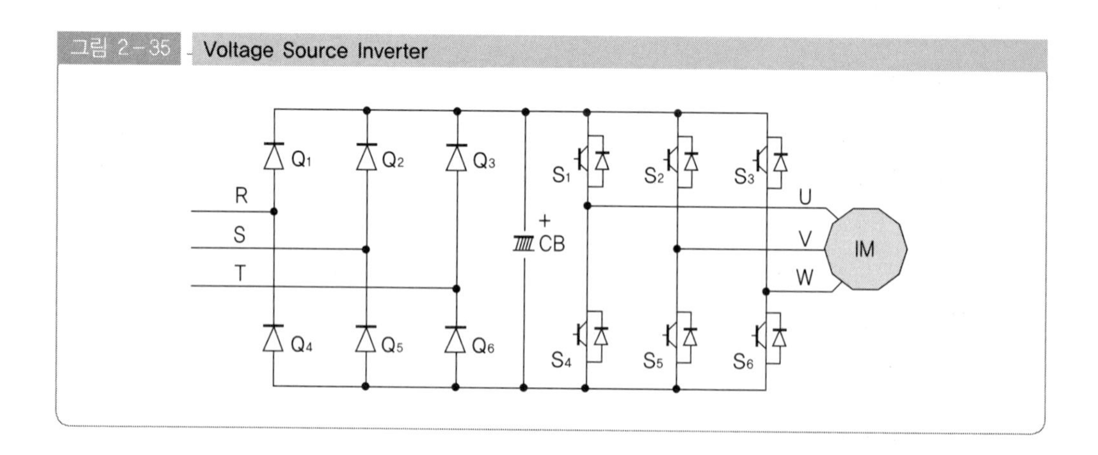

2) 전류형 인버터

전류형 인버터는 DC LINK 양단에 평활용 콘덴서 대신에 리액터 L을 사용하는데,

그림 2-36 Current Source Inverter

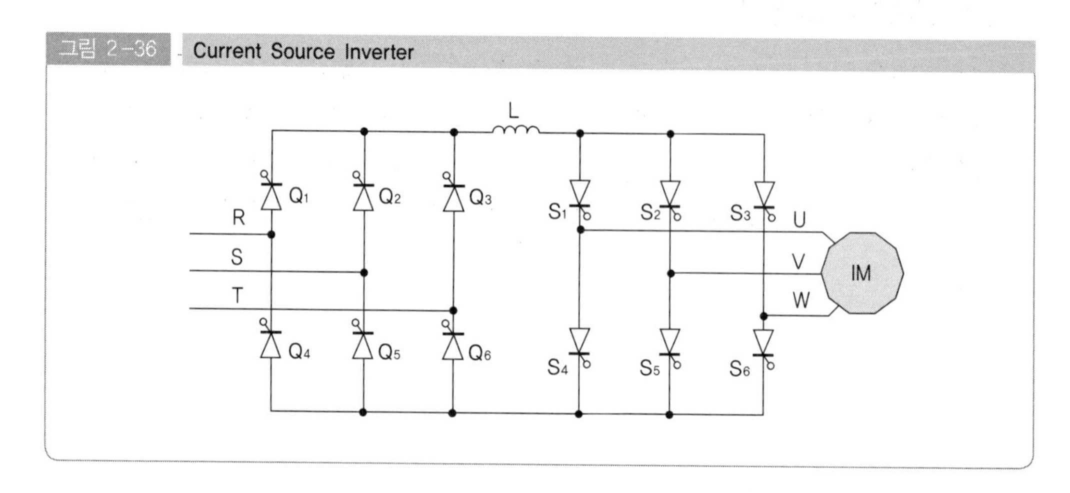

인버터 측에서 보면 고 임피턴스 직류 전류원으로 볼 수 있으므로 전류형 인버터라 한다(전류일정제어).

(2) 회로구성방식에 따른 분류

1) 저주파 변압기형

① 절연이 가능하여 안전성이 높다.
② 회로구성이 간단하다.
③ 소용량의 경우 고효율화가 어렵다.
④ 중량이 무겁고 부피가 크다.
⑤ 대용량에 일반적으로 구성되는 방식이다.

2) 고주파 링크형

① 소형 경량화가 가능하다.
② 절연이 가능하나 구성회로가 복잡하다.
③ 가격경쟁력 확보에 어려움이 있다.
④ 다중 변환으로 고효율화에 어려움이 있다.
⑤ 대용량에 적용하기 어려움이 있다.

3) 무변압기형

① 소형 경량화가 가능하다.
② 타 방식에 비해 효율이 높다.
③ 가격이 타 방식에 비해 저렴하다.
④ 직류성분의 유입 가능성이 크므로 높은 신뢰성이 요구된다.
⑤ 대용량화하기에 어려움이 있다.

(3) 출력파형에 따른 분류

1) 정형파 인버터(Pure Sine Wave Inverter)

정현파 인버터는 상용전원에 상응하는 혹은 그 이상의 품질로 공급되는 전기의 파형을 말한다. 배터리를 통한 전력공급에는 스파이크나 서지가 없는 장점이 있다. 컴퓨터 모니터(CRT)나 조명기구 및 기타 민감한 전자제품에 사용한다.

2) 유사정형파 인버터(Modifide Sine Wave Inverter)

정현파와 유사해서 유사정형파라고 하는데, 유사정형파는 파형이 매끄럽지 못하여 정격출력에 도달하면 파형이 찌그러지는 현상이 생겨 서지, 잡음, 영상 노이즈 현상이 발생한다. 파형에 변형이 있기 때문에 민감한 전자제품에는 사용할 수 없고 민감하지 않아도 별 문제가 없는 전등, 전열기구 등에 사용한다.

그림 2-37 정형파 인버터, 유사정형파 인버터

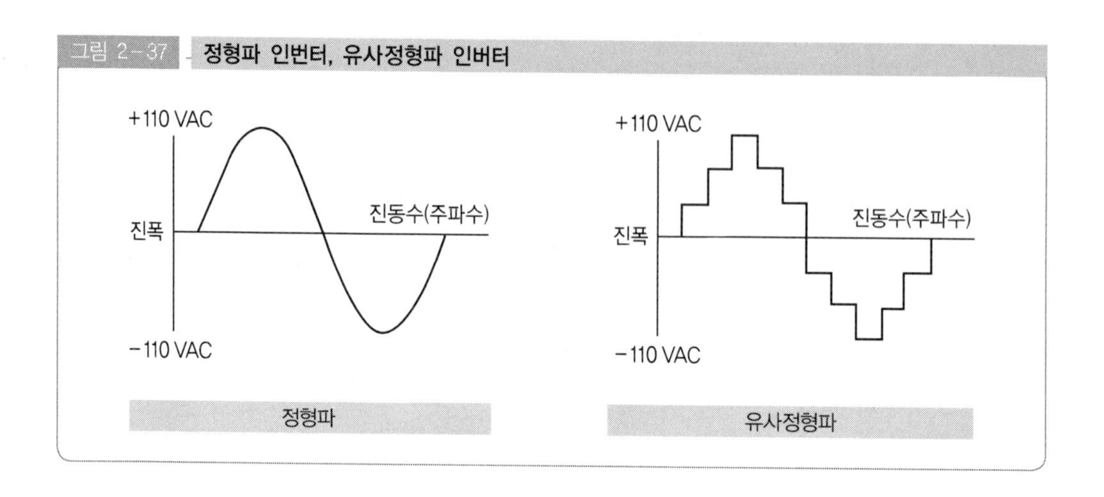

(4) 인버터 절연방식에 따른 분류

① 상용주파 변압기 절연방식

PWM(Pulse Width Modulation, 펄스 폭 변조) 인버터를 이용하여 상용주파수의 교류를 만들고, 상용주파수의 변압기를 이용하여 절연과 전압변환을 한다. 내뢰성과 노이즈컷이 뛰어나지만, 상용주파수의 변압기를 이용하기 때문에 중량이 무겁다.

② 고주파 변압기 절연방식

직류출력을 고주파의 교류로 변환한 후 소형의 고주파 변압기로 절연을 한다. 그 다음 일단 직류로 변환하고 다시 상용주파수의 교류로 변환하는 방식이며, 소형 경량이지만 회로가 복잡하다.

③ 트랜스리스(Transless)방식

직류출력을 DC-DC 컨버터로 승압하고 인버터에서 상용주파의 교류로 변환하는 방식이다. 소형 경량이며, 저렴하고 효율면에서 우수하고 신뢰성도 높지만, 상용전원과의 사이는 절연되지 않아서 안전성이 떨어진다.

그림 2-38 절연트랜스 방식

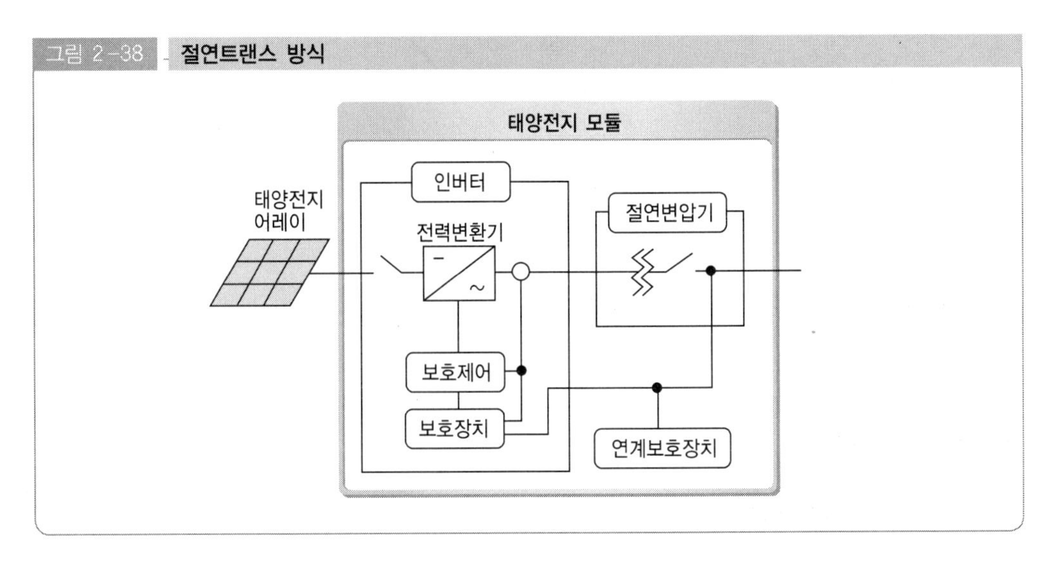

그림 2-39 트랜스없는 방식

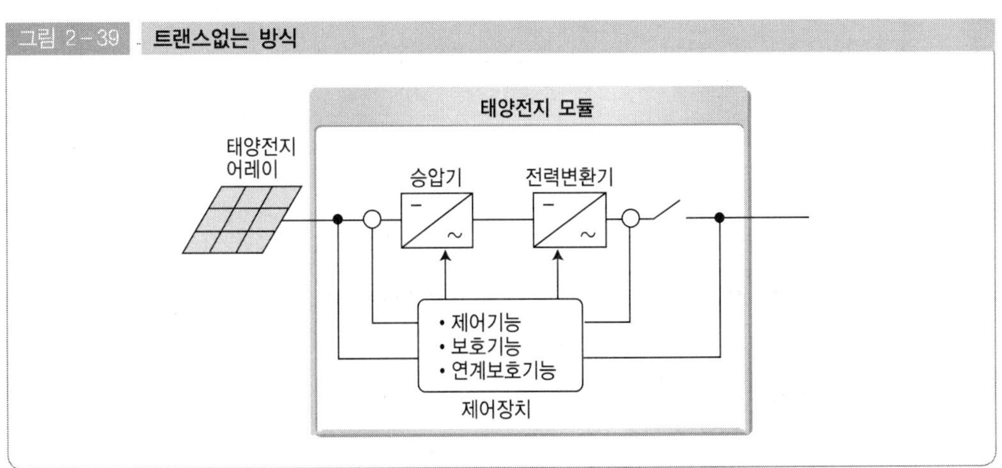

체크포인트

인버터 분류

1. 주회로 방식에 의한 분류
   (1) 전압형 인버터 : 직류전압원을 이용(주로 저압 Standard 인버터에 적용)
   (2) 전류형 인버터 : 직류전류원을 이용(주로 대용량, 고압 인버터에 적용)
2. 사용전압에 의한 분류
   (1) 저압 인버터 : AC 600V 이하
   (2) 고압 인버터 : AC 600V 이상(6.6KV, 3.3KV 등)
3. 인버팅 방식에 의한 분류
   (1) PAM 제어 : 현재는 거의 사용하지 않음
   (2) PWM 제어 : 출력파형이 좋다(부등간격 PWM 방식과 등간격 PWM 방식이 있다).

4. 사용소자에 의한 분류
  (1) 트랜지스터 계열 : 파워트랜지스터/ MOS FET / IGBT
  (2) 사이리스터 계열 : SCR / GTO / IGCT / SGCT
5. 제어 방식에 의한 분류
  (1) v/f 제어
  (2) 슬립 주파수 제어
  (3) 벡터제어(공간벡터, Field Vector 방식 등)

6. 인버터의 선정

(1) 인버터 선정의 기준

검 토 항 목	설 비 용 량(kW)
① 부하의 종류와 특성	모터종류
② 기계사양	-
③ 운전방법	-
④ 모타선정	모터 용량
⑤ 인버터 용량선정	인버터 용량
⑥ 인버터 기종선정	-
⑦ 인버터 선정	인버터 기종
⑧ 주변기기· 옵션	주변기기·옵션
⑨ 설치방법	설치판넬
⑩ 투자효과	-
⑪ 결정	-

(2) 인버터 선정 시 고려사항

1) 설치 및 사용 시 고려사항

① 적용환경

② 전기적 표준

③ 전력용량

④ 전력의 질(파형)

⑤ 내부보호장치

⑥ 유도성 부하 사용여부

⑦ 확장성 옵션

⑧ 품질인증

2) 태양광의 유효이용 시 고려사항

① 전력 변환효율이 높아야 한다.

② 최대전력점 추종(MPPT)제어에 의한 최대전력의 추출이 가능해야 한다.

③ 야간등의 대기손실이 적어야 한다.

④ 저부하 시의 손실이 적어야 한다.

3) 전력품질, 공급 안전성

① 노이즈 발생이 적어야 한다.

② 고조파 발생이 적어야 한다.

③ 가동 및 정지 시 안정적으로 작동하여야 한다.

7. 인버터 사양

(1) 3상 계통연계형 인버터 개요

그림 2-40 3상 계통연계형 인버터 개요

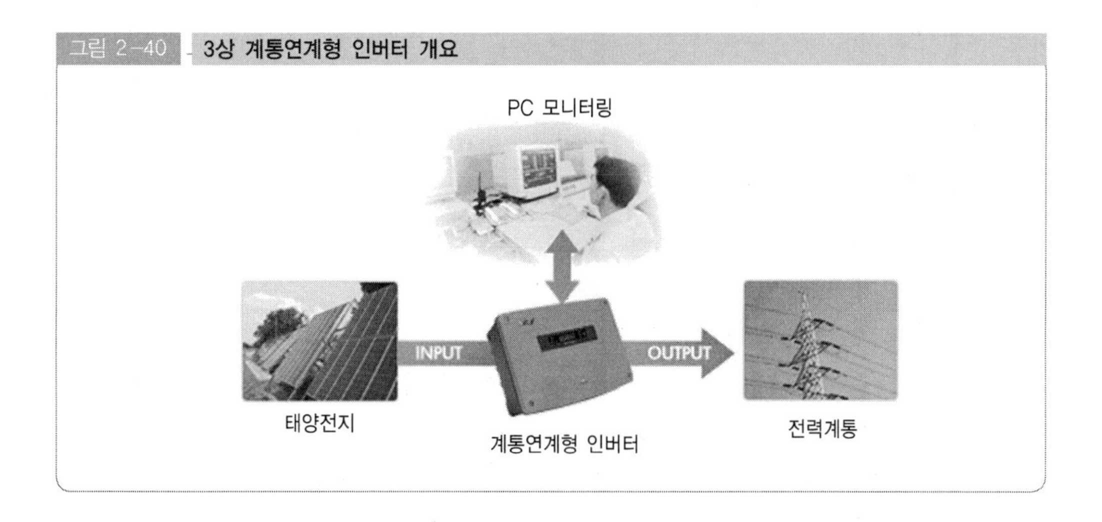

1) 특징

① 출력운전방식 : 계통연계형 무변압기형 인버터

② 입력제어방식 : 최대전력점 추종제어 방식(MPPT 제어방식)

③ 최대개방전압 : 700V

④ 최대입력전류 : 60A

⑤ 상수 : 3상4선식

⑥ 정격용량 : 15kW

⑦ 정격출력전압 : AC 380V

⑧ 주파수 변동률 : 60Hz

⑨ 출력왜율 : 종합왜율 5% 이하, 각차 3% 이하(정격출력 시)

⑩ 역률 : 0.955% 이상

⑪ Euro 효율 : 93% 이상

⑫ 보호기능 : 입력 저·과 전압, 계통 저·과 전압, 계통 저·과 주파수, 출력 과전류, 시스템 과열, 단독운전방지

⑬ 보호등급 : IP20

체크포인트

[보호등급 : IP20]

① "IP"는 외관보호등급을 나타낸다.

② 숫자 "20"의 표시의미

- 첫 번째 자리숫자 '2'는 외부 이물질의 접촉과 침입에 대한 보호등급을 나타낸다.
- 두 번째 자리숫자 '0'은 물(빗물, 눈, 폭풍우 등)의 침입으로부터의 보호등급을 나타낸다.

2) 외부접속 관련기기

① 키패드

인버터의 동작상태를 LCD 화면으로 표시한다.

② 직류입력 차단기(DC INPUT MCCB)

태양광 모듈 접속반으로부터 인버터 입력부의 DC를 차단하여 주는 장치이다.

③ 교류출력 차단기(AC OUTPUT MCCB)

인버터 교류출력부와 한전계통을 차단하여 주는 장치이다.

④ 직류입력 단자대(DC INPUT TERMINAL BLOCK)

태양광 모듈 접속반으로부터 인입된 라인을 연결하는 단자대이다.

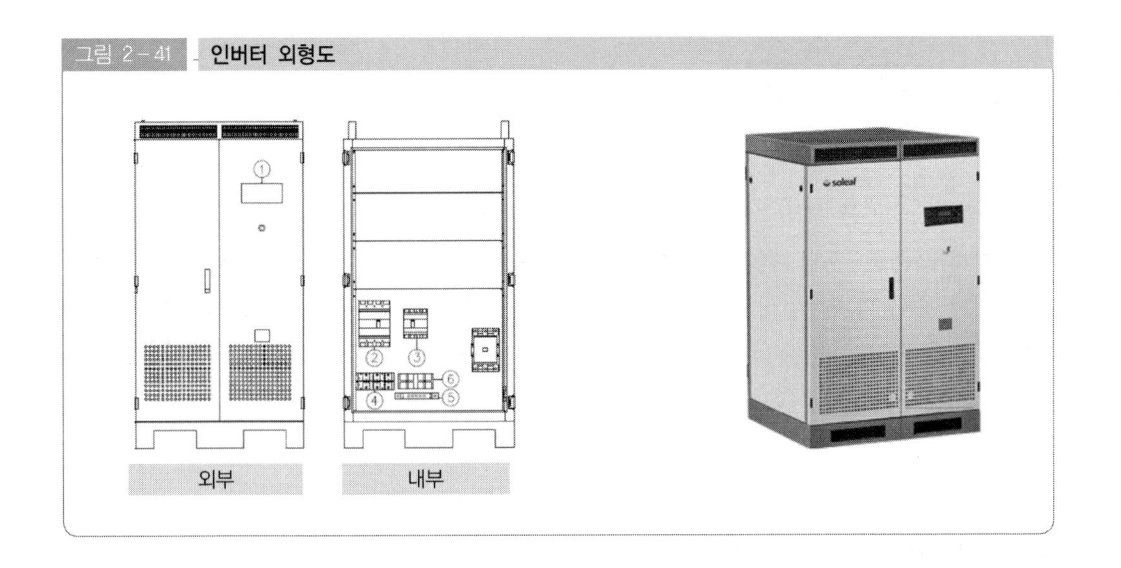

그림 2-41 인버터 외형도

⑤ 접지단자(GROUND TERMINAL BLOCK)
   접지선과 연결되는 단자이다.

⑥ 교류출력 단자대(AC INPUT TERMINAL BLOCK)
   한전계통 라인(380V)과 연결하는 단자대이다.

(2) 센서박스

센서박스는 일사량센서와 온도센서를 통해 일사량과 외부온도, 태양전지 모듈의 온도상태를 모니터링하여 인버터 및 모니터링 시스템으로 전송하는 장치이다.

5 관련기기 및 부품

태양광발전시스템은 태양전지 어레이나 파워컨디셔너(인버터) 외에도 시스템을 구성한 뒤 여러 가지의 관련기기나 부품을 사용하고 있다. 바이패스소자, 역류방지소자, 접속함, 교류측의 기기 등이 그것들인데, 이런것은 시스템을 구성하는 기기 간을 중계하기 위해서나 시스템의 보호 기능의 유지, 시스템의 운전. 보수를 용이하게 하기 위한 역할을 가지고 있다. 또한 독립전원 시스템이나 계통연계시스템에서도 자립운전기능을 가진 시스템의 경우 축전지를 설치하는 경우가 있다.

1. 바이패스소자와 역류방지소자

(1) 바이패스소자

태양전지 모듈 안의 셀이 나뭇잎 등으로 응달이 되면 그 부분의 셀은 발전이 되지 않고 저항이 크게 된다. 이 셀에는 직렬접속 되어 있는 회로(스트링)의 전압이 인가되어 고저항의 셀에 전류가 흘러서 발열한다. 셀이 고온으로 되면 셀 및 그 주변의 충진수지가 변색 또는 이면 커버의 부풀림 등을 일으킨다. 셀의 온도가 더욱 상승하면 그 셀 및 태양전지 모듈이 파손되는 경우도 있다. 이것을 방지하기 위하여 고저항으로 된 태양전지

그림 2-42 관련기기 구성도

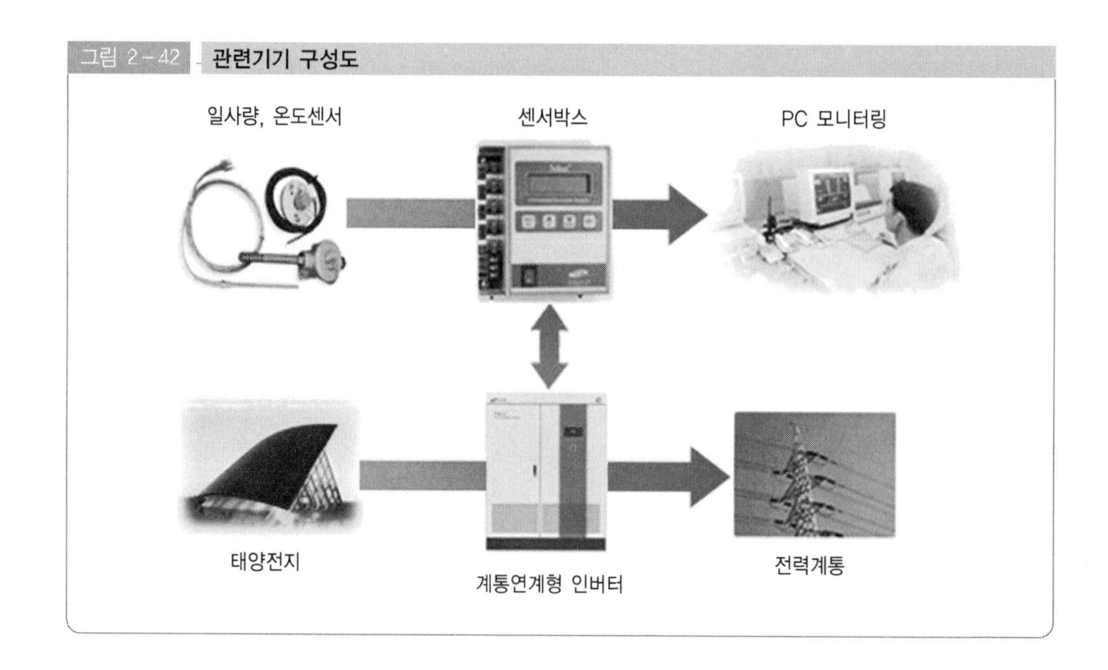

셀 혹은 모듈에 흐르는 전류를 바이패스하는 것이 바이패스소자를 설치하는 목적이다. 태양전지 어레이를 구성하는 태양전지 모듈에는 바이패스소자를 설치하는 것이 일반적이며 바이패스소자로는 다이오드가 사용된다.

(2) 역류방지소자

태양전지 모듈에 타 태양전지 회로나 축전지에서의 역류하는 것을 방지하기 위해서 설치하는 것으로서 일반적으로 다이오드가 사용된다. 이 역류방지소자는 접속함 내에 설치하는 것이 일반적이지만 태양전지 모듈의 단자함 내에 설치하는 경우도 있다. 태양전지 모듈은 나뭇잎 등의 부착이나 근접하는 구조물 등으로 응달이 되면 대부분 발전하지 않는다. 이때, 태양전지 어레이나 스트링의 병렬회로를 구성하고 있다고 하면 태양전지 어레이의 스트링 간에 출력전압의 언밸런스(unbalance)가 생겨 출력전류의 분담이 변화되고, 언밸런스 전압이 일정치 이상으로 되면 타 스트링에서 전류의 공급을 받아 본래와는 다르게 역방향 전류가 흐르게 된다. 이 역전류를 방지하기 위해서 각 스트링마다 역류방지소자를 설치한다.

2. 접속함(Junction box)

그림 2-43 접속함 구성도

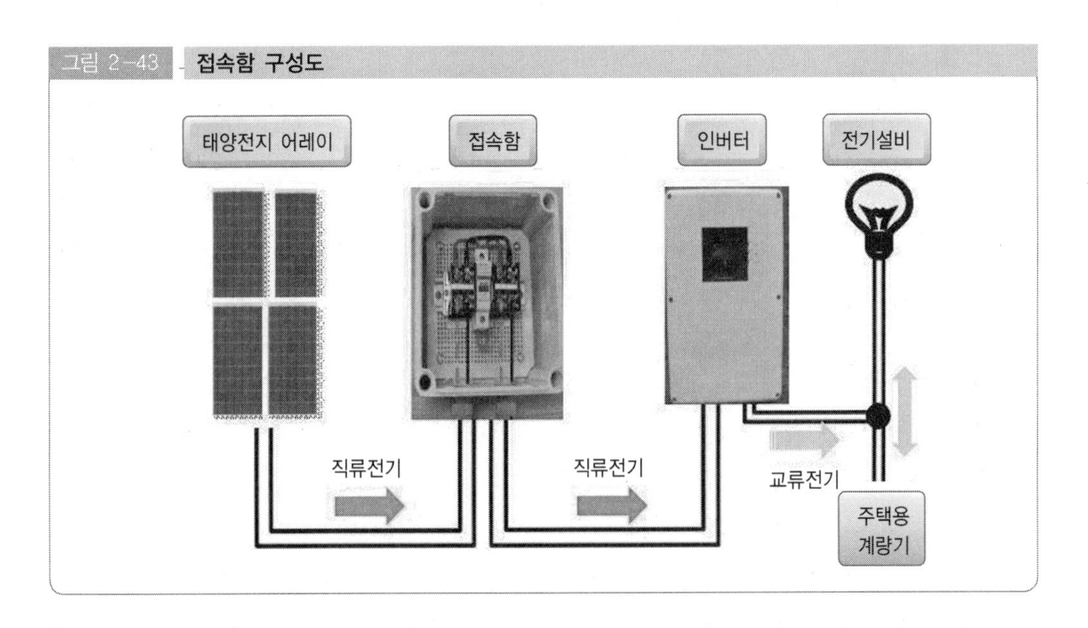

접속함은 복수의 태양전지 모듈의 접속을 정연하게 행하고 보수, 점검 시에 회로를 분리하여 점검작업을 용이하게 한다. 또한, 태양전지 어레이에 고장이 발생하여도 정지범위를 적게 한다. 이런 목적에서 보수, 점검이 용이한 장소에 설치한다. 접속함에는 직류출력 개폐기, SPD, 역류방지소자, 단자대 등을 설치한다. 또한, 절연저항 측정이나 정기적인 단락전류 확인을 위해서 출력단락용 개폐기를 설치하는 경우가 있다.

그림 2-44 태양전지 어레이 접속함

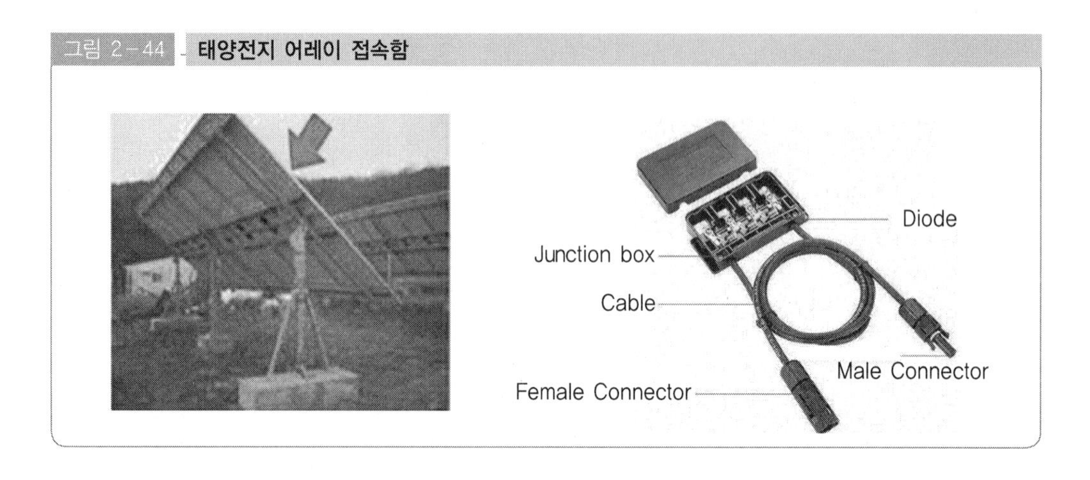

(1) 태양전지 어레이 측 개폐기

태양전지 어레이 측 개폐기는 태양전지 어레이의 점검·보수 시 혹은 일부의 태양전지 모듈에 불합리한 부분을 분리하기 위하여 설치한다. 태양전지는 하루 중 태양광이 비추면 항상 전압을 발생하여 회로에는 일사강도에 따라 전류가 흐르고 있다. 따라서 이 개폐기는 태양전지에 흐를 수 있는 최대의 직류전류(표준태양전지 어레이 단락전류)를 차단하는 능력을 가지고 있는 것을 사용해야 한다. 그 때문에 통상은 MCCB 등의 차단기를 사용하고 있다. 그러나 최근에는 태양전지 어레이의 고장은 거의 없기 때문에 경량, 소형, 경제성에서 차단능력을 가지고 있지 않은 단로단자를 사용한 것이 많다. 이 경우 주 개폐기를 필히 먼저 OFF하여 전류를 차단하고 단로단자를 조작할 필요가 있기 때문에 주의를 요한다.

(2) 주 개폐기

주 개폐기는 태양전지 어레이의 출력을 1개소에 통합한 후 파워디셔너(인버터)와의 회로 도중에 설치한다. 접속함이 용이하게 가깝지 않는 장소에 있는 경우는 별도로 설치할 것을 추천한다. 이 개폐기는 태양전지 어레이 측 개폐기와 목적이 같기 때문에 생략하는 경우도 있다. 단, 단로단자를 사용한 경우에는 생략할 수 없다. 주 개폐기의 선택으로서는 태양전지 어레이의 최대사용전압, 통과전류를 만족하는 것으로서 최대통과전류(표준태양전지 어레이 단락 전류)를 개폐할 수 있는 것을 사용하면 좋다. 또한 보수도 용이하고 MCCB를 사용하는 것도 좋지만 태양전지 어레이의 단락전류에서는 용이하게 자동차단(트립)되지 않는 정격의 것을 사용하는 것이 좋다.

그림 2-45 태양전지 어레이 주개폐기 회로

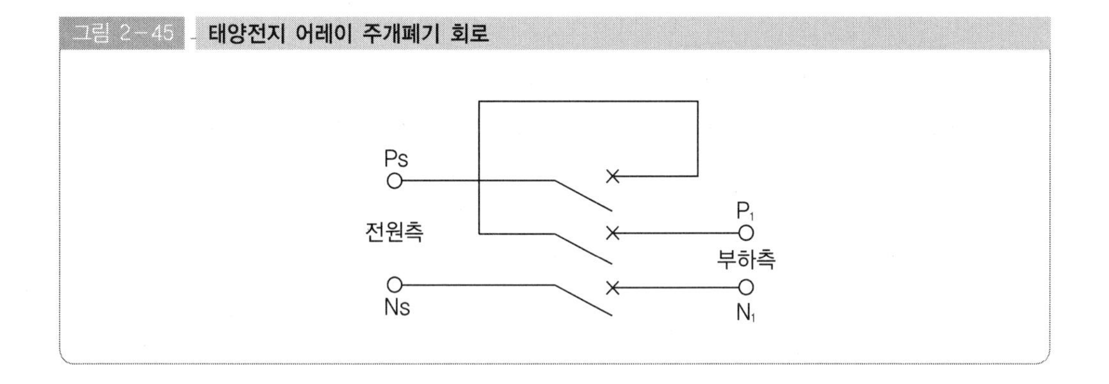

(3) 서지보호장치(SPD : Surge Protective Device)

태양광발전시스템은 모듈을 비롯하여 파워컨디셔너 등 각종 전기·전자 설비들로 순간적인 과전압이나 전류에 매우 취약한 반도체들로 구성되어 있기 때문에 낙뢰나 스위칭 개폐 등에 의해 발생되는 순간과전압은 이러한 기기들을 순식간에 손상시킬 수 있다. 따라서 태양광발전시스템의 특성상 순간의 사고도 용납될 수 없기에 이를 보호하기 위하여 SPD 등을 중요지점에 각각 설치하여야 한다.

서지보호장치는 서지억제기, 서지방호장치 등 다양한 용어로도 통용되고 있다.

그림 2-46 뇌서지의 침입, 유출 경로

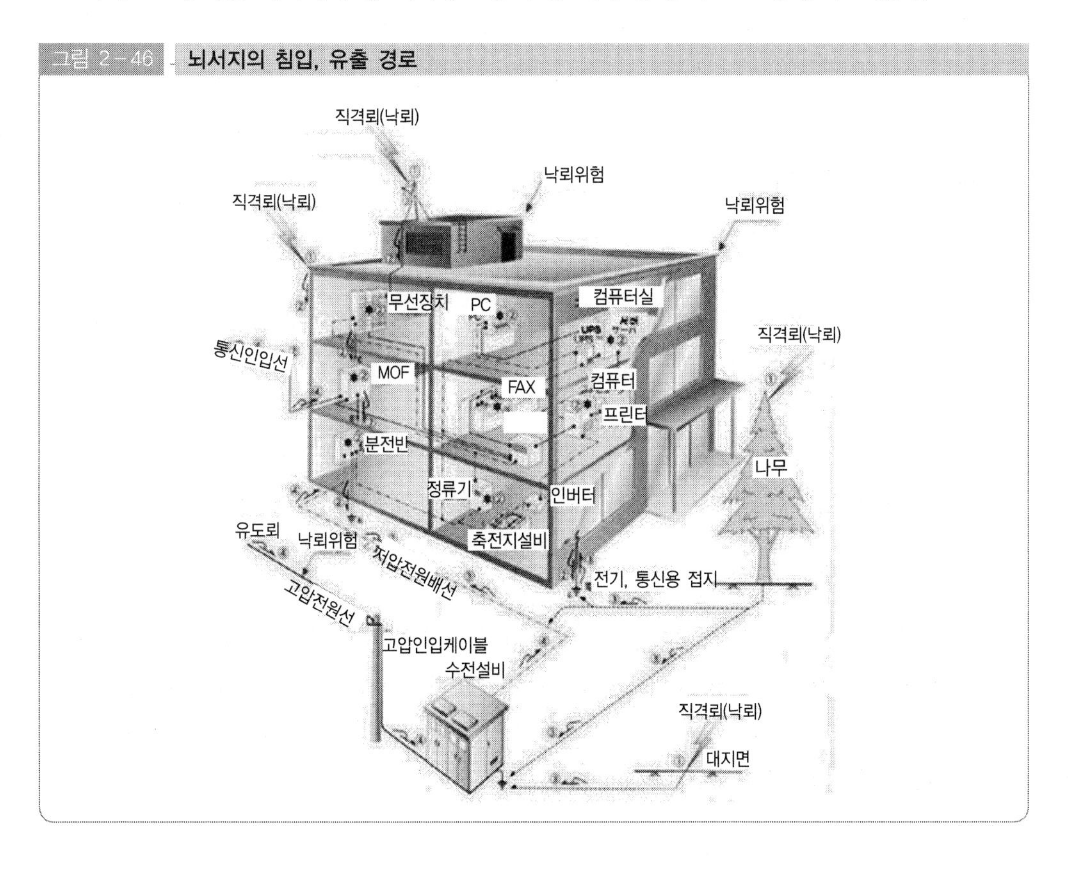

① SPD는 크게 반도체형과 갭형이 있다.
② 기능면으로 구별하여 보면 억제형과 차단형으로 구분할 수 있다.
③ SPD의 구비조건으로서는 동작전압이 낮고 응답시간이 빠르고 정전용량이 작아야 된다.

(4) 단자대

일반적으로는 태양전지 어레이의 스트링마다 배선을 배선함까지 가지고 가서 접속함 내의 단자대에 접속한다. 이 단자대는 KS 규격에 적합한 공업용 단자대를 사용하는 것이 좋고 특히 직류회로이기 때문에 단자대의 용량을 충분히 여유있게 시설하는 것이 필요하다.

(5) 배전함(수납함)

배전함은 단자대, 직류측 개폐기, 역류방지소자, SPD 등을 설치하는 함이다. 주택용 태양발전시스템의 경우 직류측 개폐기는 관리자 외에 쉽게 개폐되지 않도록 하는 것이 바람직하다.
설치장소에 의해서 옥내용, 옥외용이 있고, 재료에 따라 철재, 스테인리스(stainless) 등이 있다. 시중에서 여러 가지의 치수, 규격이 표준품으로 판매되고 있거나 함을 제작하는 회사에 주문하면 규격에 맞도록 다양하게 제작할 수 있다.

3. 교류 측의 기기

(1) 분전반

분전반은 계통연계하는 시스템의 경우에 파워 컨디셔너의 교류출력을 계통으로 접속하는데 사용하는 차단기를 수납한다.
주택에서는 대다수의 경우 이미 분전반이 설치되어 있기 때문에 태양광발전시스템의 정격출력전류에 맞는 차단기가 있으면 그것을 사용한다. 기설의 분전반에 여유가 없는 경우에는 별도 분전반을 준비하거나, 기설 분전반의 근방에 설치하는 것이 요망된다.

(2) 적산전력량계(MOF)

적산전력량계는 역송전에서의 계통연계에서 역송전한 전력량을 계측하여 전력회사에 판매하는 전력요금의 산출을 하는 상거래를 위한 계량기로서 계량법에 의한 검정을 받은 적산전력량계를 사용할 필요가 있다. 또한 역송전한 전력량만을 분리 계측하기 위하여 역전방지장치가 부착되어 있는 것을 사용한다.

그림 2-47 단상2선식, 단상3선식, 3상3선식 회로 연결

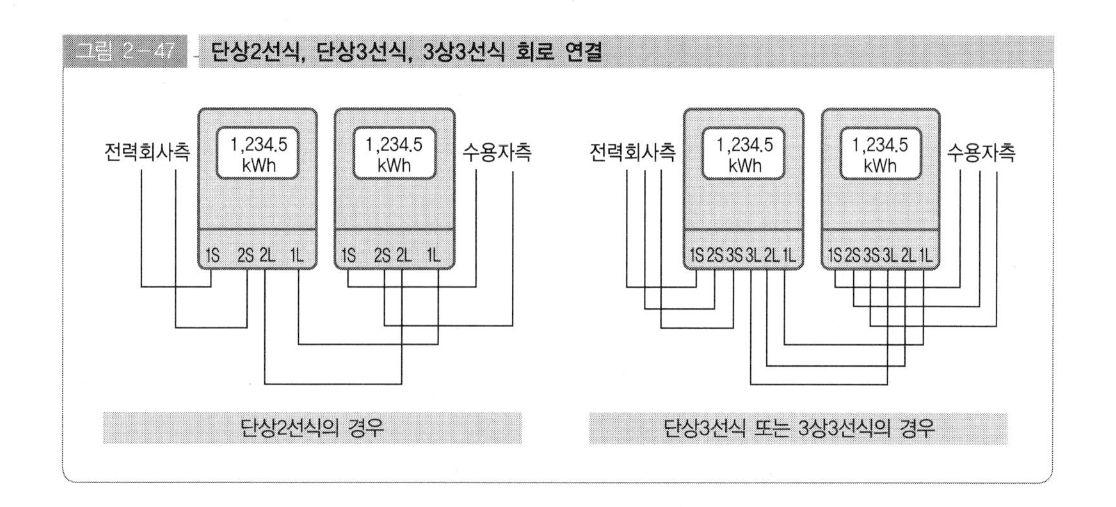

4. 낙뢰대책

(1) 낙뢰 개요

낙뢰란 번개의 종류 가운데 구름과 대지 사이에서 발생하는 방전현상을 말한다. 흔히 벼락 혹은 대지방전이라고 불린다. 낙뢰는 직격뢰와 유도뢰 두 가지로 분류할 수 있다.

① 직격뢰

직격뢰란 태양전지 어레이, 저압 배전선, 전기기기 및 배선 등에 대한 직접낙뢰 및 그 근방에 떨어지는 낙뢰를 말하는데, 에너지가 크기 때문에 직격뢰에 대한 대책으로 태양광발전설비에 별도의 피뢰침 설비를 한다.

② 유도뢰

유도뢰에는 정전유도에 의한 것과 전자유도에 의한 것이 있다.

㉠ 정전유도에 의한 것은 뇌 구름에 따라, 케이블에 유도된 플러스 전하가 낙뢰에 의한 지표의 전하의 중화에 의해서 뇌서지가 되는 것이다.

㉡ 전자유도에 의한 것은 케이블 부근에 낙뢰에 의한 뇌전류에 따라 케이블에 유도되어 뇌서지가 되는 것이다.

(2) 뇌서지 대책

① 태양광발전 주회로의 양극과 음극 사이에 서지 보호기를 설치한다.

② 과전압 보호기의 정격전압은 태양전지 Array의 무부하 시 최대발전전압으로 한다.

③ 인버터 2차 교류 측에도 서지 보호기(방전갭)를 설치한다.

④ 서지 보호기의 방전용량은 15kA 이상으로 하고, 동작 시 제한전압은 2kV 이하로 한다.

⑤ 태양전지 Array의 금속제 구조부분은 적절히 접지한다.

⑥ 서지 보호기의 접지측 및 보호대상 기기의 노출 도전성 부분은 태양광발전시스템이 설치된 건물 구조체의 주 등전위 접지선에 접속한다.

⑦ 배전계통과 연계되는 개소에 피뢰기를 설치한다.

(3) 피뢰소자의 선정

피뢰를 방지하기위해 사용하는 부품에는 여러 가지가 있으나 크게 피뢰소자와 내뢰트랜스로 분류할 수 있는데 태양광발전시스템에는 일반적으로 SPD(Surge Protective Device), 서지업서버, 어레스터 등을 사용한다.

① 서지업서버는 방전내량이 적은 어레이 주회로에 설치한다.

② 어레스터는 방전내량이 많은 접속함, 분전반에 설치한다.

그림 2-48 피뢰소자의 종류

어레스터

서지업서버

SPD(Surge Protective Device) 설치

체크포인트

[뇌(雷) 서지(Lightning surge)]

뇌(雷)에 의해서 송전선로에 생기는 이상전압. 직격 뇌서지와 유도 뇌서지가 있다. 이 이상전압은 파고값이 매우 높고, 송전선로의 경과지에 따라서는 발생빈도도 높으며, 송전선로의 이상전압 중 가장 위험한 것이다.

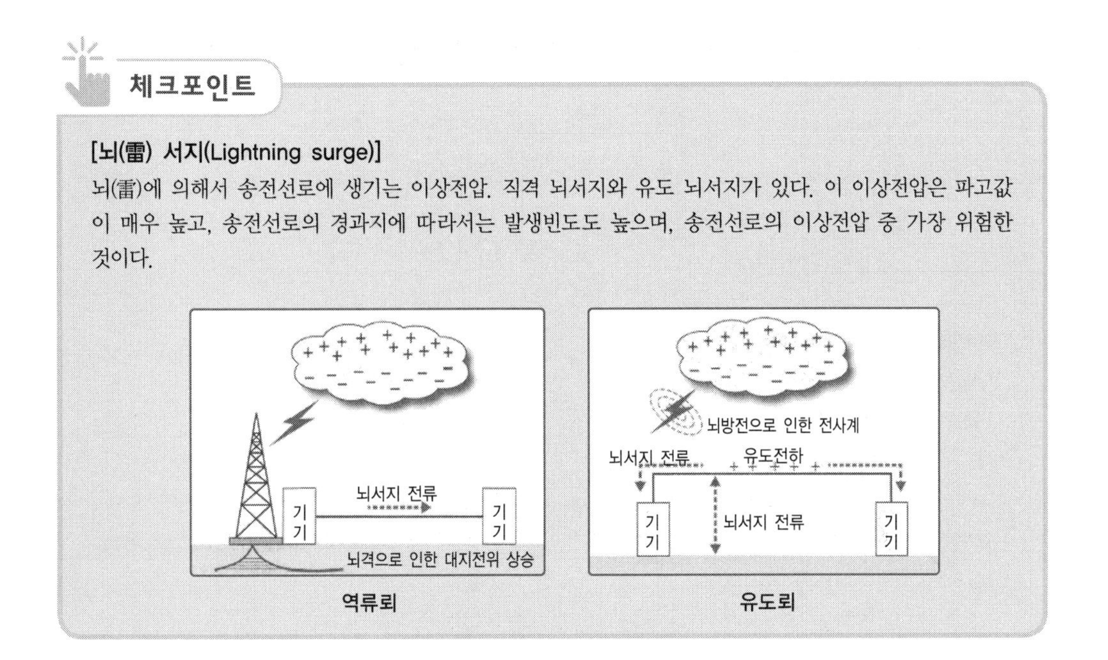

5. 태양광 발전소 모니터링 시스템

그림 2-49 태양광발전소 모니터링 시스템

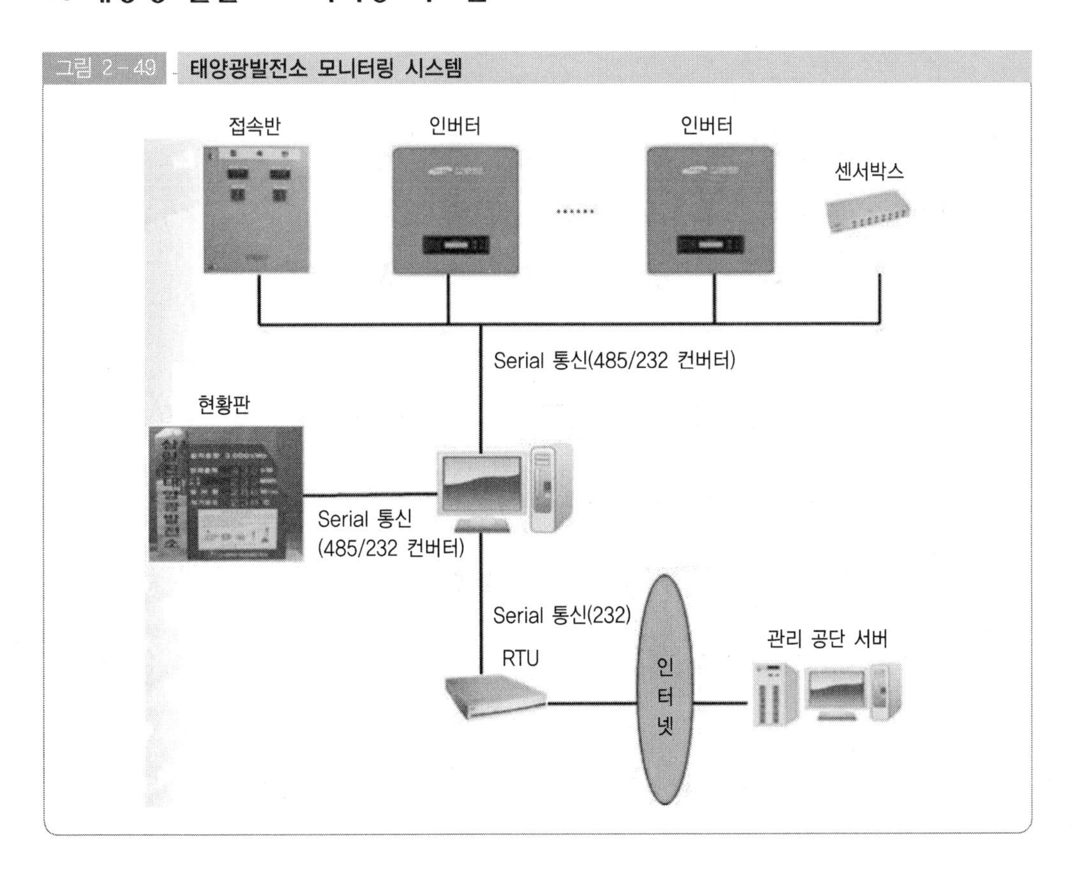

태양광발전 모니터링 시스템이란 발전소의 현재 발전량, 누적량, 각 장비별 Alarm 현황 등을 실시간 Monitoring하여 체계적이고 효율적으로 관리하기 위한 Management System이다.

체크포인트

[용어설명]

1. 태양전지(PV) 스트링(Photovoltaic string)
   태양전지 어레이가 요구되는 출력전압을 생성시키기 위해 태양전지 모듈이 직렬로 연결되어있는 회로부분
2. 태양전지(PV) 어레이 접속함(Photovoltaic array junction box)
   태양전지 어레이가 전기적으로 결선되어 있고, 필요한 경우 보호장치를 배치 할 수 있는 외함
3. 태양전지(PV) 스트링 케이블(Photovoltaic string cable)
   태양전지 스트링을 구성하기 위해 태양전지 모듈을 연결하는 케이블
4. 태양전지(PV) 어레이 케이블(Photovoltaic array cable)
   태양전지 어레이의 출력 케이블
5. 태양광 인버터(Photovoltaic inverter)
   DC전압과 전류를 AC전압 및 전류로 변환하는 장치
6. 태양전지(PV) DC 주 케이블
   태양전지 어레이 접속함과 태양전지 인버터의 DC 입력단자에 결선하는 케이블
7. 개방형 접속함
   전기장비와 접근하기 쉬운 활성부를 지원하는 지원구조로 이루어져 있는 접속함의 형태
8. 앞이 막힌형 접속함
   정면에서 적어도 IP2X의 보호등급을 제공하는 앞 덮개의 개방형 접속함. 활성부는 다른 방향에서 접근 가능하다.
9. 폐쇄형 접속함
   적어도 IP2X의 보호등급을 제공하는 가능한 설치표면을 제외한 모든 방면에서 폐쇄형 접속함
10. 큐비클형 접속함
    여러 개의 구획, 일부 구획 또는 칸막이로 구성되는 바닥 지속형 원리에 의한 폐쇄형 접속함
11. 다중 큐비클형
    접속함 다수의 기계적으로 결합된 칸막이의 조합
12. 데스크형 접속함
    제어, 측정, 신호 등의 장치를 통합하는 수평적 또는 기울어진 제어 기판 또는 그 둘의 조합을 갖는 폐쇄형 접속함
13. 박스형 접속함
    수직 평면에 설치되는 원리로 폐쇄형 접속함

14. 다중 박스형 접속함

공통지지 구조를 갖거나 또는 갖지 못하는 인접면에서 통로를 통한 두 개의 인접 박스 사이를 통과하는 전기적 결합과 함께 기계적으로 연결된 박스형의 조합

15. 정격작동전압 태양전지 어레이

접속함에 사용되는 부속품의 정격 작동전압은 작용을 결정하는 회로의 정격전류와 결합된 전압값이다. 상간의 전압으로 설명된다. 제조사는 주회로(태양전지 어레이 출력단)와 보조회로(태양전지 출력을 제어하기 위한 제어부품을 작동시키기 위한 회로)의 올바른 기능에 필요한 전압의 제한을 명시해야 한다. 어떤 경우라도, 관련 IEC 규격에 명시되어 있는 제한대로 일반부하조건 하에서 통합성분의 제어회로단자의 전압이 유도 될 수 있는 제한이어야 한다.

16. 정격절연전압 태양전지 어레이

접속함의 정격절연전압은 유전체의 시험전압과 연면거리를 참조한 전압값이다. 접속함의 모든 회로의 정격작동전압은 정격절연전압을 초과해서는 안 된다. 접속함의 모든 회로의 정격 작동전압은 일시적으로라도 정격절연전압의 110%를 초과하지 않을 것이라고 추정한다.

17. 정격전류 태양전지 어레이

접속함 회로의 정격전류는 제조자에 의해 명시되는데, 배열되고 적용된 접속함 안의 전기장비성분의 등급을 고려하여야 한다. 이 정격전류를 결정하는 복잡한 요인들로 인해 기준값이 주어질 수 없다.

PART 2 태양광발전 (太陽光發電, Photovoltaic power generation)

제3~5절 태양전지(Solar cell, Solar battery)

실·전·기·출·문·제

2013 태양광기능사

01. 태양광발전시스템에서 인버터의 주된 역할은?

① 태양전지의 출력을 직류로 증폭
② 태양전지 모듈과 부하계통을 절연
③ 태양전지의 직류출력을 상용주파의 교류로 변환
④ 태양전지에 전원을 공급

[정 답] ③
인버터는 반도체 소자의 스위칭 기능을 이용하여 직류를 교류로 변환시키는 장치이다.

2013 태양광산업기사

02. PWM 인버터에 관한 설명으로 옳은 것은?

① 정류부에서 일정 직류전압을 만들고, 정현파에 가까운 파형이 되도록 전압과 주파수를 동시에 가변한다.
② 정현파의 양단 부근에는 전압의 폭을 넓히고 중앙부는 폭을 좁혀서 반사이클 사이에 몇 회 같은 방향으로 동작하게 된다.
③ 정류부에서 전류를 가변하여 리액터로 일정 전류를 만든다.
④ PWM 인버터는 전압원 인버터 밖에 없다.

[정 답] ①
PWM(Pulse Width Modulation, 펄스 폭 변조) 인버터는 정류부에서 일정 직류전압을 만들고, 정현파에 가까운 파형이 되도록 전압과 주파수를 동시에 가변한다.

2013 태양광기능사

03. 낙뢰에 의한 충격성 과전압에 대하여 전기설비의 단자전압을 규정치 이내로 저감시켜 정전을 일으키지 않고 원상태로 회귀하는 장치는?

① 역류방지 다이오드
② 내뢰 트랜스
③ 어레스터
④ 바이패스 다이오드

[정 답] ③
어레스터란 전력계통에는 낙뇌 또는 회로개폐에 의해 과도적인 과전압이 발생한다. 어레스터(피뢰기)는 과전압을 방전으로 억제하여 기기를 보호하고, 과전압이 소멸한 후는 속류(續流:전원에 의한 방전 전류)를 차단하여 원상으로 자연복귀하는 기능을 가진 장치.

2013 태양광기사

04. 태양광발전시스템이 계통과 연계 시 계통측에 정전이 발생한 경우 계통측으로 전력이 공급되는 것을 방지하는 인버터의 기능은?

① 자동운전정지기능　② 최대전력추종제어기능
③ 단독운전방지기능　④ 자동전류조정기능

[정 답] ③
단독운전방지기능이란 PV시스템(Photovoltaic System, 태양광발전시스템)이 계통과 연계되어 있는 상태에서 계통측에 정전이 발생한 경우 전력공급이 계속될 경우 보수점검자에게 위험을 초래할 수 있으므로 안전하게 정지할 수 있도록 한 기능을 말한다.

2013 태양광기능사

05. 태양전지 모듈에 다른 태양전지 회로 및 축전지의 전류가 유입되는 것을 방지하기 위하여 설치하는 것은?

① 바이오패스소자　② 역류방지소자
③ 접속함　④ 피뢰소자

[정 답] ②
역류방지소자란 태양전지 모듈에 다른 태양전지 회로 및 축전지의 전류가 유입되는 것을 방지하기 위하여 설치하는 것을 말한다.

2013 태양광기능사

06. 태양광발전시스템의 접속함 설치 시공에 있어서 확인하여야 할 사항이 아닌 것은?

① 접속함의 사양과 실제 설치한 접속함이 일치하는지를 확인한다.
② 유지관리의 편리성을 고려한 설치방법인지를 확인한다.
③ 설치장소가 설계도면과 일치하는지를 확인한다.
④ 설계의 적절성과 제조사가 건전한 회사인지를 확인한다.

[정 답] ④
설계의 적절성과 제조사가 건전한 회사인지를 확인은 태양광발전시스템의 접속함 설치 시공에 있어서 확인하여야 할 사항이 아니다.

07. 아래 표에서 설명하는 태양전지는 무엇인가?

㉠ 색소가 붙은 산화티타늄 등의 나노입자를 한쪽의 전극에 칠하고 또 다른 쪽 전극과의 사이에 전해액을 넣은 구조이다. ㉡ 색이나 형상을 다양하게 할 수 있어 패션, 인테리어 분야에도 이용할 수 있다.

① 유기 박막 태양전지
② 구형 실리콘 태양전지
③ 갈륨 비소계 태양전지
④ 염료감응형 태양전지

[정 답] ④
유기염료와 나노기술을 이용하여 고도의 효율을 갖도록 개발된 태양전지로 날씨가 흐려도 빛의 투사각도가 0도에 가까워도 발전이 가능하며 투명과 반투명으로 만들 수 있으며 유기염료의 종류에 따라서 노란색, 빨간색, 하늘색, 파란색 등 다양한 색상과 원하는 그림을 넣을 수가 있어서 건물 인테리어와도 잘 어울린다.

2013 태양광기사

08. 다음 설명은 인버터의 효율 중 어떤 효율에 관한 것인가?

> 태양광 모듈의 출력이 최대가 되는 최대전력점(MPP : Maximum power point)을 찾는 기술에 대한 성능 지표이다.

① 정격효율 ② 추적효율 ③ 유로효율 ④ 변환효율

[정 답] ②
추적효율은 태양광 모듈의 출력이 최대가 되는 최대전력점(MPP : Maximum power point)을 찾는 기술에 대한 성능 지표를 말한다.

PART 3

기 초 이 론

1 다이오드 회로

학습포인트

1. 다이오드의 구조와 동작원리를 정리한다.
2. 다이오드의 특성을 정리한다.
3. 반파, 전파 정류회로를 정리한다.

1. 다이오드(Diode)의 구조와 동작원리

다이오드란 양(+)전하를 가지고 있는 P형 반도체와 음(−)전하를 가지고 있는 N형 반도체를 접합하여 만든 것으로, 한쪽 방향으로는 쉽게 전하를 통과시키지만 반대 방향으로는 통과시키는 않는 특성을 가지고 있다. P형 반도체는 규소(Si)에 갈륨(Ga)이나 인듐(In)과 같은 물질을 합성하여 정공(Hole)이 많게 만든 물질이고, N형 반도체는 규소(Si)에 안티몬(Sb)이나 비소(As)와 같은 물질을 합성하여 전자(Electron)가 많도록 만든 물질이다. 이 특성이 다른 반도체를 접합하여 만든 것을 다이오드라고 하며 P-N접합(Junction)이라고도 한다.

P형 반도체가 붙어있는 곳을 애노드(Anode : A), N형 반도체가 붙어있는 곳을 캐소드(Cathode : K)라고 부른다.

그림 3-1 다이오드 모양 및 기호

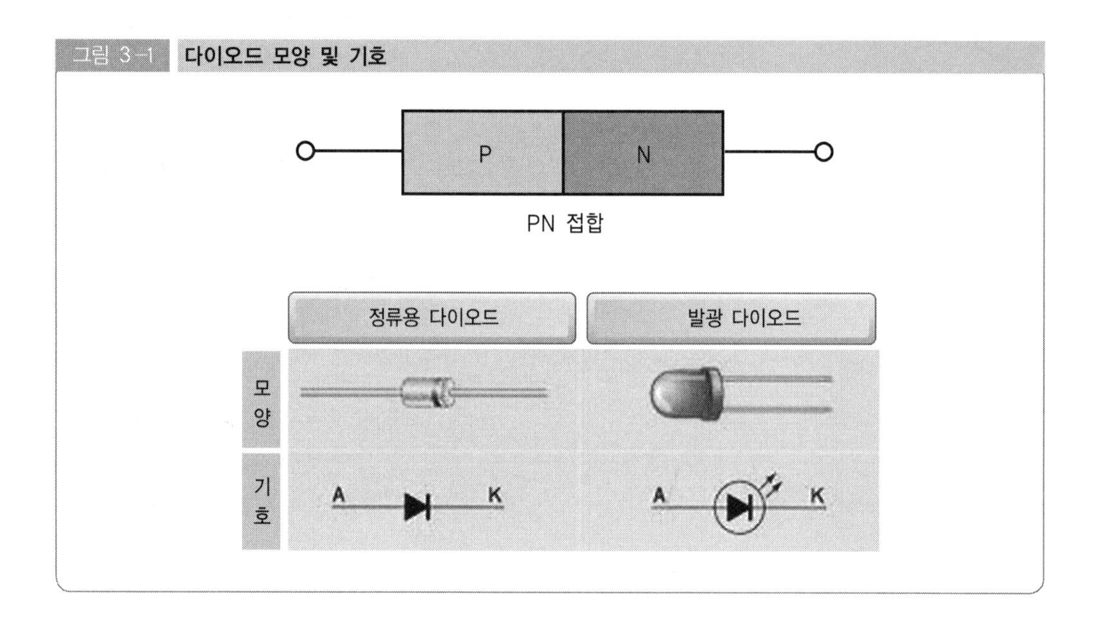

(1) P-N접합에 전압을 가하지 않을 때

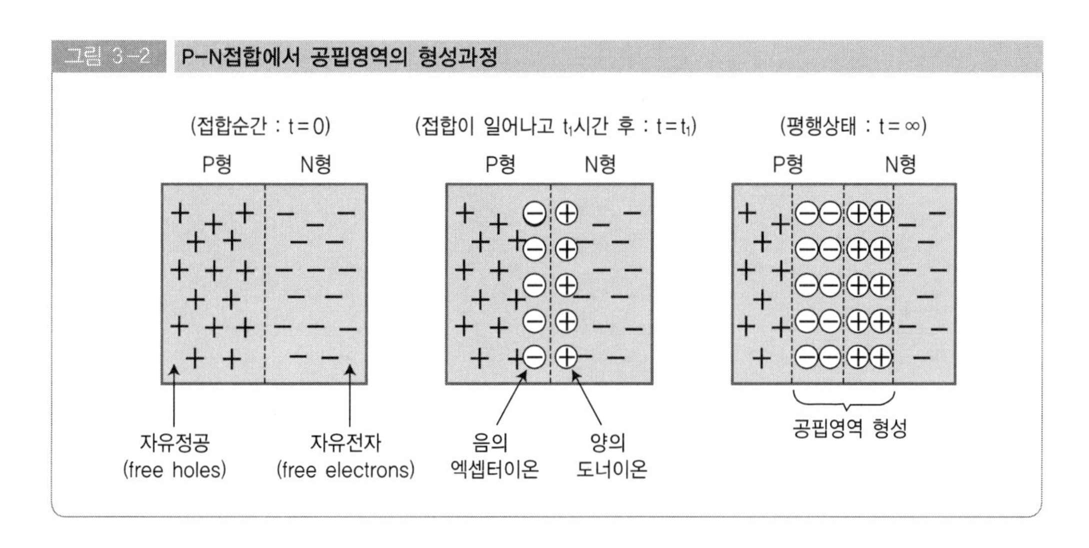

그림 3-2 P-N접합에서 공핍영역의 형성과정

전압을 가하지 않을 때는 P-N접합영역에서 공핍층이 발생하는데 이 공핍층(Depletion Region)은 정공이나 전자의 이동을 방해하는 절연영역이다.

(2) P-N접합에 순방향 전압을 가했을 때

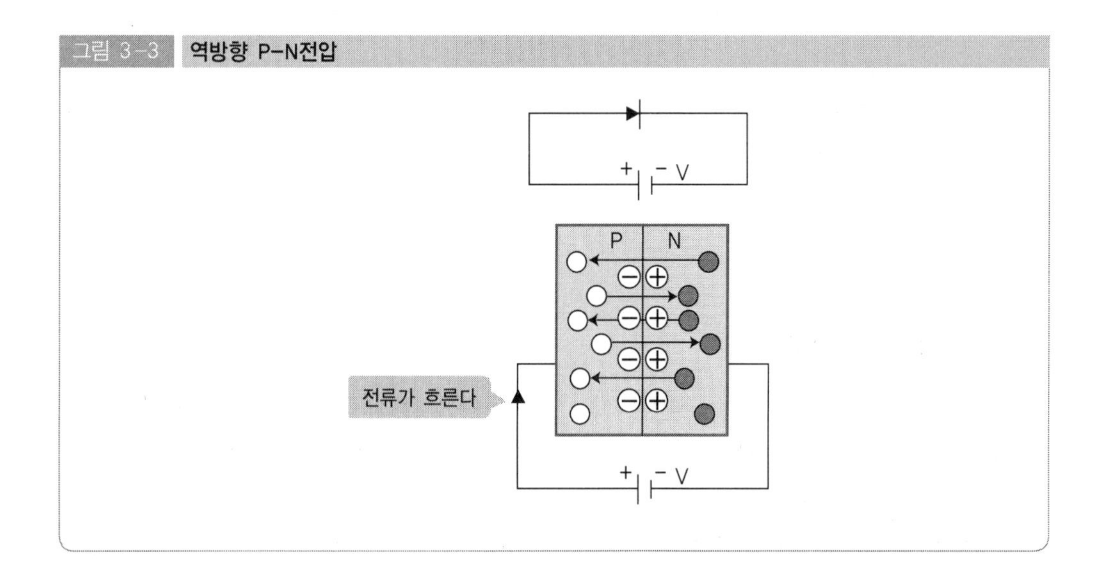

그림 3-3 역방향 P-N전압

순방향 전압을 가했을 때 즉 P형에 +전압을 N형에 −전압을 가했을 때의 변화를 말하는 것인데, P형 반도체 내의 정공은 전원의 (+)측에 의해서 반발이 일어나고 (−)측에서는 끌어당기므로 공핍층이 축소되면서 P형에서 N형 쪽으로 이동된다.

N형 반도체 내의 전자는 전원의 (−)측에 의해서 반발이 일어나고 (+)측에서 끌어당기므로 공핍층이 축소되면서 N형에서 P형 쪽으로 이동된다.

(3) P-N접합에 역방향 전압을 가했을 때

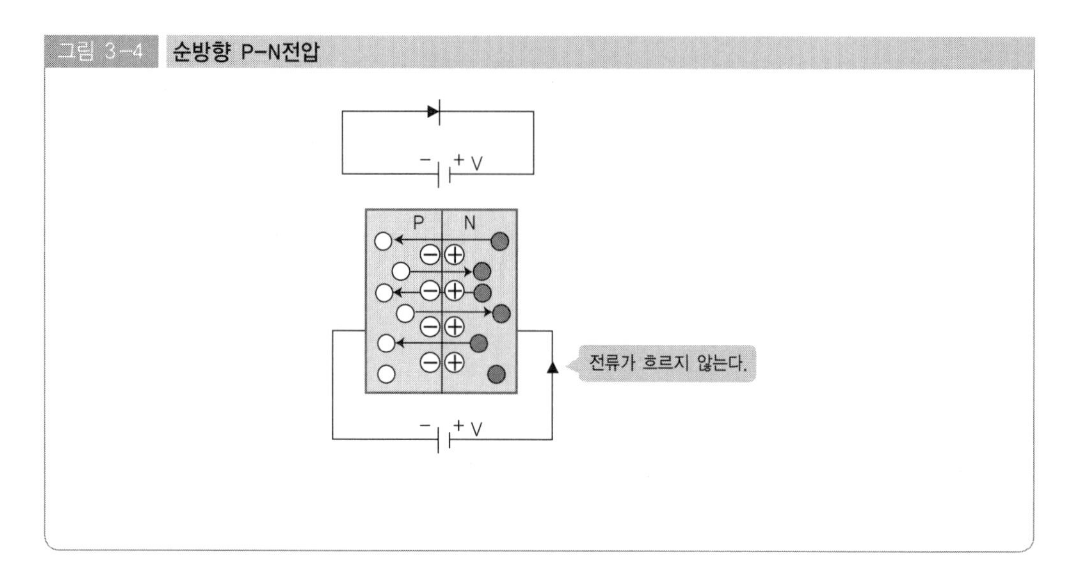

그림 3-4 순방향 P-N전압

역방향 전압을 가했을 때 즉 P형에 (−)전압을 N형에 (+)전압을 가했을 때의 변화를 말하는 것인데, P형 반도체 내의 정공은 (+)성질을 띠고 있으므로 전원의 (−)측으로 끌려가고, P형 반도체 내의 전자는 (−)성질을 띠고 있으므로 전원의 (+)측으로 끌려간다.
이와 같이 외부에서 가한 역방향 전압은 P-N접합의 중앙부에 형성되어 있는 공핍층이 확대되면서 정공이나 전자의 이동이 없어 전류는 거의 흐르지 않는다.

2. 다이오드의 특성

(1) 전압 전류 특성

순방향 전압에서의 다이오드는 어느 정도까지는 전류가 흐르지 않지만 0.7V 부근부터는 전류가 급격히 증가한다. 역방향 전압의 다이오드는 거의 전류가 흐르지 않는다. 그러나 역방향 전압의 크기가 증가하여 $-V_B$에 도달하게 되면 다이오드에는 급격한 전류가 흐르게 되는데 이러한 현상을 전자눈사태라고 하고 이때의 전압 $-V_B$을 항복전압이라고 한다.

그림 3-5 다이오드 전압-전류 특성

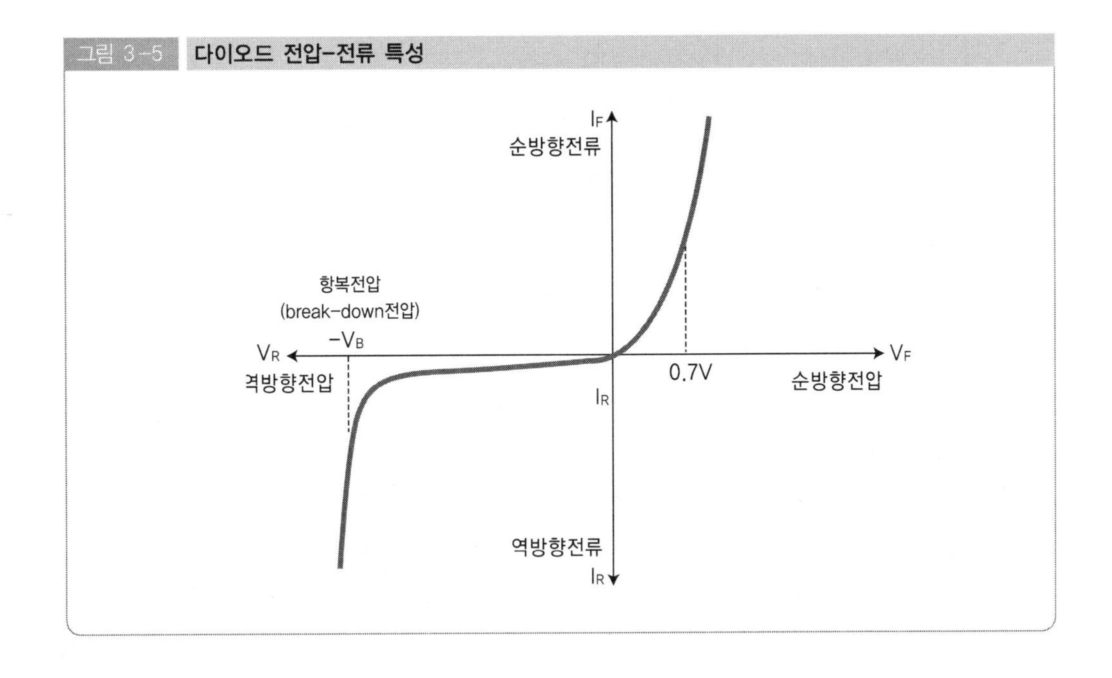

2) 이상적인 다이오드

이상적인 다이오드는 이상적인 스위치를 가정하면 되는데 다이오드에 순방향 전압이 가해진 경우는 스위치를 온(ON, 닫힌 것)으로 한 것이고, 역방향 전압이 가해진 경우는 스위치를 오프(OFF, 열린 것)한 것으로 한다. 따라서 순방향의 저항값은 0이 되고 역방향의 저항값은 ∞가 된다.

그림 3-6 이상적인 다이오드

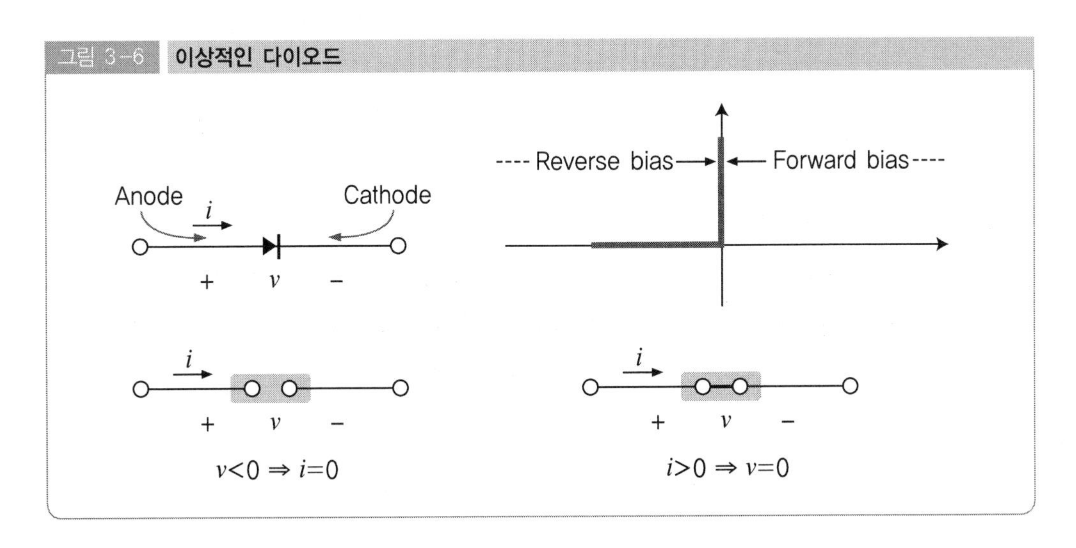

3. 정류회로(Rectifier circuit, 整流回路)

정류회로란 다이오드의 특성인 한 방향으로만 전류를 흐르게 하는 성질을 이용하여 교류를 직류로 변환시켜주는 작용을 하는 회로를 말하며, 여기에는 반파정류회로와 전파정류회로가 있다.

(1) 반파정류회로(Half-wave rectifier circuit , 半波整流回路)

다이오드에 순방향 전압이 걸리면 회로가 온(ON, 도통)되어 전류가 흐르고, 역방향의 전압이 걸리면 다이오드가 오프(OFF)되어 전류가 흐르지 못한다. 이처럼 교류의 한쪽만을 통과시키므로 반파정류라고 하며 이러한 회로를 반파정류회로라고 한다.
반파정류회로는 그림 3-7과 같이 다이오드와 저항을 직렬연결한 회로에 $V_s(t) = V_m \sin\omega t$의 전압을 가하면 $0 \leq \theta \leq \pi$ 범위의 (+) 반주기 동안만 도통되는 회로이다.
반파정류는 전파정류회로보다 효율은 반으로 떨어지지만 정류회로 중 가장 간단하게 구성할 수 있으며, 스위칭모드 전원회로처럼 주파수가 높은 경우의 정류회로에 사용된다.

그림 3-7 반파정류회로

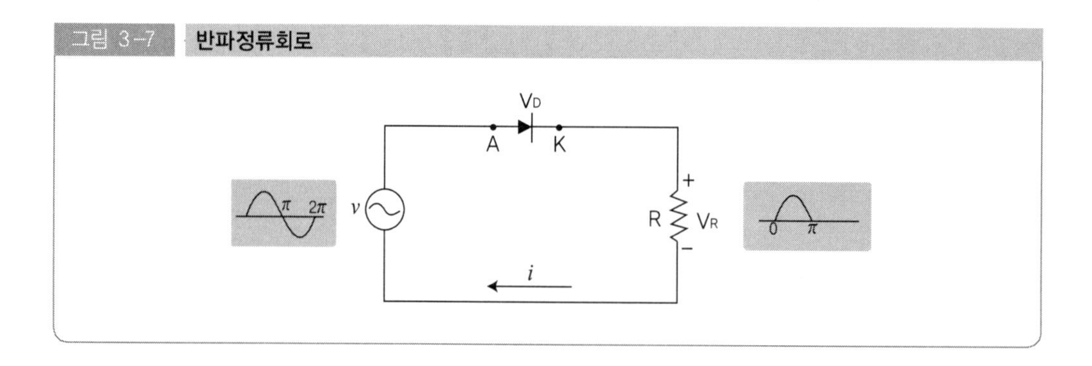

1) 양(+)의 반주기

양(+)의 반주기인 $0 \leq \theta \leq \pi$ 의 구간에서는 다이오드에 순방향 전압이 걸리기 때문에 온(ON, 도통) 상태가 되어 전류가 흐른다. 따라서 그림 3-8과 같이 부하저항양단의 출력전압파형은 입력전압파형과 동일하게 나타난다.

그림 3-8 양(+)의 반주기 출력전압

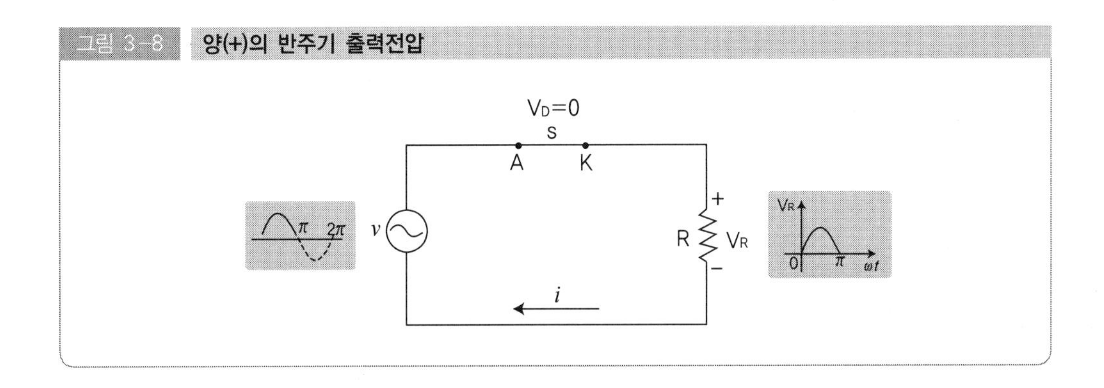

2) 음(−)의 반주기

음(−)의 반주기인 $\pi \leq \theta \leq 2\pi$ 의 구간에서는 다이오드에 역방향 전압이 걸리기 때문에 오프(OFF) 상태가 되어 전류는 흐르지 않는다. 따라서 그림 3-9와 같이 부하저항양단의 출력전압파형은 '0' 의 상태를 나타낸다.

그림 3-9 음(−)의 반주기 출력전압

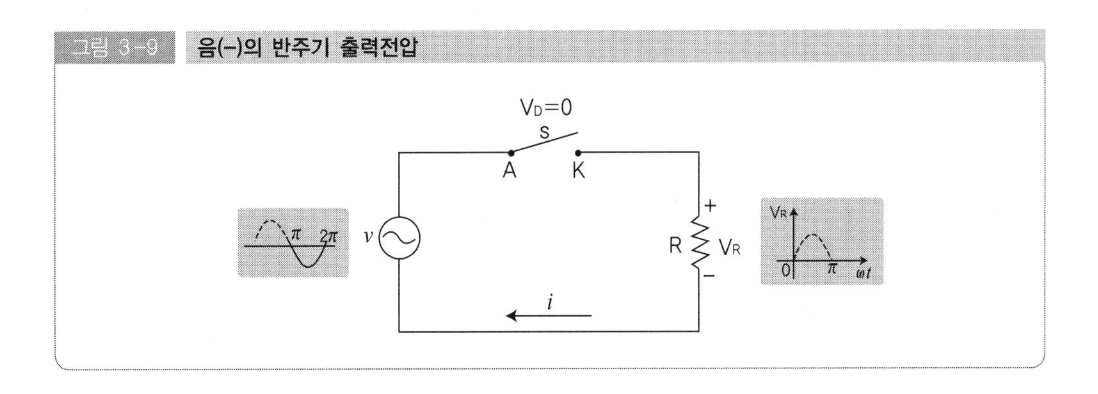

3) R-L 부하 반파정류회로

회로에 흐르는 직류전류를 I, 저항과 리액턴스에서의 전압강하를 각각 V_R, V_L이라 하고 전압을 Vout라 하면 이들 각각의 파형은 그림 3-10과 같다.

R-L 부하 반파정류회로는 $\omega t=\pi$ 에서 입력전압 V의 극성이 바뀌어도 다이오드는 계속해서 도통되고, $\omega t=\pi +B$에서 비로서 오프(OFF)된다. 따라서 R-L 부하를 지닌 반파정류회로는 순저항부하와는 달리 $\omega t= \pi +B$에서 전류가 소호하게 된다. 이것은 처음에 리액턴스 L에 에너지가 축적되어 있으므로 이 에너지의 방출이 끝날 때까지는 다이오드가 소호되지 않기 때문이다.

기초이론

그림 3-10 R-L 부하 반파정류회로

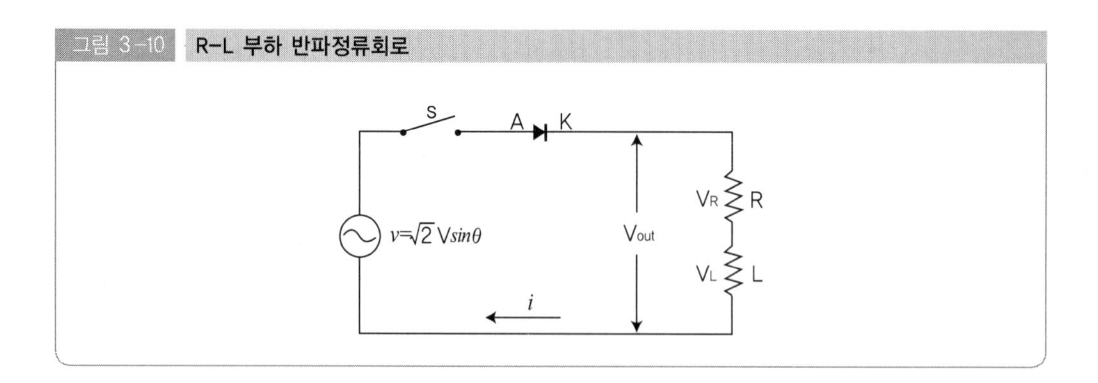

그림 3-11 R-L 부하 반파정류회로의 파형

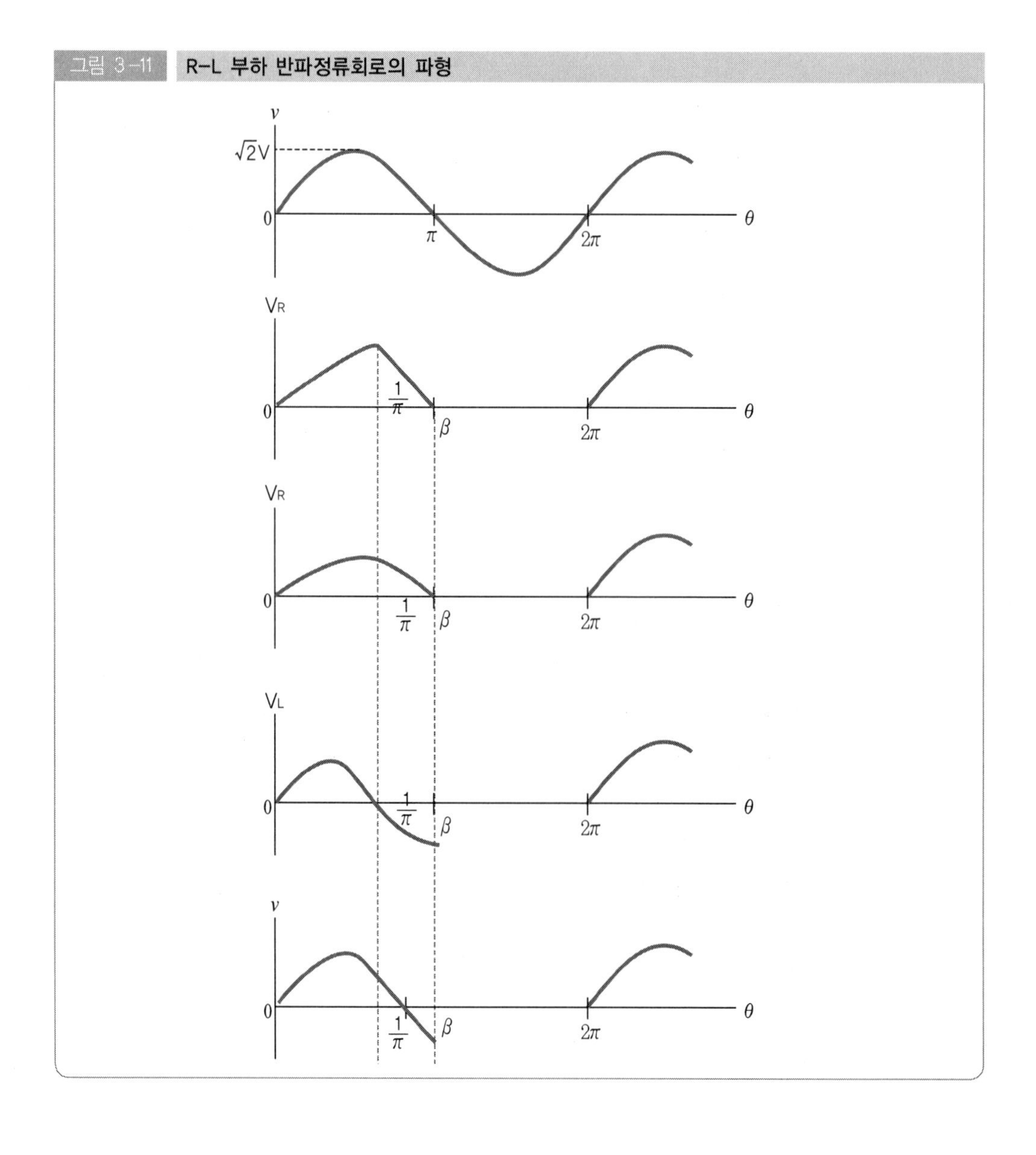

(2) 전파정류회로(Full-wave rectification circuit, 全波整流回路)

중간 탭(tap)이 있는 트랜스(변압기)와 정류소자인 다이오드를 조합시켜 정류하는 회로 방식으로 교류의 양쪽 전압(+, −)을 모두 한쪽 방향으로 흐르게 하는 정류회로이다.

그림 3-12 전파정류회로

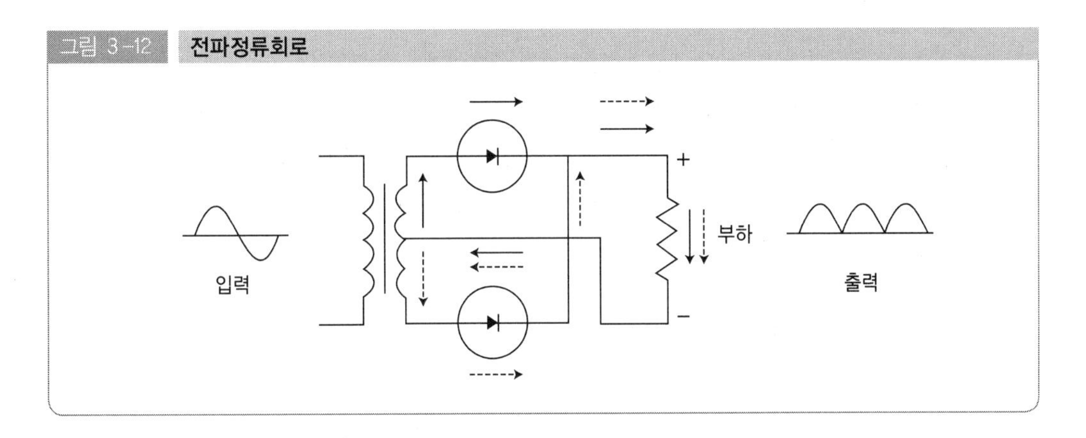

1) 양(+)의 반주기

변압기의 1차 측 전원의 처음 양(+)의 반주기동안은 다이오드 D_1의 순방향 전압이 걸려 온(ON, 도통) 상태가 되어 전류가 흐르고, D_2의 역방향 전압이 걸려 오프(OFF) 상태가 되어 전류가 흐르지 못한다. 변압비가 1:1이고 변압기 2차 측의 중앙에 탭을 설치하였기 때문에 1차 측의 절반 크기의 정현파가 변압기 2차 측의 중앙부에서 D_1을 거쳐 부하저항 RL까지 구성되는 회로에 도통된다. 또한 다이오드 D_1에서의 전압강하(0.7V)를 무시하면 부하저항 RL에는 변압기 1차 측 입력의 절반 크기의 전압이 나타난다.

그림 3-13 양(+)의 반주기

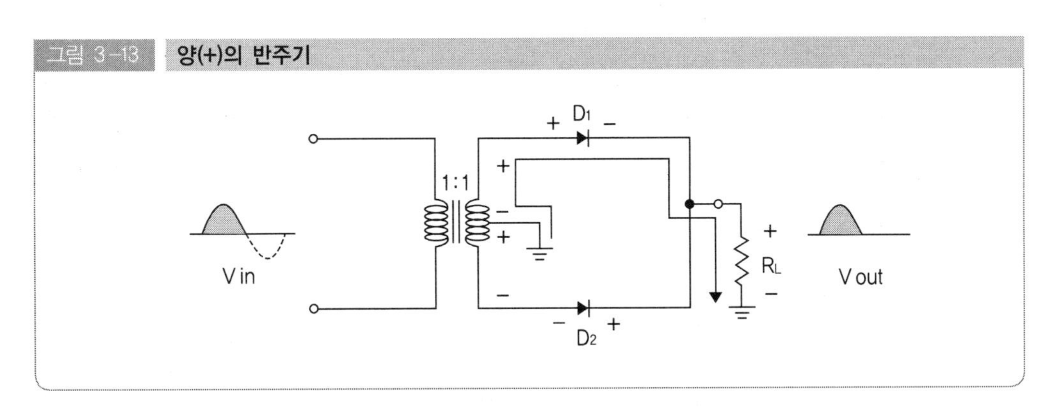

2) 음(−)의 반주기

변압기 1차 측 전원의 다음 음(−)의 반주기동안은 다이오드 D_1의 역방향 전압이 걸려 오프(OFF) 상태가 되어 전류가 흐르지 못하고, D_2의 순방향 전압이 걸려 온(ON, 도통) 상태가 되어 전류가 흐른다. 변압비가 1:1이고 변압기 2차 측의 중앙에 탭을 설치하였기 때문에 1차 측 절반 크기의 정현파가 변압기 2차 측의 중앙부에서 D_2를 거쳐 부하 저항 RL까지 구성되는 회로에 도통된다. D_2에서의 전압강하(0.7V)를 무시하면 변압기 1차 측 입력의 절반 크기의 전압이 부하저항 RL에 나타나게 되는데, RL에 흐르는 전류의 방향은 처음 반주기 동안과 같은 방향으로 흐르고 있으므로 처음 반주기동안에 나타났던 극성과 동일한 극성으로 RL에 나타난다.

그림 3-14 음(−)의 반주기

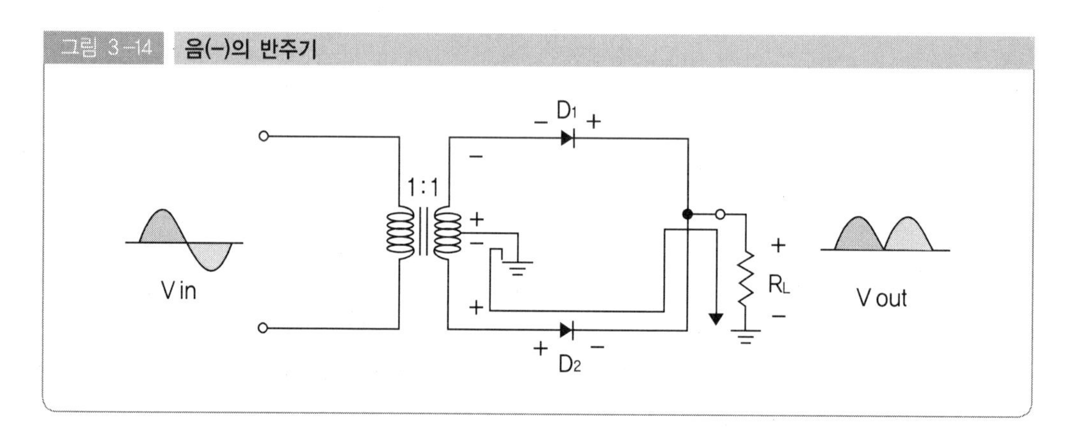

처음 양(+)의 반주기동안은 D_2에 역방향 전압이 걸리고, 다음 음(−)의 반주기에서는 D_1에 역방향 전압이 걸린다. 그러므로 D_1, D_2가 모두 동시에 도통되는 일은 없다.

3) R-L 부하 전파정류회로

전원전압 V가 양(+)의 반주기동안에는 D_1과 D_4가 온(ON)되고 음(−)의 반주기동안에는 D_2와 D_3이 온(ON)된다. 아래 그림 3-15는 R-L 부하 전파정류회로의 파형을 나타낸 것이다.

그림 3-15 R-L 부하 전파정류회로

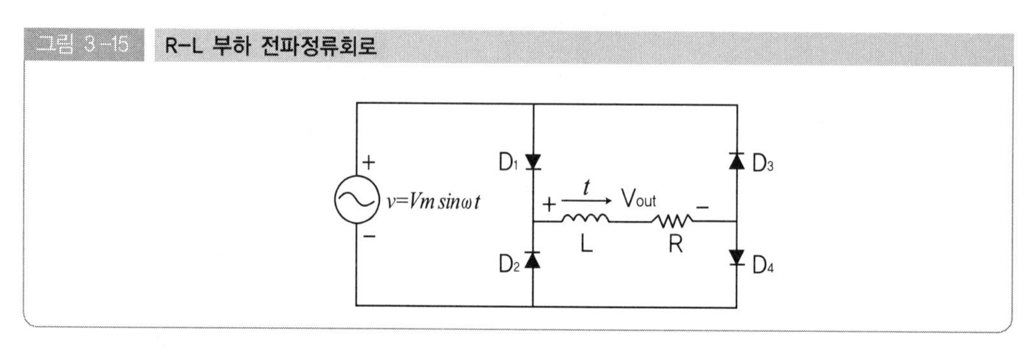

그림 3-16 R-L 부하 전파정류회로

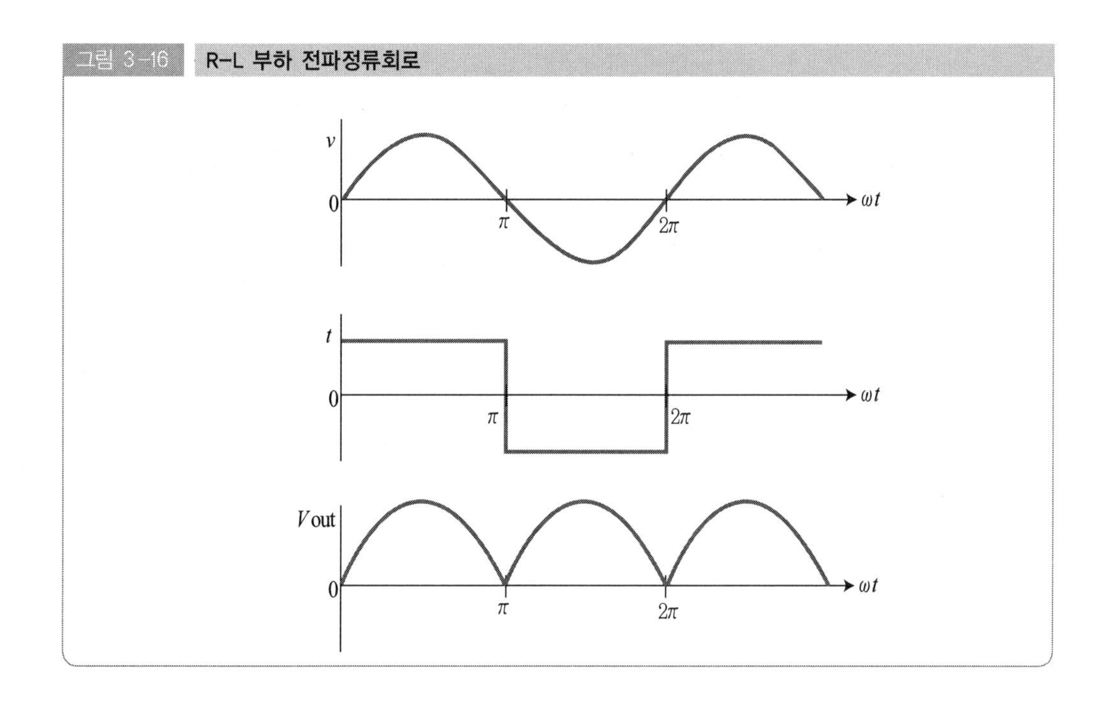

4. 환류다이오드(Free-Wheeling Diode)의 작용

인덕터 충전전류로 인한 기기의 손상을 방지하기 위해 부하와 병렬로 연결한 것을 환류 다이오드라고 한다.

그림 3-17 환류다이오드회로

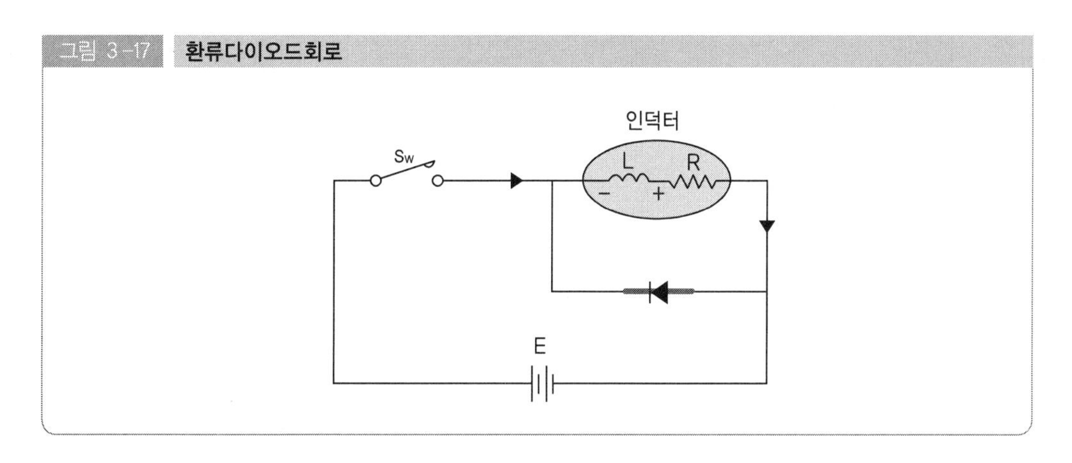

스위치가 ON되어 일정시간동안 도통되면 부하를 통해 흐르는 전류는 유도성부하(인덕터)에 저장된다. 이때, 스위치를 개방하면 인덕터에 저장된 전류가 방출되지 못하여 스위치 부분에서 스파크가 발생한다. 이때, 환류다이오드가 부하와 병렬로 존재하고 있으면 축적된 전류를 방출해 주는 길 역할을 하게 된다.

이러한 임펄스 전압에 의한 스위치의 손상을 막기 위해 환류다이오드(Free Wheeling Diode)를 설치하여 Loop를 형성해준다. 인덕터와 병렬로(전원에 대해서 역방향으로) 다이오드를 접속하면 역기전력에 의해 발생하는 전압에 의해서 흐르는 전류는 스위치로 흐르지 않고 이 다이오드를 통해 인덕터에 환류되어 인덕터의 내부저항에서 에너지가 소비되어 버릴 것이므로 스위치에서의 스파크나 노이즈가 발생하는 것을 방지해 줄 수 있다.

2 트랜지스터(Transistor) 회로

학습포인트

1. 트랜지스터의 구조를 정리한다.
2. 트랜지스터의 동작원리를 정리한다.
3. 트랜지스터의 접속법을 정리한다.

1. 트랜지스터의 구조

그림 3-18 트랜지스터 모양

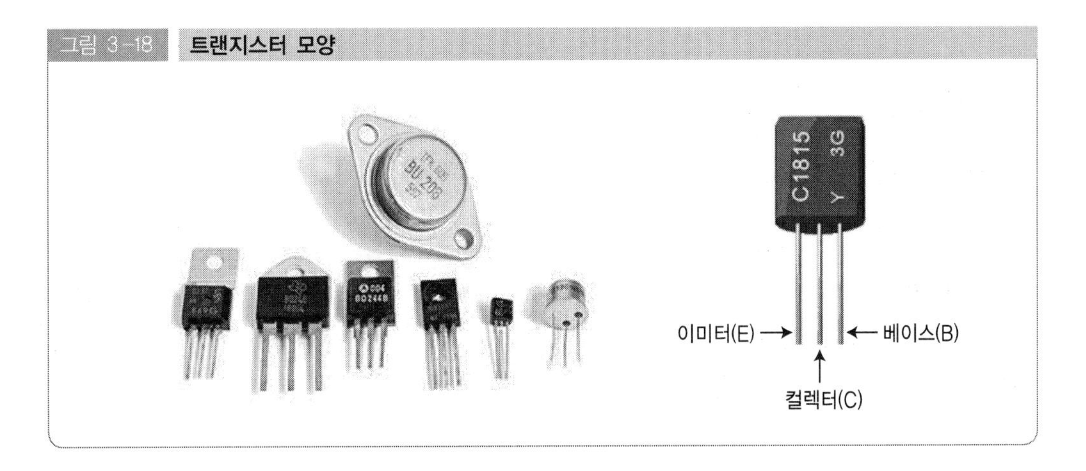

트랜지스터(Transistor)는 P형 반도체와 N형 반도체를 샌드위치와 같은 모양으로 접합시킨 것으로 두 종류로 분류할 수 있는데 하나는 P형–N형–P형의 순서로 접합한 PNP형 트랜지스터와 또 하나는 N형–P형–N형의 순서로 접합한 NPN형 트랜지스터로 구별할 수 있다.

반도체 전기회로의 부품은 저항·콘덴서 등과 같이 대부분 2개의 단자소자로 구성되어 있으나 트랜지스터는 3개 이상의 단자(端子)를 가진 반도체의 능동소자(能動素子)로 이미터(Emitter)·베이스(Base)·컬렉터(Collector)의 세 단자를 가지며, 그 한 단자의 전압 또는 전류에 의해 다른 두 단자 사이에 흐르는 전류 또는 전압을 제어할 수 있다. 이 중 베이스(Base)는 얇은 층으로 되어 있다. 트랜지스터 (transistor)는 증폭작용과 스위칭 역할을 하는데 많이 사용되는 반도체소자로 그림 3-19는 구조와 기호를 나타낸 것이다.

그림 3-19 PNP형 트랜지스터, NPN형 트랜지스터 구조와 기호

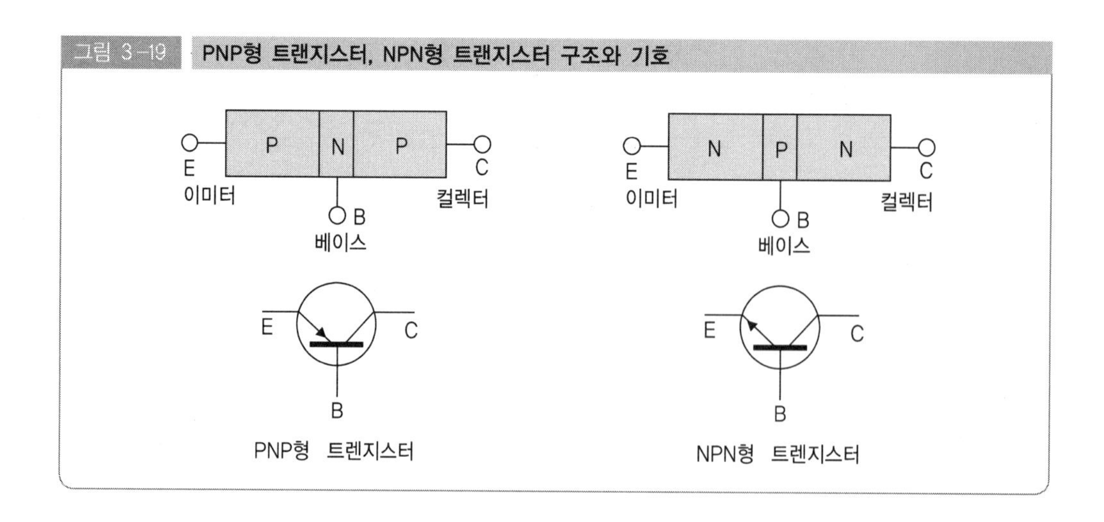

2. 트랜지스터의 동작원리

(1) PNP형 트랜지스터

1) 순방향 전압 인가 시

PNP형 트랜지스터는 아래 그림 3-20과 같이 이미터와 베이스 사이에 순방향 전압(P형 쪽에 +, N형 쪽에 -)을 인가하면 PN접합에서 순방향 전압을 인가한 것처럼 이미터의 정공들이 베이스 쪽으로 이동하면서 전류가 흐른다.

그림 3-20 순방향 전압인가 시

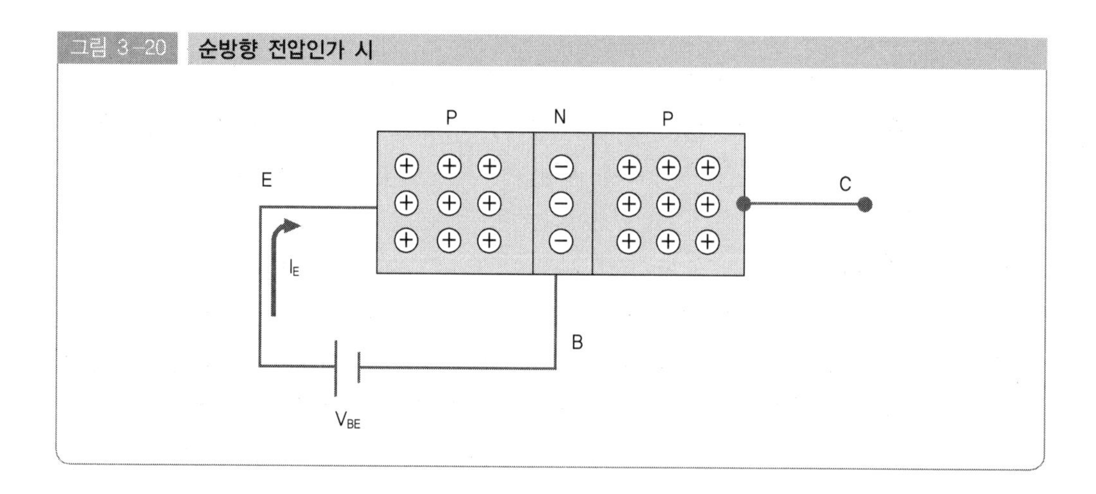

2) 추가로 역방향 전압 인가 시

이때, 그림 3-21과 같이 콜렉터와 베이스 사이에 더 높은 역방향 전압(P형 -, N형 +)을 인가하게 되면, 이미터에서 베이스 층으로 넘어간 정공들 중 일부는 베이스로

흘러가지만(베이스 전류, I_B), 얇은 베이스를 통과한 대부분의 정공들은 콜렉터 쪽의 높은 전압에 의해서 대부분의 전류는 콜렉터쪽으로 흐르게 된다(컬렉터 전류, I_C).

따라서, 순방향 전압 V_{BE}를 높여서 이미터로부터 베이스로 이동하는 정공의 수를 늘려주게 되면, 이것과 비례하여 콜렉터쪽으로 이동하는 정공의 수도 많아지게 됩니다. 이러한 트랜지스터는 일반적으로 콜렉터 전류가 베이스 전류보다 수배~수십배 증가하여 흐르게 된다.

그림 3-21 추가로 역방향 전압 인가 시

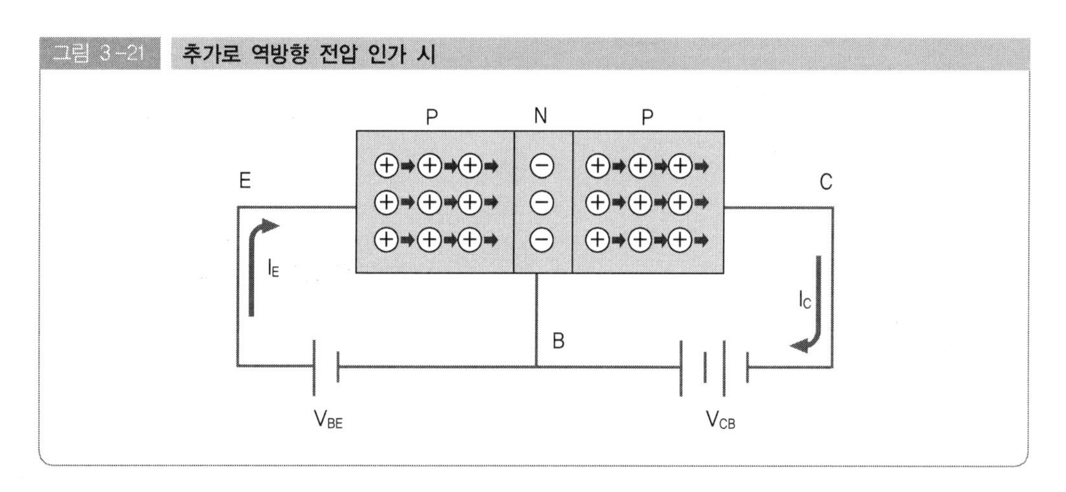

(2) NPN형 트랜지스터

1) 순방향 전압 인가 시

NPN형 트랜지스터는 그림 3-22(a)와 같이 이미터와 베이스 사이에 순방향 전압(N형 쪽에 –, P형 쪽에 +)을 인가하면 NP접합에서 순방향 전압을 인가한 것처럼 이미터의 전자들이 베이스쪽으로 이동하면서 전류가 흐른다.

2) 추가로 역방향 전압 인가 시

이때, 그림 3-22(b)와 같이 콜렉터와 베이스 사이에 더 높은 역방향 전압(N형 +, P형 –)을 인가하게 되면, 이미터에서 베이스 층으로 넘어간 전자들 중 일부는 베이스로 흘러가지만(베이스 전류, I_B), 얇은 베이스를 통과한 대부분의 전자들은 콜렉터 쪽의 높은 전압에 의해서 대부분의 전류는 콜렉터 쪽으로 흐르게 된다(컬렉터 전류, I_C).

그림 3-22 NPN형 트랜지스터

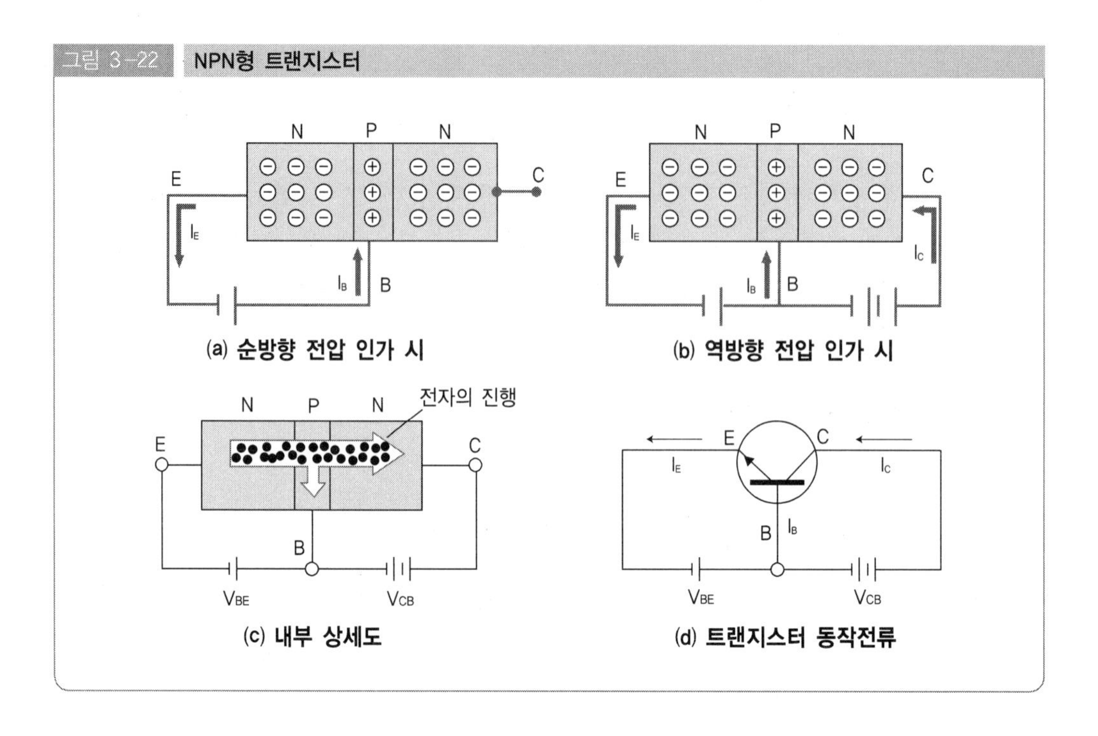

3 SCR(Silicon Controlled Rectifier, 실리콘 제어 정류기) 회로

학습포인트

1. SCR의 구조를 정리한다.
2. SCR의 동작원리를 정리한다.
3. SCR의 접속법을 정리한다.

1. SCR의 구조

실리콘 제어 정류소자(雙流素子) 또는 사이리스터(thyristor) 라고 하며, 특수한 반도체(半導體) 정류소자로서, 소형이고 응답속도가 빠르며, 대전력(大電力)을 미소한 압력으로 제어할 수 있을 뿐 아니라 수명이 반영구적이고 단단하므로 릴레이 장치, 조명·조광(調光) 장치, 인버터, 펄스회로 등 대전력의 제어용으로 사용된다.

트랜지스터로는 할 수 없는 대전류 고전압의 스위칭 소자(素子)로서, P형과 N형의 부분을 엇갈리게 4층으로 접합하여 PNPN 또는 NPNP의 다이오드 구조로 되어 있다.

SCR은 3개의 전극인 양극(A : Anode), 게이트(G : Gate), 음극(K : Cathode)으로 구성되었는데 게이트의 반도체형에 따라 P게이트형 SCR, N게이트형 SCR로 분류할 수 있다.

게이트(G : Gate)와 음극(K : Cathode) 사이에 수 V 이하의 작은 전압, 또는 수십 mA의 미세한 게이트 전류로 양극과 음극사이의 큰 전압 또는 큰 전류를 제어할 수 있다.

그림 3-23 SCR의 구조

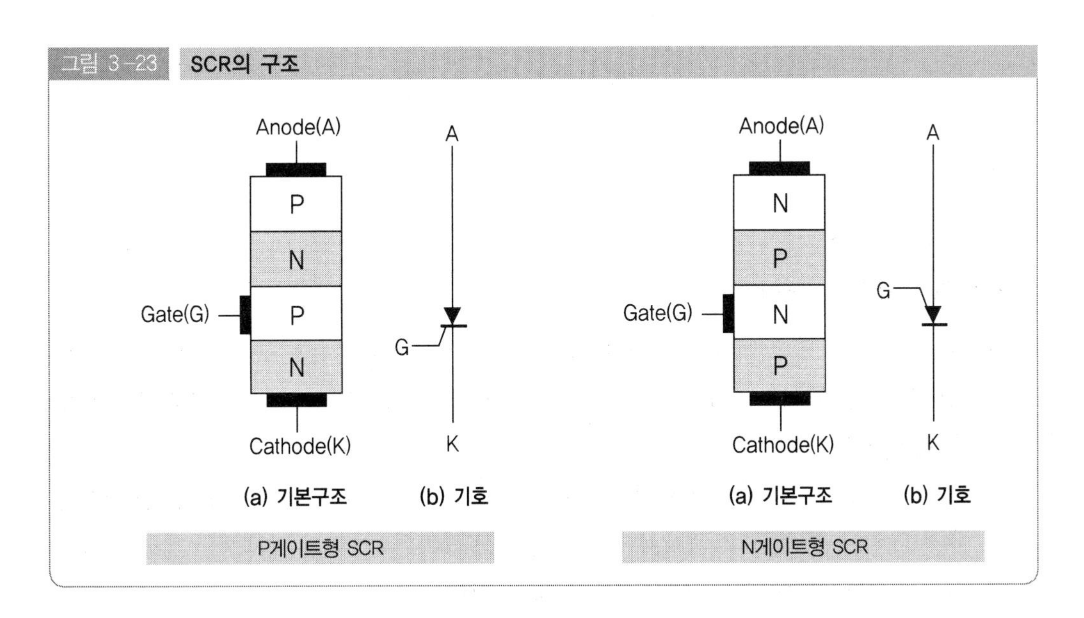

그림 3-24 사이리스터의 기호

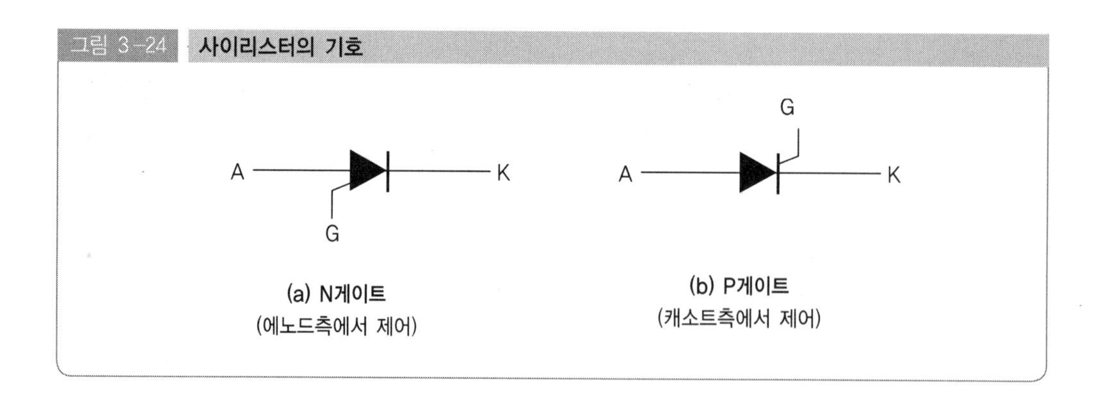

2. SCR의 원리

SCR은 다음 그림 3-25와 같이 2개의 트랜지스터로 구성된 등가회로로 생각할 수 있다. 윗 쪽 트랜지스터는 PNP트랜지스터의 역할을 하고 아랫 쪽의 트랜지스터는 NPN트랜지스터의 역할을 한다. 단, 두개의 트랜지스터가 맞붙는 중간층은 서로 공유한다.

그림 3-25 SCR의 원리

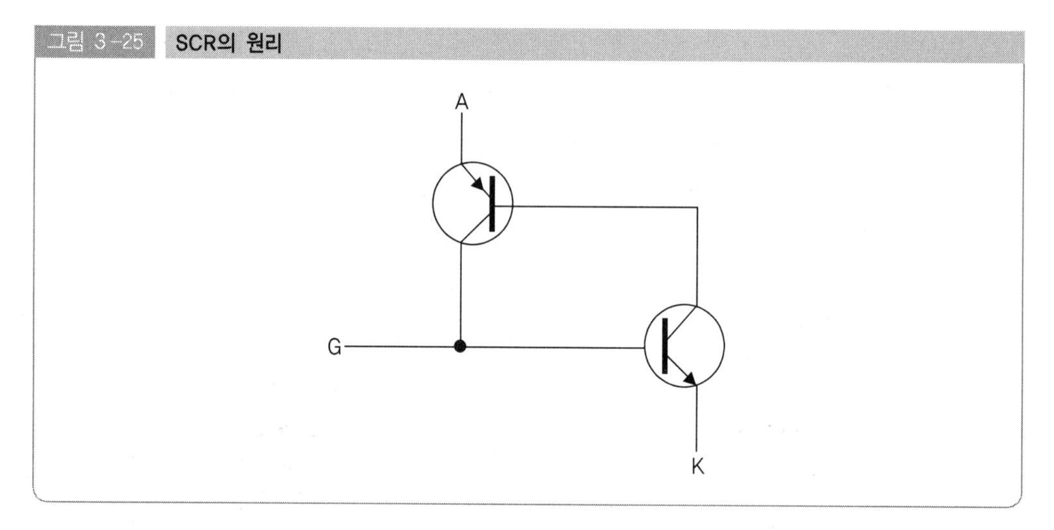

(1) SCR의 Turn-on

① 그림 3-26과 같이 게이트가 접지되면 Q_1은 개방상태(OFF)가 되고 이때 I_{B2}는 너무 작아서 Q_2를 턴 온(Turn-on) 상태로 만들지 못하므로 모두가 개방상태로 되고 SCR은 개방회로가 된다.

② 이 때 그림 3-27과 같이 게이트에 충분히 큰 벌스전압 VG를 가하면 Q_1이 온(ON) 상태가 되고 Q_2의 베이스 전류의 증가는 I_{B2}를 더욱 증가하게 되며 결과적으로 A-K간 저항은 대단히 작아져서 SCR은 단락회로가 된다.

그림 3-26 SCR의 Turn-on ①

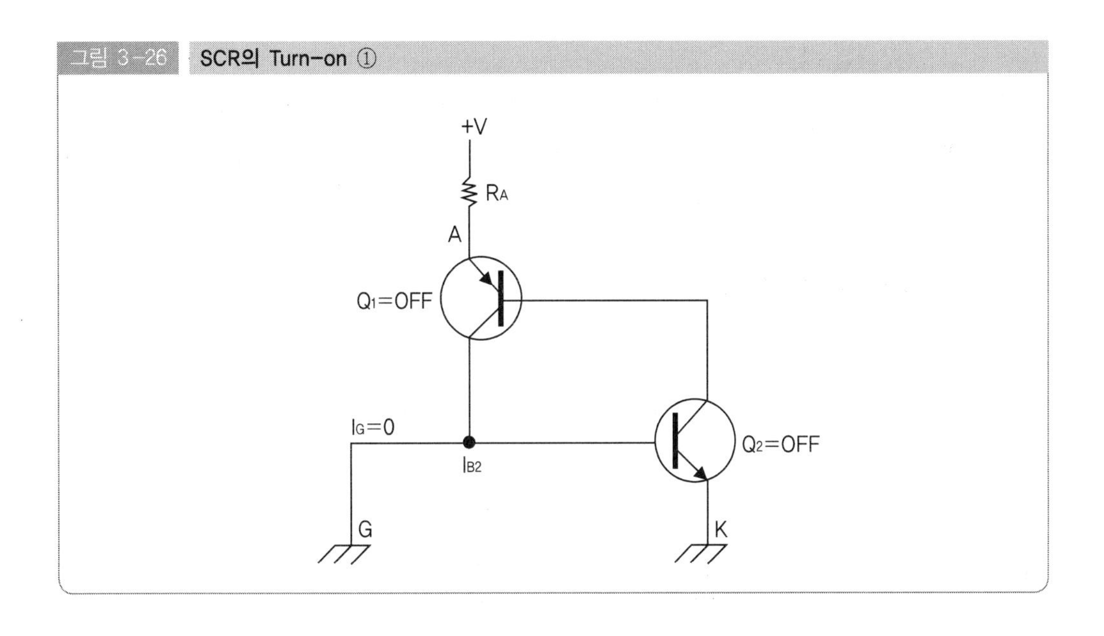

그림 3-27 SCR의 Turn-on ②

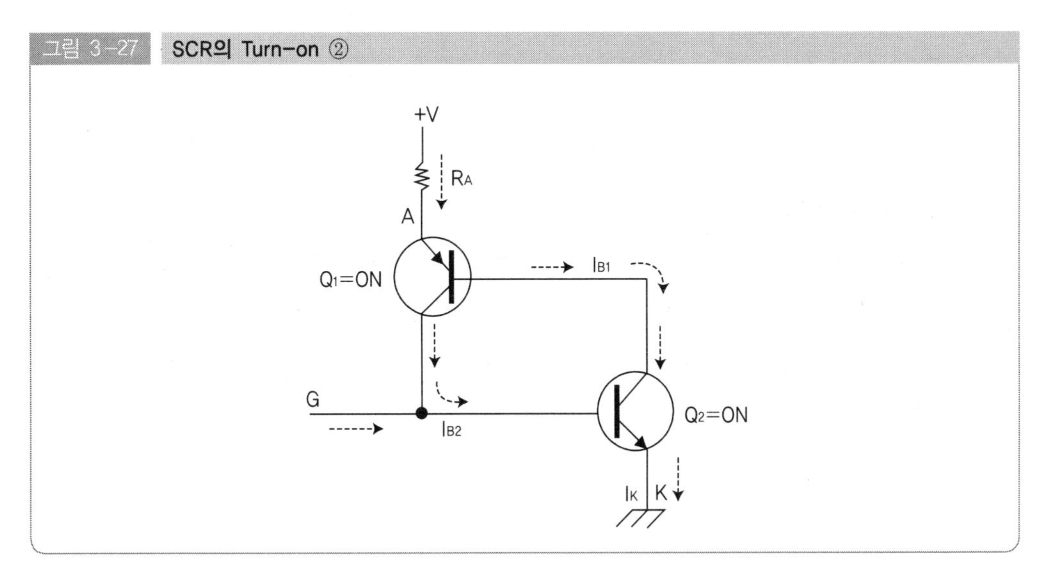

③ 위와 같은 게이트에 의한 트리거뿐만 아니라 온도를 현저하게 증가시키거나 브레이크 오버전압 이상으로 전압을 증가시킴으로 SCR을 온(ON) 상태로 만들 수도 있다.

④ 일단 SCR이 온(ON) 상태가 되면 게이트 신호를 제거하여도 오프(OFF) 상태로 변화되지는 않는다. 단지 게이트에 음의 펄스를 인가하여 오프(OFF) 상태로 만들 수 있다.

(2) SCR의 Turn-off

SCR을 오프(OFF) 상태로 만들기 위한 방법은 양극전류 차단법과 강제전환법이 있다.

1) 양극전류 차단법

아래의 그림 3-28(a)와 같이 직렬 스위치를 개방시키는 방법과 (b)의 그림과 같이 병렬 스위치를 단락시키는 방법이 있으며 두가지 모두 애노드 전류가 '0' 이 되어 SCR이 오프(OFF) 상태로 된다.

그림 3-28 양극전류 차단법

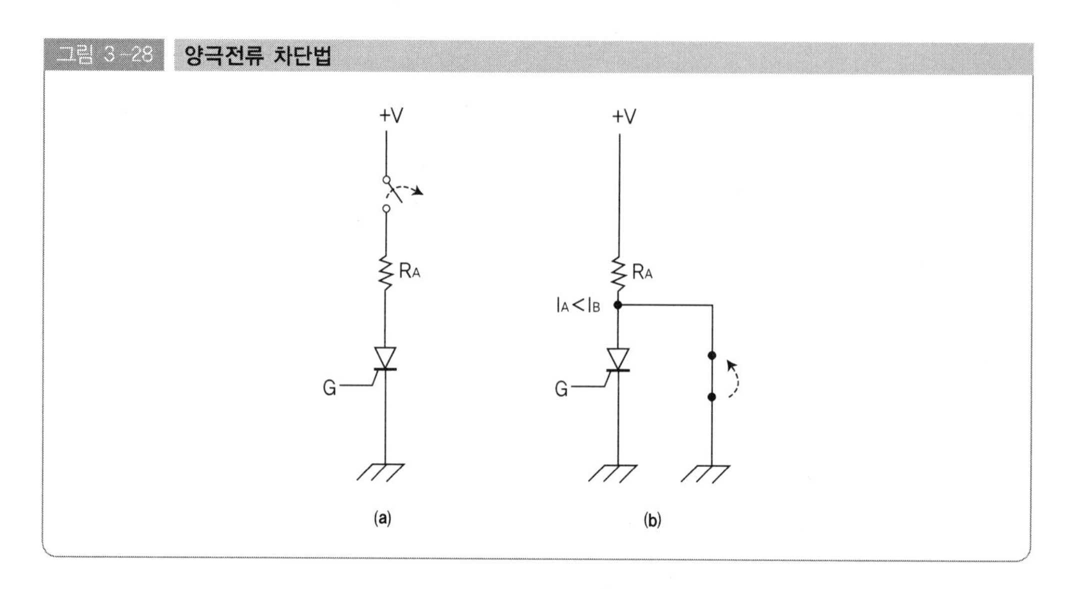

2) 강제전환법

강제로 순방향 전류의 반대방향으로 전류가 흐르도록 하는 방법으로 아래 그림 3-29의 (a)와 같이 스위치가 개방되어 있으면 도통(ON) 상태로 되며, (b)와 같이 스위치를 닫아 순방향 전류와 반대방향으로 전류가 흐르게 되면 오프(OFF) 상태로 된다.

그림 3-29 강제전환법

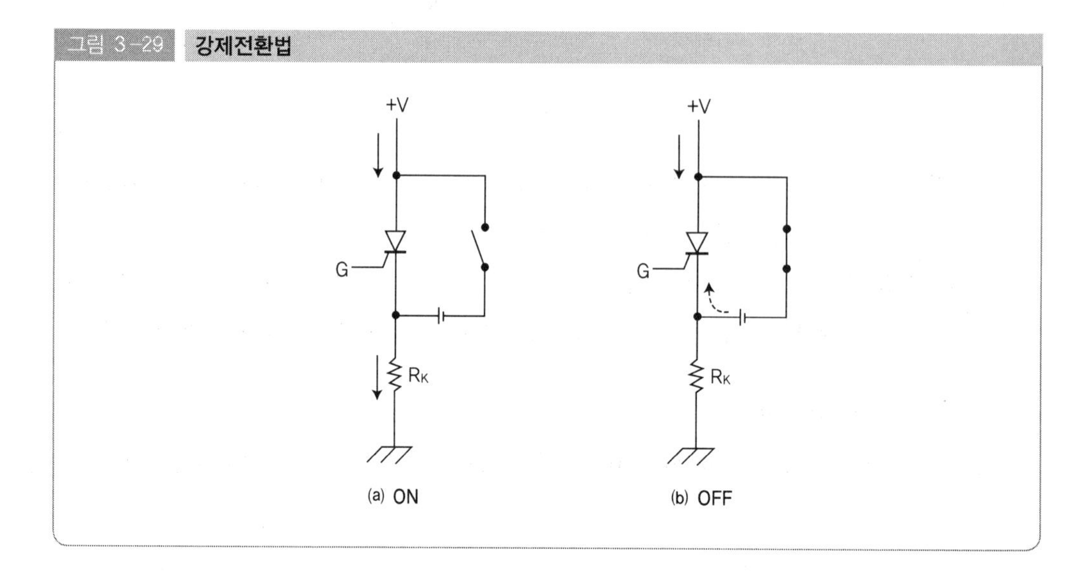

3. SCR의 특성곡선

SCR의 특성곡선은 그림 3-30과 같이 양극전압 Va와 양극전류 Ia로 나타내며, SCR이 역방향 상태에서는 전류가 거의 흐르지 못하나, 순방향 상태에서는 게이트의 각 순방향 전류에 의해서 차단상태에서 통전상태로 되어 큰 전류가 흐른다. 게이트 전류가 증가하면 순방향브레이크오버전압은 감소하며 게이트전류가 '0' 일 때 순방향브레이크오버전압은 최대가 된다. 즉 게이트 전류에 따라 SCR은 통전(또는 방전)하는 특성을 가진다.

그림 3-30 SCR 회로

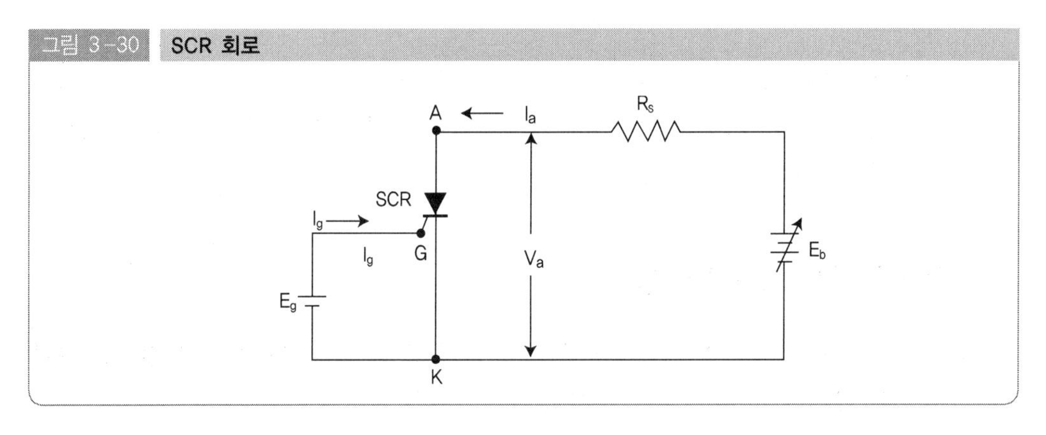

그림 3-31 SCR 특성 곡선

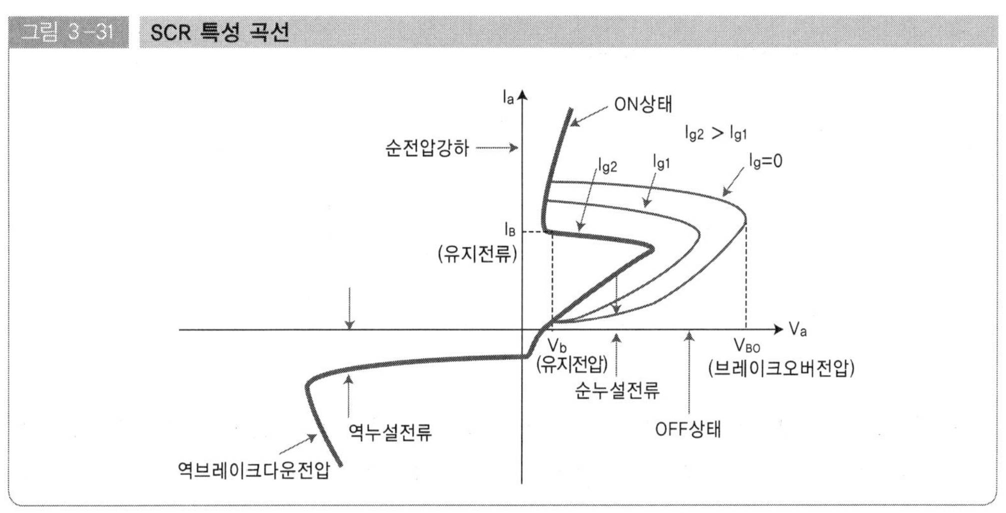

순방향 상태인 오프(OFF) 상태에서 온(ON) 상태로 되면 양극(A)이 통전이 되며 이 전압은 게이트 전류에 따라 달라지며, 역방향 상태인 온(ON) 상태에서 오프(OFF) 상태가 되면 양극전압은 '0' V가 되며 게이트로서는 제어능력이 없다. SCR 회로에서 저항 R을 직렬로 연결을 하였는데 그 이유는 SCR이 온(ON) 상태로 될 때 큰 전류로 인한 SCR의 손상을 방지하기 위함이다.

직류초퍼회로(DC Chopper circuit)

학습포인트

1. 초퍼회로의 구조를 정리한다.
2. 초퍼회로의 동작 원리를 정리한다.
3. 초퍼회로의 접속법을 정리한다.

직류초퍼회로란 직류전원의 전압보다 높은 출력의 전압을 얻는 회로를 말하며, 또는 승압초퍼라고도 하는데 원리는 크게 전자 에너지를 이용하는 방법과 정전 에너지를 이용하는 방법으로 분류할 수 있다.

1. 전자 에너지를 이용하는 방법

그림 3-32의 회로는 승압의 원리를 나타내주는 회로로, 부하 R에 병렬로 접속된 콘덴서 C는 부하전압을 평활하게 하는 역할을 한다.

그림 3-32 전자 에너지에 의한 승압초퍼회로

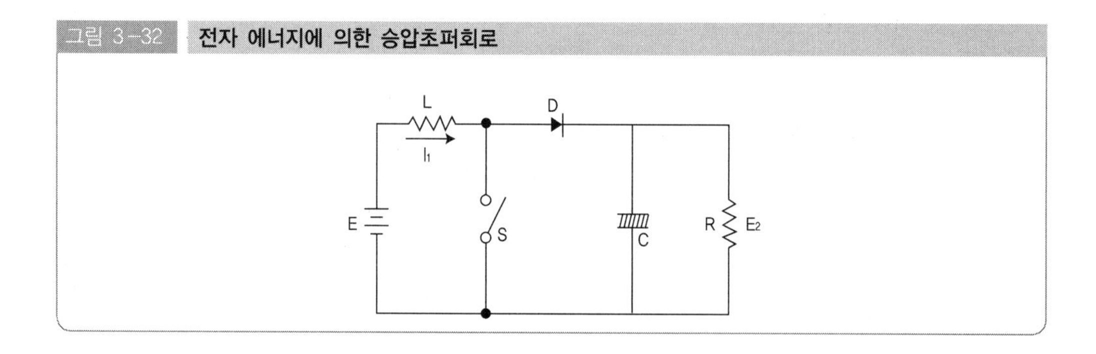

스위치 S를 온(ON)하면 인덕턴스 L에 에너지가 저장되고, S를 오프(OFF)하면 인덕턴스 L에 저장된 에너지는 콘덴서 C와 부하 R로 공급된다. S가 닫혀있는 시간을 T_{on}, S가 열려있는 시간을 T_{off}라고 하고, 인덕턴스 L과 콘덴서 C의 용량은 충분히 커서 전원전압 및 부하전압의 맥동을 무시할 수 있다고 가정한다. 스위치 S의 T_{on} 시간에 인덕턴스 L에 저축되는 에너지는 $E_1I_1T_{on}$이 되고, 스위치 S의 T_{off}시간에 인덕턴스 L에서 콘덴서 C와 부하 R에 공급되는 에너지는 $(E_2-E_1)I_1T_{off}$가 된다. 이때 전원에서 $E_1I_1T_{off}$의 에너지도 동시에 콘덴서 C와 부하 R에 공급된다. 따라서 부하전압은 에너지보존의 법칙에서 다음과 같이 나타낼 수 있다.

$$E_1 I_1 T_{on} \fallingdotseq (E_2 - E_1) I_1 T_{off}$$

$$\frac{E_2}{E_1} = \frac{T_{on} + T_{off}}{T_{off}}$$

위의 식에서 알 수 있는 바와 같이 부하전압 E_2는 입력전압 E_1보다 커지고, 또 T_{on} 시간과 T_{off} 시간 중 어느 한쪽 또는 양쪽을 조정하여 출력전압을 제어할 수 있다.

2. 정전 에너지를 이용하는 방법

그림 3-33과 같이 n개의 콘덴서 C를 직류전원 E_1에 병렬로 접속(기간 T_1)하고, 다음에 이 콘덴서 C를 3-33의 (b)와 같이 직렬로 바꾸어 부하에 충전 에너지를 공급(기간 T_2) 한 후, 마지막(기간 T_3)으로 부하를 전원 및 콘덴서에서 분리한다.

그림 3-33 정전 에너지에 의한 승압초퍼회로

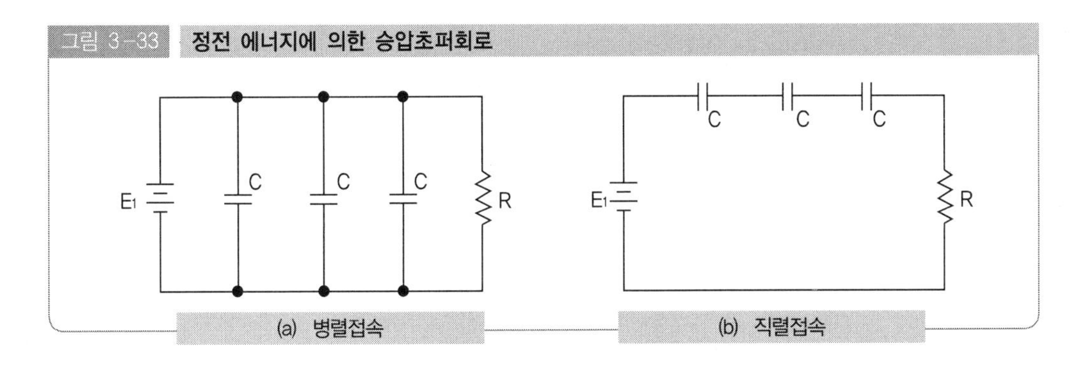

접속시간이나 절환시간이 기간 T_1, T_2 및 T_3에 비해 충분히 짧고, 각 시정수 CR/n가 기간 T_1에 비해 충분히 크다고 하면, 출력파형은 그림 3-34와 같이 되고 평균전압 E_2는 다음과 같이 나타내어진다.

$$E_2 = \frac{E_1 T_1 + (n+1) E_1 T_2}{T_1 + T_2 + T_3}$$

따라서 기간 T_1, T_2 및 T_3를 조정함으로써 승압제어가 된다.

그림 3-34 승압초퍼회로 파형

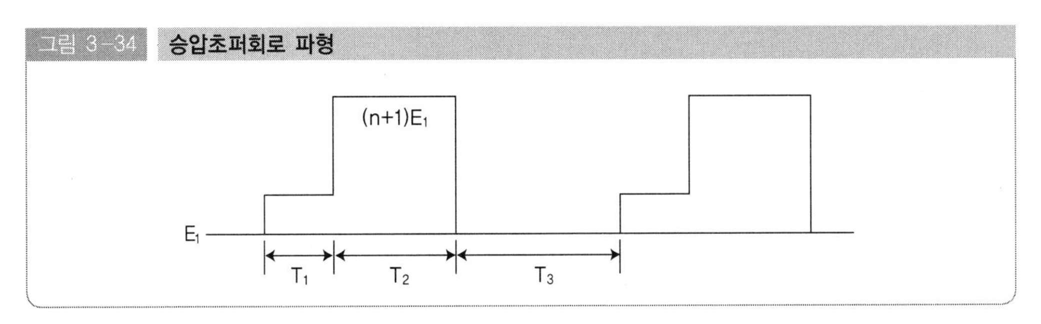

기초이론

여기서 $T_1+T_2=T_{on}$(초퍼가 온(ON)되어 있는 시간), $T_3=T_{off}$(초퍼가 오프(OFF) 되어 있는 시간)이고, 일반적으로 $T_1 \ll T_2+T_3$이므로 출력전압 E_2는 다음과 같다.

$$E_2 \fallingdotseq (n+1)E_1 \frac{T_2}{T_2+T_3} = (n+1)E_1 \frac{T_{on}}{T_{on}+T_{off}}$$

PART 3 기초이론

실·전·기·출·문·제

01. 태양전지 모듈에서 그 일부의 태양전지 셀에 음영이 발생하면, 음영 셀은 발전을 하지 못하고 열점(Hot Spot)을 일으켜 셀이 파손될 수 있다. 이를 방지하기 위한 목적으로 접속하는 소자는?

① 서지보호장치　　② 바이패스 다이오드
③ 역류방지 다이오드　　④ 환류 다이오드

[정 답] ②
태양전지 모듈에서 그 일부의 태양전지 셀이 나뭇잎, 새 배설물 등으로 음영이 발생하면 그 부분의 셀은 발전되지 못하고 저항이 증가하게 된다.
이를 방지하기 위한 목적으로 저항이 된 셀들과 병렬로 접속하여 음영된 셀에 흐르는 전류를 바이패스하도록 하는 것이 바이패스소자로 By-pass Diode를 사용한다.

02. 바이패스 다이오드(By-pass diode)의 역내전압은 셀 스트링의 공칭최대출력전압의 몇 배 이상으로 하여야 하는가?

① 1.0　　② 1.5　　③ 2.0　　④ 2.5

[정 답] ②
바이패스소자의 역내전압은 셀 스트링의 공칭최대출력전압의 1.5배 이상이 되도록 선정하고 그 스트링의 단락전류를 충분히 바이패스할 수 있는 정격전류를 가진 다이오드를 설치한다.

03. 접지극의 물리적인 접지저항 저감방법이 아닌 것은?

① 접지극의 직렬접속　　② 접지극의 치수확대
③ 접지극을 깊이 매설　　④ MESH 공법

[정 답] ①
접지극의 직렬접속은 물리적인 접지저항 저감방법이 아니다.

PART 3 기초이론 실·전·기·출·문·제

2013 태양광기사

04. 태양전지 어레이의 전기적 회로 구성요소가 아닌 것은?

① 스트링 ② 바이패스다이오드
③ 환류다이오드 ④ 접속함

[정 답] ③
환류다이오드는 인덕터 충전전류로 인한 기기의 손상을 방지하기 위해 부하와 병렬로 연결한 것을 환류다이오드라고 한다.

2013 태양광기능사

05. 스트링(string)이란?

① 단위시간당 표면의 단위면적에 입사되는 태양에너지
② 태양전지 모듈이 전기적으로 접속된 하나의 직렬군
③ 태양전지 모듈이 전기적으로 접속된 하나의 병렬군
④ 단위시간당 표면의 총면적에 입사되는 태양에너지

[정 답] ②
태양전지 모듈이 전기적으로 접속된 하나의 직렬군을 말한다.

06. 역류방지 다이오드 소자(Blocking Diode)의 용량은 모듈 단락전류의 몇 배 이상의 것을 사용하여야 하는가?

① 1.0 ② 1.5 ③ 2.0 ④ 2.5

[정 답] ③
역류방지 다이오드는 일반적으로 2배 이상의 것을 사용한다.

부 록

태양광발전 용어집

이 태양광발전 용어집은 IEC 표준(Standard, Std) 61836을 바탕으로 다음의 국내 규격과 태양광발전 관련 IEC Std 및 일본의 공업 규격을 참고하여 만든 것입니다.

[참고 자료]

KS C 8524 (1995, 태양광발전 용어)
KS C IEC 61836 (2005, 태양광발전 에너지 시스템 – 용어 및 기호)
IEC Std 61836 (1997–10, Solar Photovoltaic Energy Systems – Terms and Symbols)
IEC Std 61215 (2005–4, Crystalline Silicon Terrestrial Photovoltaic Modules – Design Qualification and Type Approval)
JIS C 8960 (1997, 일어판, 太陽光發電用語)
JIS C 8960 (2004, 일어판 및 영문판, 太陽光發電用語)

태양광발전 용어

태양광발전 photovoltaic power generation
햇빛이 가진 에너지를 직접 전기 에너지로 변환하는 발전 방식. 일반적으로 광기전력 효과를 이용한 태양전지를 발전 소자로 사용한다.

태양전지 solar cell, photovoltaic cell
햇빛에 노출되었을 때 즉, 햇빛을 받을 때 그 빛 에너지를 직접 전기 에너지로 변환하는 반도체 소자. 광기전력 효과를 이용하는 광전 변환 소자의 일종이며, 태양전지·태양전지 모듈·태양전지 널판(panel)·태양전지 어레이(array) 등을 총칭하는 경우도 있다. 최근 들어서는 태양전지(solar cell)보다는 태양광발전 전지(photovoltaic cell)이라는 용어를 사용하는 경향이다.

에너지 간격 (에너지 틈, 띠 틈, 띠 간격) energy gap, band gap
반도체의 에너지 띠(energy band) 중에서 전자가 존재할 수 없는 띠의 나비 폭( ).

광기전력 효과 photovoltaic effect
복사 에너지가 직접 전기 에너지로 변환되는 현상. 즉, 빛을 받아 기전력이 발생하는 현상으로, 광전 효과의 일종. 보통 반도체 접합에서 볼 수 있다.

광전류 photovoltaic current, photocurrent
광전 변환 소자에 빛이 비칠 때 생성되는 전류.

면 저항 sheet resistance
얇은 반도체 박막이나 층의 전기 저항. 태양전지 표면층의 면 저항은 직렬 저항을 결정하는 중요한 인자의 하나이다. 단위 $\Omega/\square$)

피엔(PN) 접합 PN junction

연속체인 반도체에서 한쪽은 P형, 다른 쪽은 N형인 구조를 가진 반도체 접합.

피아이엔 (pin) 접합 pin junction

소수 운반자(minority carrier)의 재결합(recombination)을 줄이기 위하여 p층과 n층 사이에 불순물이 첨가되지 않은(도핑되지 않은) i층을 둔 구조의 접합. 주로 비정질 규소 등의 박막 태양전지에 사용된다.

이종 접합 heterojunction

에너지 간격이 다른 2종류의 반도체로 이루어진 접합. 이질 접합이라는 용어도 가끔 사용된다.

태양전지급 규소 solar grade silicon, SOG silicon

결정질 규소 태양전지용 기판의 원료로 사용되는 규소 소재.

대기 질량(정수) air mass (AM)

직달 태양광선이 지구 대기를 지나오는 경로의 길이로서, 임의의 해수면상 관측점으로 햇빛이 지나가는 경로의 길이를 관측점 바로 위에 태양이 있을 때 햇빛이 지나오는 거리의 배수로 나타낸 것이다. 즉, 직달 태양광이 지구 대기를 통과하는 노정을 표준 상태의 대기압(1013hPa)에 연직으로 입사되는 경우의 노정에 대한 비로 나타낸 것이며, AM으로 표시한다.

태양의 고도(θ) solar elevation, solar altitude (θ)

직달 태양 광선과 수평면 사이의 각도이며, 수평면과 태양의 중심이 이루는 각도를 말한다. (단위 : rad)

방위각 (α) azimuth (α)

관찰점과 눈에 보이는 태양의 위치를 잇는 직선과 관찰점이 북반구에 있을 경우는 정남향, 남반구에 있을 경우는 정북향 직선이 이루는 각이 지면에 투영된 각도로서 동쪽은 음의 값, 서쪽은 양의 값을 가진다.(단위 : rad)

태양 상수 solar constant

지구가 태양으로부터의 평균 거리에 있을 때, 지구 대기권 바깥에서 태양 광선에 대해 연직인 단위 면적이 단위 시간에 받는 태양 에너지의 양이며. 현재는 1964년 국제 지구 관측년(International Geophysical Year, IGY) 회의에서 결정된 값인 1382W/㎡가 사용되고 있다.

태양광발전 전지 또는 태양전지 photovoltaic cell, solar cell

태양광발전 모듈(태양전지 모듈)을 구성하는 최소 단위. 최근에는 태양전지라는 말 대신에 태양광발전 전지라는 용어의 사용 빈도가 늘어나고 있다.

(태양전지) 모듈 또는 태양광발전 모듈 solar cell module, photovoltaic module
서로 결선한 단위 태양전지[태양전지 셀(cell)] 또는 소모듈(submodule)을 환경적으로 완전히 보호할 수 있게 내환경성을 가진 구조로 봉입하고(encapsulated) 규정된 출력을 갖게 만든 가장 작은 조립체로서 발전 소자의 최소 단위이며 어레이 구성의 최소 단위.

건재 일체형 태양광발전 모듈 또는 건재 일체형 태양전지 모듈
building integrated photovoltaic (BIPV) module
지붕재, 벽재 등의 건축용 부재에 집적하여 일체화한 태양광발전 모듈.

단결정 single crystal, monocrystal
결정 재료 전체를 구성하는 원자의 배열이 규칙성을 가지고 있어 단일 결정축을 정할 수 있는 결정 물질의 일반적인 호칭.

다결정 polycrystal (multicrystal)
임의의 결정 방위를 가진 다수의 작은 단결정 입자(grain)가 집합되어 있는 결정.

비정질 또는 비결정 amorphous
원자 배열에 넓은 범위에 걸치는 질서가 존재하지 않는 고체의 준안정 상태.

기판 substrate
태양전지 제조의 기본 재료. 결정질 규소 태양전지의 경우에는 규소 웨이퍼를 가리키며, 이 위에 접합과 전극을 형성하여 태양전지를 제조한다. 박막 태양전지의 경우에는 박막을 성장시키는 지지체를 말하며 유리, 스테인리스 스틸(stainless steel) 등이 사용된다. 태양광발전 모듈에서는 모듈의 기계적 강도를 유지하기 위한 판재를 가리킨다.

확산층 diffusion layer
pn 접합을 형성하기 위하여 의도적으로 첨가물을 확산시켜 형성시킨 p층 또는 n층의 부분.

반사 방지막 antireflection coating (ARC)
태양전지 표면에서 빛의 반사 손실을 줄이기 위해 형성시킨 막.

투명 전극 transparent conducting electrode
태양전지의 빛이 입사되는 쪽 표면에 형성시킨 광투과율이 높으면서 전기 전도율이 큰 성질을 가진 전극.

결면 (결 있는 면) 구조 또는 텍스쳐 구조 textured surface, textured structure
표면 반사 손실을 줄이거나 빛을 가두어 광 흡수율을 높이기 위한 목적으로 태양전지의 표면이나 뒷면의 짜임새에 요철을 두어 까끌까끌하게 만든 것.

빛 가둠 효과
light confinement effect, light trapping effect
결면 구조 등을 사용하여 빛을 태양전지 내부에 가둠으로써 빛의 흡수를 증대시켜 단락 전류가 늘어나는 효과.

뒷면 전기장 효과 또는 비에스에프(BSF) 효과 back surface field (BSF) effect
태양전지 기판 뒷면 전극 부근의 첨가물 농도가 높은 영역에 기인하는 내부 전기장(internal field)이 형성되기 때문에 뒷면 가까이에서 생성된 운반자가 효과적으로 수집되는 효과.

피엔 (pn) 접합 태양전지 pn junction solar cell
반도체 pn 접합을 이용한 태양전지.

이종 접합 태양전지 heterojunction solar cell
서로 다른 종류의 반도체로 이루어진 이종 접합을 이용한 태양전지.

쇼트키 (Schottky) 장벽 태양전지 Schottky barrier solar cell
금속-반도체 계면의 쇼트키(Schottky) 접합을 이용한 태양전지.

엠아이에스 (MIS) 태양전지 metal-insulator-semiconductor (MIS) solar cell
쇼트키(Schottky) 장벽 태양전지에서 기판 반도체와 금속 전극 사이에 매우 얇은 절연층이 끼어 있는 구조를 가진 태양전지.

규소 태양전지 silicon solar cell
반도체 소재로 규소를 사용한 태양전지. 주로 단결정 및 다결정 규소 태양전지와 비정질 규소 태양전지가 있다.

박막 태양전지 thin film solar cell
반도체 박막을 소재로 사용한 태양전지. 주로 비정질 규소, CdTe, CdS, CuInSe2 태양전지 등이 있다.

화합물 태양전지 또는 화합물 반도체 태양전지 compound semiconductor solar cell
복수의 원소로 이루어진 화합물 반도체를 소재로 사용한 태양전지. 그 구성 원소에 따라서 Ⅲ-V

족 태양전지, Ⅱ-Ⅵ족 태양전지, Ⅰ-Ⅲ-Ⅵ2족 태양전지 등으로 나뉜다.
GaAs, InP, CdTe, CdS, CuInSe2 태양전지 등이 있다.

집광형 태양전지 concentrator solar cell, concentrating solar cell
렌즈 등을 이용해서 햇빛을 1sun 이상으로 집광하여 발전하는 태양전지.

집적형 태양전지 integrated solar cell
한 장의 기판 위에 여러 개의 태양전지를 직렬로 접속한 구조의 태양전지. 이런 구조를 가진 대표적인 것으로는 비정질 규소 태양전지를 들 수 있다.

적층형 태양전지 stacked solar cell, tandem solar cell
흡수 대역이 서로 다른 여러 개의 태양전지를 적층하여 입사광이 이들을 차례로 투과하고 흡수되도록 한 태양전지.

단락 전류 (Isc) short-circuit current (Isc)
특정한 온도와 일조 강도에서 단락 조건에 있는 태양전지나 모듈 등 태양광발전 장치의 출력 전류. 단위 면적당 단락 전류를 특별히 Jsc라고 하는 경우도 있다. (단위 : A)

개방 전압 (Voc) open-circuit voltage (Voc)
특정한 온도와 일조 강도에서 부하를 연결하지 않은 (개방 상태의) 태양광발전 장치 양단에 걸리는 전압. (단위 : V)

충진율 (FF) 또는 곡선 인자 fill factor (FF)
개방 전압과 단락 전류의 곱에 대한 최대 출력의 비율. 태양전지로서의 전류 전압 특성 곡선(I-V 곡선)의 질을 나타내는 지표이며, 주로 내부의 직·병렬 저항과 다이오드 성능 지수(diode quality factor)에 따라 달라진다.

최대 출력 (Pmax, Pm) maximum power (Pmax, Pm)
전류-전압 특성에서 전류와 전압의 곱이 최대인 점에서의 태양광발전 장치 출력이다.
(단위 : W)

변환 효율 (η) conversion efficiency (η)
태양전지의 최대 출력(Pmax)을 발전하는 면적(태양전지 면적 A)과 규정된 시험 조건에서 측정한 입사 조사 강도(incidence irradiance ; E)의 곱으로 나눈 값을 백분율로 나타낸 것으로서, %로 표시한다. (단위 : %)

초기 변환 효율 또는 초기 효율 initial conversion efficiency
태양전지나 모듈 제조 직후의 변환 효율. 주로 비정질 규소 태양전지에 적용된다.

안정화 변환 효율 또는 안정화 효율 stabilized conversion efficiency
규정된 광조사 조건에서 규정된 시간 동안 빛을 조사한 다음의 변환 효율. 주로 비정질 규소 태양전지에 적용된다.

모듈 집적도 module packing factor 또는 packing density
모듈을 이루는 전체 단위 태양전지의 넓이와 모듈 넓이의 비.

전류–전압 (I–V) 특성 current-voltage characteristic
태양전지의 출력 전압에 대한 전류의 관계를 나타내는 특성으로서 특정 온도와 일조량에서 출력 전압의 함수로 표시한 태양광발전 소자나 시스템의 출력 전류.

최대 출력 (동작) 전류 (IPmax, IPm) maximum power current (IPmax, IPm)
최대 출력에 해당하는 전류. 즉, 최대 출력점의 전류 값. (단위 : A)

최대 (출력) 동작 전압 (VPmax, VPm) maximum power voltage (VPmax, VPm)
최대 출력에 해당하는 전압. 즉, 최대 출력점의 전압 값. (단위 : V)

부하 전류 (IL) load current (IL)
특정 온도와 일조량에서 태양광발전 장치의 출력 단자에 연결한 부하에 공급되는 전류(단위 : A).

부하 전압 (VL) load voltage (VL)
특정 온도와 일조량에서 태양광발전 장치 출력 단자에 연결한 부하의 단자 사이에 걸리는 전압. (단위 : V)

부하 전력 (PL) load power (PL)
특정 온도와 일조량에서 태양광발전 장치의 두 출력 단자에 연결한 부하에 공급되는 전력. (단위 : W)

(출력) 전류 온도 계수 (α) current temperature coefficient (α)
태양광발전 소자에서 pn 접합을 이루는 부분의 온도가 1℃ 변화할 때 단락 전류가 변하는 양. (단위 : A/℃) [경우에 따라서는 %/℃로 나타내기도 한다]

[주] 출력 전류의 온도 계수는 일조량에 따라 달라지며, 온도에 따른 변동은 일조량에 의한 것보다 작다.

(출력) 전압 온도 계수 (β) voltage temperature coefficient (β)
태양광발전 소자에서 pn 접합부의 온도가 1℃ 변화할 때 개방 전압이 변화하는 양이다.
(단위 : V/℃) [경우에 따라서는 %/℃로 나타내기도 한다]
[주] 일조 강도에 따라 달라지며, 기온에 따른 변화의 폭은 훨씬 작다.

직렬 저항 (Rs) series resistance (Rs)
이상적인 태양전지에 대하여 직렬적으로 작용하는 저항. 직렬 저항은 주로 앞뒷면에 있는 저항성 접촉(Ohmic contact)과 아주 얇은 표면층에 기인한다. 직렬 저항이 커지면 변환 효율은 낮아진다. (단위 ; Ω)

병렬 저항, 갈래 (분류) 저항 (Rsh) shunt resistance (Rsh)
이상적인 태양전지에 대하여 병렬적으로 작용하는 저항. 병렬 저항은 주로 접합의 불순물과 결정의 품질에 따라 달라진다. 병렬 저항이 작아지면 변환 효율은 낮아진다. (단위 ; Ω)

조사 강도 irradiance
단위 면적당 광원으로부터 단위 시간에 조사되는 에너지. 방사 조도라는 용어는 어법에 맞지 않는 말이다. (단위 : W/m^2)

햇볕 (일조) insolation, solar radiation
지표면에 도달하는 태양의 복사 에너지. 그 성분에 따라서 다음과 같이 부른다.
ⓐ 직달 일조 (direct insolation) ; 태양으로부터 지표에 직접 도달하는 햇볕
ⓑ 산란 일조 (diffuse insolation) ; 태양광선이 대기를 통과하는 동안에 공기 분자, 구름, 연무(aerosol) 입자 등으로 인하여 산란되어 도달하는 햇볕.
ⓒ 수평면 일조 (global insolation) 직달 햇볕과 산란 햇볕을 합쳐 일컫는 말이며, 전일조라고도 한다.

일조 강도 (G) (solar) irradiance (G)
단위 시간 동안 표면의 단위 면적에 입사되는 태양 에너지. (단위 : W/m^2)

일조량 (H) irradiation (H)
규정된 일정 기간(1시간, 1일, 1주, 1월, 1년 등)의 일조 강도(햇볕의 세기)를 적산한 값. 일조 강도와 같이 직달, 산란, 수평면, 경사면 등의 접두어를 붙인다. 수평면 일조량은 전일조량이라고도 한다. (단위 : J/m^2 또는 MJ/m^2, kWh/m^2, kWh/m^2 등)

총 일조량 (HT) total irradiation (HT)
경사면에서 규정된 시간 동안의 전체 일조 강도를 적산한 값.(단위 : J/m^2)

표준 시험 조건 (STC) standard test conditions (STC)
태양광발전 모듈이나 태양전지 시험의 조건이며, 태양전지(태양전지 셀)와 태양광발전 모듈 특성을 측정할 때의 기준으로 사용되는 다음의 상태를 말한다.
ⓐ 태양전지 온도 25℃
ⓑ 스펙트럼 조성 기준 태양광 (AM 1.5 조건)
ⓒ 조사 강도 (일조 강도) ; 1000W/㎡

기준 태양광 reference solar radiation (standard sunlight)
태양전지와 모듈의 출력 특성을 공통의 조건에서 나타내기 위하여 조사되는 햇볕의 강도와 조사량 및 스펙트럼 조성을 규정한 가상적인 태양광. 기준 태양광의 스펙트럼 조성(스펙트럼 조사 강도 분포, 다음 항목 참조)는 대기 상태가 다음과 같고

- 가강수량(비나 눈으로 내릴 수 있는 수분의 양) : 1.42㎝
- 대기의 오존 함유량 : 0.34㎝
- 혼탁도 (0.5㎛에서) : 0.27
- 대기 질량 정수 (AM) : 1.5
- 측정 조건이 지면 반사율 : 0.2
- 수평면에 대한 측정면의 기울기 : 37°

일 때, 일조 강도 1000W/㎡인 햇볕을 의미한다. 기준 태양광의 스펙트럼 조성은 태양전지와 모듈 출력 특성 측정과 비교의 기준이 된다.

기준 태양전지 또는 기준 전지 reference solar cell, reference cell
일조 강도를 측정하거나 모의 태양광원(인공 태양, solar simulator)의 조사 강도 준위를 기준 태양광의 스펙트럼 조성(reference solar spectral distribution)에 준하여 맞추는데 사용하는 특별히 교정한 태양전지. 즉, 태양전지와 태양광발전 모듈의 전류-전압 특성을 측정할 때 측정용 광원의 조사 강도를 기준광의 조사 강도(1000W/㎡)로 환산하기 위하여 사용하는 태양전지이며, 피측정 태양전지나 모듈과 상대적으로 같은 스펙트럼 응답 특성을 가진 태양전지이다. 피측정 태양전지와 같은 기판을 사용하여 같은 제조 조건에서 만든 것 중에서 고르는 것을 원칙으로 하며, 태양전지 온도의 제어와 수광면 보호를 위하여 규정된 용기 안에 장착하여 측정법에 규정된 기준 태양광에서 단락 전류 값을 교정(값매김)하여 사용한다. 기준 태양전지는 그 교정 방법에 따라서 다음에 보이는 1차 기준 태양전지와 2차 기준 태양전지로 나눈다.

기준 태양전지 모듈 또는 기준 모듈 reference solar cell module, reference module

공칭 태양전지 동작 온도 (NOCT) nominal operating cell temperature (NOCT)
태양시로 정오에 일조 강도 800W/㎡, 주위 기온 20℃, 풍속 1m/s인 기준 조건일 때 모듈을 이루는 태양전지의 동작 온도. 즉, 모듈이 표준 기준 환경(Standard Reference Environment, SRE)

에 있는 조건에서 전기적으로 회로 개방 상태이고 햇빛이 연직으로 입사되는 개방형 선반식 가대(open rack)에 설치되어 있는 모듈 내부 태양전지의 평균 평형 온도(접합부의 온도).(단위 : ℃)

경사각 tilt angle

태양전지 모듈(또는 어레이)을 설치할 때, 수평면(지면)과 모듈 면이 이루는 각도.

입사각 angle of incidence

직달 햇빛과 햇빛을 받는 모듈 면(active surface)의 법선 사이의 각도. 0~90° 범위에서 법선과 태양의 방향이 일치할 때(수직 입사)를 0° 로 한다. (단위 : rad)

개구각 aperture angle (view angle)

직달 일조계의 수광부 중심에서 바라볼 때, 원통의 개구부가 펼치는 각도의 절반. 전체 각도로 표시하는 경우도 있기 때문에 주의해야 한다. 시야(또는 시야각 : field of view, FOV)이라고도 한다.

집광비 concentration ratio

태양광을 오목 거울이나 프레넬(Fresnel) 렌즈 등을 사용하여 집광했을 때의 조사 강도와 집광하지 않았을 때의 조사 강도 비이며, 집광형 태양전지의 집광 정도를 나타내는 변수. 엄밀하게는 에너지 밀도 집광비라고 하며, 단순히 개구 면적과 집광부 면적의 비로 정의하기도 한다. 기하학적 집광비와 집광계의 광학적 효율을 곱한 것과 같다.

열점 hot spot

태양광발전 모듈에 조사되는 햇볕이 국부적으로 가려지거나, 태양전지의 특성 편차나 일부 태양전지의 결함과 특성 열화, 또는 결선 등의 모듈 회로 결함으로 인한 출력 불균형 때문에 역 바이어스가 발생하여 모듈 온도가 국부적으로 상승하는 현상.

모의 태양광원 solar simulator

시험 목적에 따라 요구되는 빛의 강도와 균일도 및 스펙트럼 합치도를 가진 태양전지 조사 광원. 옥내에서 태양전지 특성 시험과 신뢰성 시험 등을 하기 위하여 사용된다. 장치의 구성은 광원으로 제논(Xenon)이나 할로겐 등 또는 금속 할로겐화물 등(metal halide lamp)이 사용되며, 대기 질량 정수 보정을 위한 여광 장치와 조합 렌즈 계통으로 이루어진다. 인공 태양이라고도 부른다.

육안 검사 visual inspection

모듈의 시각적 결함을 찾아내기 위한 검사로서, 1000lux 이상의 밝은 조명 아래에서 육안으로 모듈의 성능을 떨어뜨리거나 나쁜 영향을 미칠 수 있는 다음과 같은 결함의 유무를 주의 깊게 살펴보아야 한다.

- 모듈 표면이 금이 가거나, 휘어지거나, 찢겨진 것 또는 태양전지 배열이 흐트러진 것
- 깨진 태양전지가 있는 것
- 금이 간 태양전지가 있는 것
- 결선이나 연결이 잘못된 것
- 태양전지끼리 닿아 있거나 태양전지가 모듈 테두리(frame)에 닿아 있는 것
- 태양전지와 모듈 테두리 사이에 기포나 박리 현상이 생겨 연속된 통로가 형성된 것
- 합성수지 소재의 표면이 (처리 결함으로) 끈적끈적한 것
- 단말 처리가 잘못 되었거나 전기적으로 활성인 부품이 노출된 것
- 기타 모듈의 성능에 영향을 끼칠 수 있는 조건을 가진 것

최대 출력 결정 (시험) maximum power determination

여러 가지 환경 시험의 전과 후에 행하는 모듈의 최대 출력을 결정하는 시험으로서, 측정의 재현성(repeatability)이 중요하다. IEC Std 60904-1에 준하여 특정한 일조 강도와 기온의 조건에서(권장하는 모듈 온도는 25℃ ~ 50℃, 일조 강도는 700W/㎡ ~ 1100W/㎡ 범위) 전류-전압 특성을 측정해서 출력을 결정하는 방법이 적용된다. 자연광이나 IEC Std 60904-9에 규정되어 있는 B급 이상의 모의 태양광원(solar simulator) 아래에서 IEC Std 60904-2 또는 60904-6에 규정되어 있는 기준 소자로 조사 강도를 측정해야 하며, B급 모의 태양광원(인공 태양)을 이용하는 경우에는 피시험 모듈을 이루는 태양전지와 같은 종류의 태양전지로 만든 기준 모듈을 이용해야 한다. 사용하는 온도 측정 기기의 정밀도는 ±1℃보다 좋아야 하고 측정 온도의 재현성은 ±0.5℃보다 좋아야 하며, 최대 출력 측정의 재현성은 ±1%보다 좋아야 한다. 다른 시험 조건은 모듈의 전류-전압 특성 측정과 같다. 최대 출력 결정 시험은 시험의 재현성을 높이고 주로 옥외 측정에서 필요한 시험 결과의 환산 작업을 최소화하는데 목적이 있다. 특정한 환경에서 사용하도록 설계한 모듈의 경우에는 전류-전압 특성 측정 조건이 예상되는 동작 조건과 가능한 한 비슷해야 한다. IEC Std 60891에 준하여 온도와 조사 강도를 설계 동작 조건에서의 값으로 환산할 수도 있으나 가능한 한 측정 조건은 환산해야 할 조건과 같게 해야 한다.

절연 시험 insulation test

태양광발전 모듈에서 전류가 흐르는 부품과 모듈 테두리나 또는 모듈 외부와의 사이가 충분히 절연되어 있는지를 보기 위한 시험으로, 주위 기온(IEC Std 60068-1 참조)일 때 상대 습도가 75%를 넘지 않는 조건에서 시험해야 한다. IEC Std 61215의 절연 시험 합격/불합격 기준은 절연 성능의 면적 의존성을 감안하여 개정되었다.

[주] 모듈이 금속 테두리나 유리 기판이 없는 것일 경우에는 앞면에 금속판을 붙여서 절연 시험을 해야 한다.

온도 계수 측정 (시험) measurement of temperature coefficients

태양광발전 모듈의 전류-전압 특성 측정에서 전류(α)와 전압(β)의 온도 계수를 결정하는 절차

이며, 결정된 계수는 측정이 수행된 조사 강도에서 유효하다. 실제 온도 계수의 결정 방법은 IEC Std 61215의 규정을 따라야 하고, 조사 강도가 다를 경우의 모듈 온도 계수에 대한 평가 방법은 IEC Std 60904-10을 따른다. 온도 계수의 측정은 자연광이나 IEC Std 60904-9에 준한 B급 이상의 모의 태양광원 아래에서 해야 하고, 기준 소자는 IEC Std 60904-2나 60904-6에 준하여 절대 복사계(absolute radiometer)로 교정하여 사용해야 한다. 자연광 이용법은 최근 개정된 IEC Std 61215에 포함되었다.

공칭 태양전지 동작 온도 측정 (시험) measurement of nominal operating cell temperature (NOCT)
태양광발전 모듈의 공칭 태양전지 동작 온도(nominal operating cell temperature, NOCT)는 다음의 표준 기준 환경(standard reference environment, SRE)에서 개방형 선반식 가대(open rack)에 설치되어 있는 모듈을 구성하는 태양전지의 평균 접합 온도로 정의된다.
- 경사각 수평면을 기준으로 45°
- 경사면 일조 강도 800W/㎡
- 주위 기온 20℃
- 풍속 1m/s
- 전기적 부하 없음 (회로 개방 상태)

시스템 설계에서 NOCT는 모듈이 현장에서 동작하는 온도로 사용할 수 있으며, 여러 가지 모듈 설계를 비교할 때 유용한 지표가 될 수 있다. 그러나 특정 시각의 실제 모듈 동작 온도는 설치 구조, 일조 강도, 풍속, 주위의 기온, 상공의 기온 및 지면의 반사와 지열 발산의 영향을 받는다. NOCT 결정 방법으로는 모든 태양광발전 모듈에 적용할 수 있는 기본 측정법(primary method)과 대부분의 결정질 Si 모듈과 같이 주위 기온에 따라 동작 온도가 변하는 모듈에 적용할 수 있는 기준판 측정법(reference-plate method)의 두 가지 측정법이 있다. 기본 측정법에서는 SRE 환경에 있고 모듈 제조자가 권장하는 설치 방법에 따라 설치되어 있는 태양전지의 평형을 이루는 평균 접합 온도를 측정한다. 기준판 측정법은 제한된 풍속과 일조 강도의 조건에 있고 주위 기온에 따라 모듈 온도가 변하는 경우에 사용할 수 있으며, 흔히 볼 수 있는 전면 보호 유리와 뒷면의 수지 보호막을 가진 결정질 Si 태양전지 모듈에 주로 적용된다. 그리고 기준판은 기본 측정법에 따라 교정하며, 기본 측정법에서 모듈 설치 환경은 다음과 같다.
- 방향 및 경사각 : 모듈 전면이 정남을 향하고, 경사각은 수평면 기준으로 45° ±5°
- 높이 : 지면이나 기준 평면으로부터 0.6m
- 배치 : 어레이에 설치되는 모듈의 열적 경계 조건을 모의하기 위하여, 피시험 모듈은 어레이를 연장한 평면 위에 다른 모듈로부터 사방으로 적어도 60㎝ 이상 떨어진 곳에 위치해야 한다. 하나만을 독립적으로 설치하거나 뒷면 개방 상태로 설치할 수 있게 설계한 모듈의 경우에는 설치되는 평면의 남은 공간을 검은 알루미늄 판이나 또는 피시험 모듈과 동형의 모듈로 채워야 한다.
- 주위 환경 : 정오 이전 4시간 전부터 이후 4시간까지 피시험 모듈이 받는 햇볕을 가리는 방해물이 없어야 한다. 지면은 비정상적으로 높은 태양 반사율을 갖지 않아야 하고, 가대를 기준으

로 평평하고 같은 높이이거나 사방으로 바깥쪽으로 경사를 가지고 있어야 한다. 즉, 주위보다 약간 높은 곳에 설치해야 하며, 잔디밭이나 기타 잡초가 우거진 곳, 검정 아스팔트나 너저분한 흙바닥 등은 주위 환경으로 적당하다고 할 수 있다.

표준 시험 조건(STC) 및 공칭 태양전지 동작 온도(NOCT)에서의 모듈 성능 (시험)
performance at STC and NOCT
태양광발전 모듈의 STC와 NOCT에서의 성능 시험은 최근에 IEC Std 61215가 개정되면서 하나로 통합되었다. 이 시험은 모듈의 전기적 성능이 STC(조사 강도 1000W/m², 태양전지 온도 25℃, 스펙트럼 조성은 IEC Std 60904-3의 기준 태양광) 또는 모듈 온도는 NOCT이고 조사되는 빛의 강도는 800W/m², 스펙트럼 조성은 IEC Std 60904-3의 기준 태양광인 조건에서 부하에 따라 어떻게 변화하는지를 보기 위한 것이다. 시험 방법은 IEC Std 60904-1을 따라야 하고, 자연광이나 IEC Std 60904-9의 규정을 충족시키는 B급 이상의 모의 태양광원을 이용해서 시험해야 하며, 조사 강도 측정에 사용하는 기준 소자는 IEC Std 60904-2(기준 전지) 또는 IEC Std 60904-6(기준 모듈)의 규정에 합치되어야 한다. B급 모의 태양광원을 시험에 사용하는 경우에는 기준 소자로 피시험 모듈과 크기가 같고 스펙트럼 응답 특성이 어울리도록 같은 제조법으로 만든 태양전지로 구성된 기준 모듈을 이용해야 한다. 조사 강도 측정에 사용하는 기준 소자의 스펙트럼 응답 특성이 모듈의 응답 특성과 맞지 않을 때에는 IEC Std 60904-7에 준하여 스펙트럼 부정합(또는 불일치) 보정(spectral mismatch correction) 절차를 밟아야 한다.

낮은 조사 강도에서의 성능 측정 (시험) performance at low irradiance
모듈 온도가 25℃이고 조사 강도가 적당한 기준 소자로 측정해서 200W/m²인 조건에서, 모듈의 전기적 성능이 부하에 따라 얼마나 변하는지를 보기 위한 시험이다. 시험 방법은 IEC Std 60904-1를 따라야 하고, 광원으로는 자연광이나 IEC Std 60904-9의 규정을 충족시키는 B급 이상의 모의 태양광원을 이용해야 한다. 조사 강도를 낮추는 데는 IEC Std 60904-10의 규정에 따라 스펙트럼 조성에 영향을 주지 않는 광량 감소 필터(neutral density filter, 사진 촬영에서는 보통 중성 농도 필터 또는 ND 필터라고 부름) 등을 사용해야 한다.

옥외 노출 시험 outdoor exposure test
기본적으로 모듈이 옥외 조건에 노출되었을 때 견디는 능력을 평가하고 옥내 시험에서는 드러나지 않는 복합적인 열화 효과를 찾아내기 위한 시험이며, 제조자가 추천한 저항성 부하와 열점 보호 소자(hot-spot protective device)가 달려 있는 상태로 해야 한다. 시험은 IEC Std 60721-2-1에 정의되어 있는 일반적인 노천(open-air climate) 조건에 맞는 환경에서 해야 하며, 총 조사량은 감시 장치로 측정하여 60kWh/m²가 되어야 한다. 옥외노출 시험은 시험 기간이 짧을 뿐 아니라 시험 환경 조건이 다양하기 때문에 시험 결과를 근거로 모듈의 수명을 단정하는 것은 주의를 필요로 한다. 옥외 노출 시험 결과는 문제 발생 가능성이 있다는 것을 알려주는 지표나 길잡이로만 사용해야 한다.

열점 내구성 시험 hot-spot endurance test

열점 내구성 시험은 모듈이 열점 가열 현상(hot-spot heating), 예를 들면 납땜이 녹는다거나 봉지(encapsulation) 구조가 뒤틀린다거나 등의 열점 결함으로 인한 이상 가열 현상에 견디는 능력을 보기 위한 시험이다. 열점 결함은 모듈을 구성하는 특정 태양전지가 깨지거나, 특성이 현저히 다른 태양전지가 섞여 있거나, 또는 태양전지 자체에 결선 결함이 있거나, 부분적으로 그늘이 지거나 얼룩이 지는 것 등이 원인이 되어 일어난다. 열점 가열 현상은 모듈에 부분적으로 그늘이 지거나 또는 결함을 가진 태양전지 (또는 태양전지 군)가 존재하여, 결함을 가진 태양전지의 줄어든 단락 전류가 정상적으로 동작하는 태양전지에 흐르는 전류보다 작을 때 발생한다. 열점 현상이 일어나면 해당 태양전지나 군은 역 바이어스 조건이 되어 자체의 출력을 넘는 부분이 모두 열로 발산되어야 하므로 과열이 일어나게 된다. 열점 내구성 시험에는 두 개의 광원이 필요하다. 첫째 광원으로는 조사 강도 700W/m² 이상, 균일도 ±2% 이상, 시간적 안정도(temporal stability) ±5% 이상인 연속광형 모의 태양광원이나 자연광을 이용한다. 둘째 광원으로는 조사 강도 1000W/m²±10% 이상인 C급 이상의 연속광형 모의 태양광원이나 자연광을 이용한다.

[주] 열점 내구성 시험은 제조자가 추천한 열점 방지 소자가 달려 있는 채로해야 한다.

자외선 전처리 시험 UV preconditioning test

모듈의 자외선 사전 조사 시험은 자외선에 쉽게 열화되는 구성 소재와 접착제 등의 물성을 확인하기 위한 온도 순환/가습 동결 시험(thermal cycle/humidity freeze test)을 하기 전에 모듈에 자외선을 조사하여 미리 시험 조건을 갖추기 위한 시험이다. 자외선 조사 도중 모듈의 온도는 60℃ ±5℃ 범위에 있어야 하고, 측정/기록의 정밀도는 ±2℃ 이상이어야 한다.

조사되는 자외선의 강도는 파장 280㎚~385㎚ 범위에서 자연광의 5배 정도인 250W/m²를 넘지 않아야 하고, 균일도는 피시험 모듈 면에서 ±15% 이내여야 한다. 총 조사량은 280㎚~385㎚ 범위에서 15㎾h/m²를 넘지 않아야 하나, 자외선 영역인 280㎚~320㎚ 범위의 조사량은 적어도 5㎾h/m² 이상 되어야 한다. IEC Std 61215에 규정되어 있는 자외선 전처리 시험의 조건은 개정되기 전에는 IEC Std 61345 모듈 자외선 조사 시험의 조건을 따랐으나 지금은 무관하다.

온도 순환 시험 thermal cycling test

모듈이 열적 부조화와 피로 현상(fatigue) 및 반복되는 온도 변화에 기인하는 여러 가지 응력(stress)에 견딜 수 있는 능력을 확인하기 위한 시험으로, 모듈의 결로를 방지할 수 있도록 내부 공기를 강제로 순환시킬 수 있고 여러 장을 한 번에 시험할 수 있는 환경 시험상(climatic chamber)을 사용해서 해야 한다. 시험 도중 모듈이 25℃ 이상인 상태에 있을 때에는 반드시 정밀도 ±2% 이상으로 STC 최대 출력 전류에 상당하는 전류가 흘러야 하고, 전류의 흐름을 상시 감시할 수 있어야 하며, 온도 제어의 정밀도는 ±2℃ 이상, 온도 측정/기록의 정밀도는 ±1℃ 이상이어야 한다. IEC Std 61215가 개정되기 전까지는 온도 순환 시험에서 접지 결함(ground fault)을 상시 감시해야 했으나, 시험 직후의 건조 절연 시험과 습윤 절연 시험으로 충분하다는 주장이 제기되어 개정판에서는 삭제되었다. 그리고 25℃ 이상인 상태에서는 STC 최대 출력 전류에 상당하는 전류가 흘러야 한다는 조건이 추가된 것은 전류가 흐르지 않으면 온도 순환 시험으로 모듈이 고장을 일으키는 실제 동작 환경을 모의할 수 없기 때문이다. 햇볕이 내려 쪼이는 고온 환경에서 모듈에는 전류가 흐른다는 사실을 반영한 것이다.

고온 가습-동결 시험 humidity-freeze test

모듈의 고온 가습 동결 시험(humidity-freeze test)은 기온이 얼음이 얼 정도의 영하(sub-zero)이다가 뒤이은 고온 다습한 환경의 영향에서 견디는 능력을 보기 위한 것이며, 열 충격 시험(thermal shock test)과는 본질적으로 다른 시험이다. 시험에는 온도와 습도가 자동으로 제어되는 환경 시험상을 사용해야 한다. 습도 제어의 정밀도는 ±5% 이상, 온도 제어의 정밀도는 ±2℃ 이상, 온도 측정/기록의 정밀도는 ±1℃ 이상이어야 하고, 각 피시험 모듈 내부 회로의 연결 상태를 감시할 수 있어야 한다. IEC Std 61215가 개정되기 전까지는 가습-동결 시험 과정에서 접지 결함(ground fault)을 상시 감시해야 했으나, 시험 직후의 건성 절연 시험과 습윤 누설 전류 시험으로 충분하다는 주장이 제기되어 개정판에서는 삭제되었다.

내습-내열성 시험 damp-heat test

모듈을 오랜 기간 사용할 때, 습기와 고온에 대한 내성을 보기 위한 시험이다. 시험 방법은 IEC Std 60068-2-78에 준하며, 피시험 모듈은 전처리 없이 상온에서 바로 조건이 맞춰져 있는 시험상에 넣어 시험한다. 시험 조건은 다음과 같다.

- 시험 온도 85℃±2℃
- 상대 습도 85%±5%
- 시험 기간 1000시간

습윤 누설 전류 시험 wet leakage current test

습기가 많고 표면에 물기가 있는 즉, 습윤한(젖어 축축한 상태인) 동작 환경에서 모듈의 절연이 유지되는지를 평가하고, 비·안개·이슬 또는 눈이 녹아 생긴 습기가 모듈의 내부 회로로 들어가 부식을 일으키거나 접지 결함 또는 안전 문제를 일으키지 않는지를 검증하기 위한 시험이다.

물리적 부하 시험 mechanical load test

모듈의 앞면이나 뒷면 즉, 넓은 면이 바람, 눈 또는 움직이지 않는 물체나 얼음의 무게로 인한 물리적인 부하에 견디는 능력을 확인하기 위한 시험이며, 시험 도중 모듈 내부 회로 결선의 전기적인 연속성을 상시 감시할 수 있어야 한다. 모듈의 내풍압 성능 시험에는 2400Pa 이상의 물리적 부하가 요구되나, 눈이나 얼음은 흘러내리지 않고 누적되는 속성을 가지고 있으므로 이에 대한 내성을 시험하기 위해서는 모듈에 5400Pa 이상의 하중을 가해야 한다.

[주 mechanical에 대응하는 우리말은 물리적 또는 기계적이나, 시험이 가진 의미로 보아 물리적이라고 하는 것이 바르다.

우회 다이오드 내열성 시험 bypass diode thermal test

모듈에서 열점 현상으로 인한 나쁜 영향을 제한하기 위하여 사용하는 우회 다이오드(bypass diode)의 장기적인 신뢰성과 방열 설계의 적합성을 평가하기 위한 시험이다. 실제 시험은 모듈 표면 온도가 75℃±5℃이고 차단 다이오드(blocking diode)를 단락시킨 상태에서, 모듈에 규정된 전류를 충분한 시간 동안 인가하고 우회 다이오드 표면의 온도를 측정하여 접합 부위의 온도를 구하고, 다이오드의 정상 동작 여부를 확인해야 한다.

모듈이 사용되는 현장에서 우회 다이오드의 고장은 과열과 관련되는 경우가 많다. 우회 다이오드 내열성 시험은 최악의 조건에서 다이오드가 얼마나 뜨거워지는가를 확인하고 온도 정격과 비교하기 위하여 필요하다.

출력 조절기 또는 전력 조절기 power conditioning system (PCS)

태양광발전 어레이의 전기적 출력을 사용에 적합한 형태의 전력으로 변환하는데 사용하는 장치. 태양광발전 시스템의 중심이 되는 장치로서, 감시·제어 장치, 직류 조절기, 직류-교류 변환 장치, 직류/직류 접속 장치, 교류/교류 접속 장치, 계통 연계 보호 장치 등의 일부 또는 모두로 구성되며, 태양전지 어레이의 출력을 원하는 형태의 전력으로 변환하는 기능을 가지고 있다.

주 감시 제어 장치 master control and monitoring (MCM) system

태양광발전 시스템 및 직교 변환 장치(인버터)의 기동·정지 제어, 축전지의 충방전 제어, 계통/부하의 전력 제어, 자동·수동 전환, 어레이의 태양 추적, 자료 수집 및 데이터 통신, 표시 등의 일부 또는 모두를 포함하는 시스템 전체의 제어, 감시 기능을 가진 장치.

시스템 감시 및 제어용 하위 시스템 monitor and control subsystem

모든 하위 시스템(subsystem) 들의 상호 작용을 조절하고 시스템의 전체적인 운영을 감시하는 논리 및 제어 회로.

직류 조절기 DC conditioner

개폐기 등의 직류 기기, 직류/직류 전압 변환, 최대 출력 추종 기능 등의 일부 또는 모두를 가진 장치.

직류/직류 접속 장치 DC/DC interface

직류 조절기의 출력 측과 직류 부하 접속 장치. 개폐기, 보조 직류 전원 접속 여파기(filter) 등으로 구성된다.

직교 변환기 inverter

직류 입력을 교류 출력으로 변환하는 장치. 즉, 직류 전력을 교류 전력으로 변환하는 장치이다.

교류/교류 접속 장치 AC/AC interface
직·교 변환 장치의 출력 측과 교류 부하 접속 장치. 교류/교류 전압 변환부, 보조 교류 전원 접속부, 여파기 등으로 구성된다.

교류 계통 접속 장치 utility interface
직·교 변환 장치 출력 측과 전력 계통 접속 장치. 계통과 병렬로 교류/교류 전압 변환부, 필터, 계통 연계 보호 장치 등으로 구성된다.

계통 연계 보호 장치 utility interactive protection unit
계통 연계형 태양광발전 시스템에서 출력을 직접 전력 계통으로 보내는데 필요한 보호 장치.

자려식 self commutation type
전력 스위치가 트랜지스터 등으로 구성되어 자체적으로 스위치를 차단할 수 있는 방식.

타려식 line commutation type
전력 스위치가 사이리스터 등으로 구성되어 자체적으로 스위치를 차단할 수 없는 방식.

전압형 voltage source type 또는 voltage stiff type
직류 회로가 전압원의 특성을 가진 직·교 변환 장치 방식.

전류형 current source type 또는 current stiff type
직류 회로가 전류원의 특성을 가진 직·교 변환 장치 방식.

전압 제어형 voltage control type
펄스 폭 변조(pulse width modulation, PWM) 제어 등으로 출력 전압을 정해진 진폭과 위상 및 주파수를 가진 정현파(sine wave)가 되도록 제어하는 방식.

전류 제어형 current control type
펄스폭 변조 제어 등으로 출력 전류를 정해진 진폭과 위상 및 주파수를 가진 정현파가 되도록 제어하는 방식.

상용 주파수 절연 방식 utility frequency link type
직교 변환 장치의 출력측과 부하측, 계통측을 상용 주파수 절연 변압기를 사용하여 전기적으로 절연하는 방식.

고주파 절연 방식 high frequency link type
직·교 변환 장치의 입력측과 출력측 사이를 고주파 절연 변압기를 사용하여 전기적으로 절연하는 방식.

변압기 없는 방식 또는 무변압기 방식 transformerless type
절연 변압기를 사용하지 않는 방식. 직·교 변환 장치의 직류측과 교류측(부하측과 계통측)은 비절연 상태가 된다.

자려 전환 또는 자기 전환 self commutation
전환 전압이 직교 변환 장치의 구성 요소에서 공급되는 전환 방식(소자 전환을 포함한다).

타려 전환 또는 전원 전환, 외부 전환 line commutation 또는 external commutation
전환 전압이 직교 변환 장치의 외부에서 공급되는 전환 방식.

펄스폭 변조 제어 pulse width modulation control
출력 기본 주파수의 한 주기 안에서 고차의 주파수로 펄스폭을 변조하여 제어하는 방식.

정격 전류 (IR) rated current (IR)
규정된 동작 조건에서 정격 전압의 태양광발전 장치로부터 출력되도록 규정된 전류(단위 : A).

정격 출력 (PR) rated power (PR)
규정된 동작 조건에서 정격 전압의 태양광발전 장치로부터 출력되도록 규정된 전력(단위 : W).

최대 허용 입력 전압 maximum input voltage
허용되는 최대 직류 입력 전압(단위 : V).

정격 전압 (VR) rated voltage (VR)
규정된 동작 조건에서 최대 출력에 가까운 출력을 낼 수 있게 설계한 태양광발전 장치에서 출력되도록 규정된 전압 값(단위 : V).

입력 운전 전압 범위 input voltage operating range
출력 전압과 주파수 등의 모든 정격을 만족하고, 안정되게 운전할 수 있는 직류 입력 전압의 범위(단위 : V).

연계 운전 범위 utility interactive operation range
계통 연계시 , 계통 측의 전압 변동과 주파수 변동에 대하여 추종 운전할 수 있는 범위.

출력 역률 AC output power factor
교류 출력의 유효 전력과 무효 전력의 비율(단위 %).

직·교 변환기 효율 inverter efficiency
직교 변환기의 유용한 교류 출력 전력과 직류 입력 전력의 비율. 백분율로 나타낸다(단위 %).

정격 부하 효율 rated load efficiency
정격 부하일 때의 교류 출력 전력(유효 전력)과 직류 입력 전력의 비. 백분율로 나타낸다(단위 : %).

부분 부하 효율 partial load efficiency
규정된 부하율에서 교류 줄력 전력과 직류 입력 전력의 비. 백분율로 나타낸다(단위 : %).

실효 효율 effective energy efficiency
일정 기간의 교류 출력 전력량(유효 전력량)과 직류 입력 전력량의 비(단위 : %).

가중 평균 효율 weighted average conversion efficiency
계통 연계형(축전지는 없고, 역조류는 있는) 시스템에서는 규정된 일조 지속 곡선(일조 강도와 누적 시간을 표시한 특성 곡선)에서 구한 각 겹침 계수와 대응하는 출력 조절기(power conditioner)의 부분 부하 효율을 곱한 것의 합으로 표시되는 입·출력 전력량의 비. 독립형으로 축전지를 가진 시스템에서는 규정된 기간이 부하 형태로부터 구한 각 겹침 계수와 대응하는 출력 조절기의 부분 부하 효율을 곱한 것의 합으로 표시되는 입력과 출력 전력량의 비이다(단위 : %).

(어레이 출력 – PCS 입력) 부정합 손실 mismatch loss
출력 조절기 입력단에 걸리는 직류 전압 또는 전류 값이 태양전지의 최대 출력 동작 전압 또는 전류 값과 달라 생기는 등가적인 손실. 부정합이란 용어 대신에 불일치라는 말을 쓰기도 한다(단위 : W).

무부하 손실 no load loss
교류 출력 전력이 없을 때(출력이 0일 때), 출력 조절기 내부에서 소비되는 전력(단위 : W).

대기 손실 stand-by loss
계통 연계형에서 출력 조절기가 대기 상태에 있을 때, 전력 계통으로부터 받아 소비하는 전력 손실(단위 : W).

왜형률 또는 고조파 왜형률 (total) distortion factor 또는 total harmonic distortion
기본파의 실효값에 대한 고조파 성분 실효값의 비. 고조파 때문에 기본파가 찌그러지는 비율이다.

최대 출력 추종 제어 maximum power point tracking (MPPT)
일조 강도나 온도의 변화에 따라 변하는 태양전지의 최대 출력 동작 전압 등을 자동적으로 따라가게 해서 태양전지 출력이 최대가 되게 하는 제어 방식.

태양광발전용 납축전지 lead acid battery for photovoltaic application
태양광발전 시스템에 사용하는 납축전지(연축전지)의 총칭. 협의로는 태양광발전 시스템에 요구되는 품질을 만족시킬 수 있도록 설계한 납축전지를 말한다.

방전 심도 depth of discharge
축전지의 방전 상태를 표시하는 수치. 일반적으로 정격 용량에 대한 방전량의 백분율로 표시한다(단위 : %).

태양광발전 시스템 photovoltaic (power) (generating) system
광기전력 효과를 이용한 태양전지를 사용하여 태양 에너지를 전기 에너지로 변환하고, 부하에 적합한 전력을 공급하기 위하여 구성된 장치 및 이들에 부속되는 장치의 총체.

독립형 태양광발전 시스템 stand-alone photovoltaic system
상용 전력 계통으로부터 독립되어 독자적으로 전력을 공급하는 태양광발전 시스템.
※ 부하의 요구를 충족시키기 위하여 다른 발전 장치에 전력을 공급하는 경우도 있다.

계통 연계형 태양광발전 시스템 grid-connected photovoltaic system, utility connected photovoltaic system, utility interactive photovoltaic system
상용 전력 계통과 병렬로 접속되어 발전된 전력을 계통으로 내보내거나 계통으로부터 전력을 공급 받는 태양광발전 시스템. 계통 병렬 연결 시스템이라고 부르는 경우도 있다.

복합 태양광발전 시스템 hybrid photovoltaic system
태양광발전 시스템에 디젤 발전이나 풍력 발전 시스템을 조합하여 보조 전원으로 이용하는 시스템.

집중 배치 태양광발전 시스템 centralized photovoltaic system
태양광발전 시스템을 한 곳에 집중 설치하는 시스템.

분산 배치 태양광발전 시스템 dispersed photovoltaic system
분산 배치한 복수의 중·소 규모 태양광발전 시스템이나 태양전지 어레이를 마치 하나의 발전소와 같이 운전하는 시스템. 다음의 2가지 방식으로 분류한다.

ⓐ 병렬 운전 분산 배치 태양광발전 시스템 multi-photovoltaic system : 분산 배치한 복수의 태양광발전 시스템을 공통 시스템 제어를 기초로 하여 배전선을 통하여 병렬 운전하는 시스템.

ⓑ 어레이 분산 배치 태양광발전 시스템 dispersed photovoltaic array system : 분산 배치한 복수의 태양광발전 어레이(태양전지 어레이)를 병렬로 접속하여 직·교 변환 장치를 집중 배치한 시스템.

태양광발전 어레이 또는 태양전지 어레이 photovoltaic array

기초(foundation), 추적 장치, 온도 조절용 부품 등의 기타 관련 부품을 제외하고, 모듈이나 널판(panel)을 지지 구조물에 기계적으로 일체화하여 조립한 집합체로서 직류 발전의 단위.

역류 방지 소자 blocking device

모듈, 패널, 소어레이 또는 어레이에 대한 전류의 역류 방지를 목적으로 어레이의 끝에직렬로 삽입한 소자.

우회 소자 bypass device

부분적인 그늘짐이나 모듈 내부의 결함으로 인하여 어레이의 출력이 떨어지거나 모듈에서 열이 발생하여 타버리는 현상이 나타나는 것을 방지하기 위하여 하나 또는 여러 개의 모듈에 대하여 병렬로 접속해서 측로를 이루어 문제가 생긴 모듈을 우회하여 전류가 흐르도록 하는 소자.

(태양광발전) 모듈 열 string

어레이 또는 소어레이가 정해진 출력 전압을 낼 수 있도록 모듈을 직렬로 접속하여 구성한 회로.

단위 병렬 회로 unit parallel circuit

어레이 또는 소어레이가 정해진 출력 전류를 낼 수 있도록 모듈을 병렬로 접속하여 구성한 회로.

쇄도 전압 방지 회로 surge protection circuit

번개로 인한 쇄도 전압(surge voltage) 등 이상 전압의 침입에 따라 태양광발전 모듈과 출력 조절기 등이 손상되지 않도록 이상 전압을 흡수하거나 줄이는 회로.

주변 기기 balance of system (BOS)

시스템 구성 기기 중에서 태양광발전 모듈을 제외한, 가대, 개폐기, 축전지, 출력 조절기, 계측기 등을 주변 기기를 통틀어 부르는 말.

단독 운전 islanding operation

자가 발전 설비가 접속되는 일부 전력 계통이 계통 전원과 분리된 상태에서, 자가 발전 설비가 선로 부하에 전력을 공급하거나 전압을 인가하고 있는 상태.

고립 운전 isolated operation

전력 계통에 연계되어 있는 자가 발전 설비가 계통과의 연계가 해제된 상태에서, 수용가의 구내에서 고립되어 운전되고 있는 상태.

역조류 reverse power flow

수용가의 구내에서 전력 계통 측으로 향하는 전력의 흐름.

표준 (어레이) 시험 조건 standard test conditions (STC)

일조 강도 1000W/㎡, AM 1.5, 어레이 대표 온도 25±2℃인 시험 조건.

표준 (어레이) 동작 조건 standard operating conditions (SOC)

일조 강도 1000W/㎡, 대기 질량 1.5, 어레이 대표 온도가 공칭 태양전지 동작 온도(nominal operating cell temperature, NOCT)인 동작 조건.

표준 태양광발전 어레이 최대 출력 STC photovoltaic array maximum power

표준 어레이 시험 조건에서 측정한 값으로 환산한 최대 출력점에서 어레이의 출력(단위 : W).

실효 태양광발전 어레이 최대 출력 SOC photovoltaic array maximum power

표준 동작 조건에서 측정한 값으로 환산한 최대 출력점에서의 어레이 출력(단위 : W).

표준 태양광발전 어레이 개방 전압 STC photovoltaic array open-circuit voltage

표준 시험 조건에서 측정한 값으로 환산한 어레이의 개방 전압(단위 : V).

표준 태양광발전 어레이 최대 출력 전압 STC photovoltaic array maximum power voltage

표준 시험 조건에서 측정한 값으로 환산한 최대 출력점의 어레이 출력 전압(단위 : V).

실효 태양광발전 어레이 최대 출력 전압 SOC photovoltaic array maximum power voltage

표준 동작 조건에서 측정한 값으로 환산한 최대 출력점의 어레이 출력 전압. (단위 : V)

공칭 시스템 출력 nominal system power

표준 동작 조건일 때의 직류 출력이며, 태양광발전 어레이의 규정 출력에 따라 정해지는 규정 부하에 접속할 때 얻을 수 있는 시스템의 출력(단위 : W).

※ 공칭 시스템 출력 조건에서의 시스템 출력 전압을 공칭 시스템 출력 전압, 출력 전류를 공칭 시스템 출력 전류라고 한다(단위는 각각 V, A).

정격 시스템 출력 rated system power

독립형 태양광발전 시스템에서는 교류 출력이며, 정격 부하를 접속했을 때 얻을 수 있는 시스템의 출력. 그리고 계통 연계형 태양광발전 시스템에서는 표준 동작 조건 아래에서 연속적으로 출력할 수 있는 시스템의 최대 출력이다(단위 : W).

※ 1. 정격 부하란 제조자가 정한 정격 시스템 출력일 때의 부하 조건을 말한다.
2. 독립형 태양광발전 시스템에서 일조 조건은 임의로 한다. 단, 축전지가 설치되어 있지 않은 시스템에 대해서 일조 조건을 표준 동작 시험과 같게 하는 것이 어려울 경우에는 어레이의 실효 출력에 상당하는 전력을 어레이 접속점에 인가하여 시험해도 된다.
3. 정격 시스템 출력 조건 아래에서 시스템 출력 전압을 정격 시스템 출력 전압, 시스템 출력 전류를 정격 시스템 출력 전류, 그리고 시스템 출력 주파수를 정격 시스템 출력 주파수라고 한다. 단위는 각각 V, A, ㎐.

부조일 상정 기간 assumed non-sunshine period, assumed no-storage period

축전지가 있고 보조 전원이 없는 태양광발전 시스템에서, 시스템을 설계하면서 연속하여 햇볕이 나지 않기 때문에 발전이 되지 않는다고 상정한 기간.

그늘짐 비율 (또는 음영률) shadow cover rate

어레이 면에서 그늘이 지는 부분의 등가 면적과 어레이 면적의 비.

종합 시스템 효율 total system efficiency

평균 어레이 효율과 출력 조절기 실효 효율의 곱.

시스템 이용률 capacity factor

종합 시스템 출력 전력량을 표준 태양전지 어레이 출력과 가동 시간의 곱으로 나눈 값.

시스템성능계수 performance ratio

등가 1일 시스템 가동 시간을 등가 1일 일조 시간으로 나눈 값. 태양광발전 시스템의 성능을 나타내는 지표로 사용되며, 성능비 또는 시스템 출력 계수라고도 부른다.

종합 설계 계수 total design factor

태양광발전 시스템에서 어떤 기간의 일조량에 대응하는 발전 가능 전력량을 구하기 위해서 표준 시험 조건에서 발전 가능한 전력량 예측을 위해 연간 일조량변동 보정 계수, 경시 변화 보정 계수, 온도 보정 계수, 부하 정합 보정 계수, 그늘짐 보정 계수 등의 출력을 낮추는 요소를 추정하여 수치화하고 곱하여 산출한 계수를 해당 기간의 일조량에 상응하도록 한 것.

접속함 또는 단자함 junction box

태양전지 모듈 열(string)의 출력을 부하에 중계하는데 필요한 단자, 역류 방지 소자, 직류 개폐기 등을 수납하여 밀폐시킬 수 있는 구조의 함.

부 록

분산형전원 배전계통 연계 기술기준

2005. 4. 19 제　　정
2007. 4. 17 일부개정
2009. 12. 16 전면개정
2010. 3. 9 일부개정
2010. 6. 4 일부개정
2010. 7. 12 일부개정
2012. 6. 27 일부개정

제1장 총 칙

제1조(목적)

이 기준은 분산형전원을 한전계통에 연계하기 위한 표준적인 기술요건을 정하는 것을 목적으로 한다.

제2조(적용범위)

이 기준은 분산형전원을 설치한 자(이하 "분산형전원 설치자" 라 한다)가 해당 분산형전원을 한국전력공사(이하 "한전" 이라 한다)의 배전계통(이하 "계통" 이라 한다)에 연계하고자 하는 경우에 적용한다.

제3조(용어정의)

이 기준에서 사용하는 용어는 다음 각 호와 같이 정의한다.

1. 분산형전원(DR, Distributed Resources)

대규모 집중형 전원과는 달리 소규모로 전력소비지역 부근에 분산하여 배치가 가능한 전원으로서, 다음 각 목의 하나에 해당하는 발전설비를 말한다.

가. 전기사업법 제2조 제4호의 규정에 의한 발전사업자(신에너지 및 재생에너지 개발·이용·보급 촉진법 제2조 제1호의 규정에 의한 신·재생에너지를 이용하여 전기를 생산하는 발전사업자와 집단에너지사업법 제48조의 규정에 의한 발전사업의 허가를 받은 집단에너지사업자를 포함한다) 또는 전기사업법 제2조 제12호의 규정에 의한 구역전기사업자의 발전설비로서 전기사업법 제43조의 규정에 의한 전력시장운영규칙 제1.1.2조 제1호에서 정한 중앙급전발전기가 아닌 발전설비 또는 전력시장운영규칙을 적용받지 않는 발전설비

나. 전기사업법 제2조 제19호의 규정에 의한 자가용 전기설비에 해당하는 발전설비(이하 “자가용 발전설비” 라 한다) 또는 전기사업법 시행규칙 제3조 제1항 제2호의 규정에 의해 일반용 전기설비에 해당하는 저압 10kW 이하 발전기(이하 “저압 소용량 일반용 발전설비” 라 한다)

2. 한전계통(Area EPS, Electric Power System)

구내계통에 전기를 공급하거나 그로부터 전기를 공급받는 한전의 계통을 말하는 것으로 접속설비를 포함한다.(그림 1 참조)

3. 구내계통(Local EPS, Electric Power System)

분산형전원 설치자 또는 전기사용자의 단일 구내(담, 울타리, 도로 등으로 구분되고, 그 내부의 토지 또는 건물들의 소유자나 사용자가 동일한 구역을 말한다. 이하 같다) 또는 제4조 제2항 제5호 단서에 규정된 경우와 같이 여러 구내의 집합 내에 완전히 포함되는 계통을 말한다.(그림 1 참조)

4. 연계(interconnection)

분산형전원을 한전계통과 병렬운전하기 위하여 계통에 전기적으로 연결하는 것을 말한다.

5. 연계 시스템(interconnection system)

분산형전원을 한전계통에 연계하기 위해 사용되는 모든 연계 설비 및 기능들의 집합체를 말한다.(그림 2 참조)

그림 1 연계 관련 용어 간의 관계

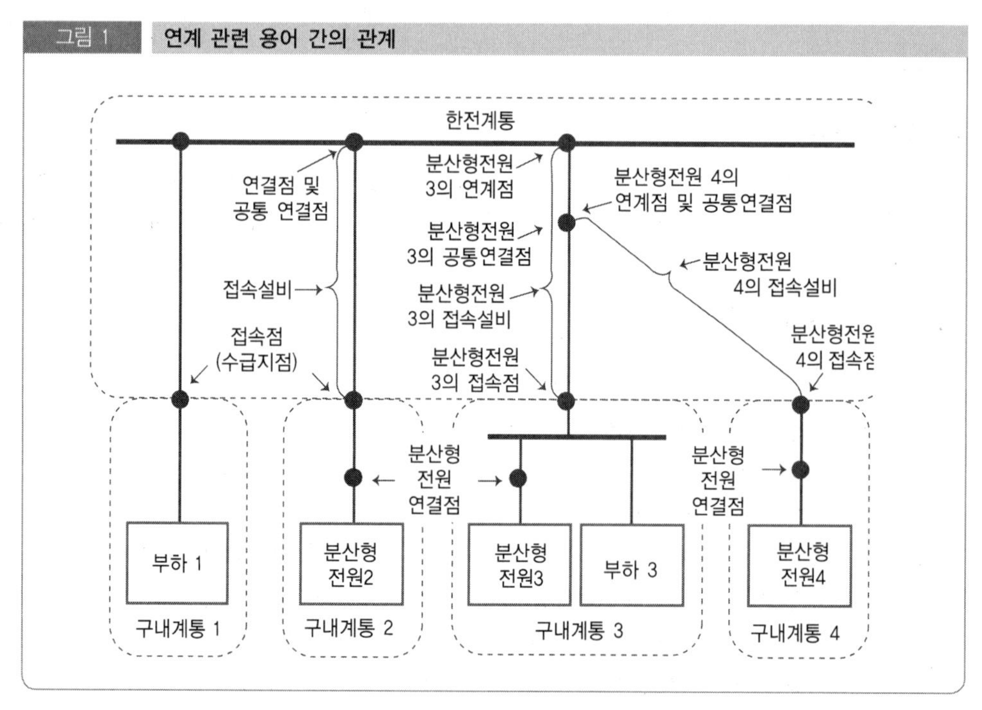

비고 1. 점선은 계통의 경계를 나타냄(다수의 구내계통 존재 가능)
2. 연계시점:분산형전원3→분산형전원4

그림 2 **연계 개략도**

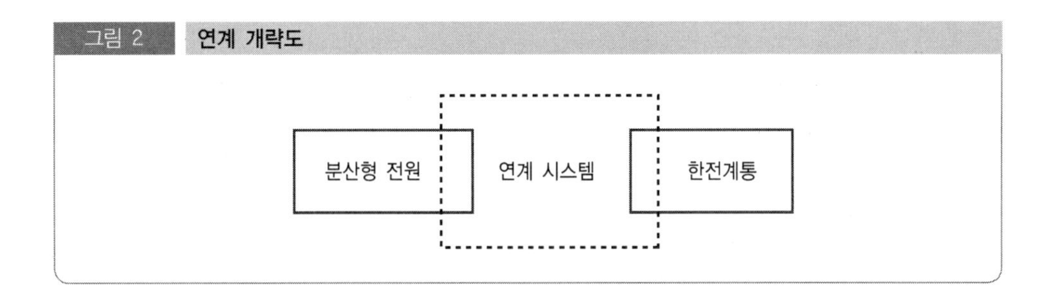

6. 연계점

제4조에 따라 접속설비를 일반선로로 할 때에는 접속설비가 검토 대상 분산형전원 연계 시점의 공용 한전계통(다른 분산형전원 설치자 또는 전기사용자와 공용하는 한전계통의 부분을 말한다. 이하 같다)에 연결되는 지점을 말하며, 접속설비를 전용선로로 할 때에는 특고압의 경우 접속설비가 한전의 변전소 내 분산형전원 설치자측 인출 개폐장치(CB, Circuit Breaker)의 분산형전원 설치자측 단자에 연결되는 지점, 저압의 경우 접속설비가 가공배전용 변압기(P.Tr)의 2차 인하선 또는 지중배전용 변압기의 2차측 단자에 연결되는 지점을 말한다.(그림 1 참조)

7. 접속설비

제6호에 의한 연계점으로부터 검토 대상 분산형전원 설치자의 전기설비에 이르기까지의 전선로와 이에 부속하는 개폐장치 및 기타 관련 설비를 말한다.(그림 1 참조)

8. 접속점

접속설비와 분산형전원 설치자측 전기설비가 연결되는 지점을 말한다. 한전계통과 구내계통의 경계가 되는 책임한계점으로서 수급지점이라고도 한다.(그림 1 참조)

9. 공통 연결점(PCC, Point of Common Coupling)

한전계통 상에서 검토 대상 분산형전원으로부터 전기적으로 가장 가까운 지점으로서 다른 분산형전원 또는 전기사용 부하가 존재하거나 연결될 수 있는 지점을 말한다. 검토 대상 분산형전원으로부터 생산된 전력이 한전계통에 연결된 다른 분산형전원 또는 전기사용 부하에 영향을 미치는 위치로도 정의할 수 있다.(그림 1 참조)

10. 분산형전원 연결점(Point of DR Connection)

구내계통 내에서 검토 대상 분산형전원이 존재하거나 연결될 수 있는 지점을 말한다. 분산형전원이 해당 구내계통에 전기적으로 연결되는 분전반 등을 분산형전원 연결점으로 볼 수 있다.(그림 1 참조)

11. 검토점(POE, Point of Evaluation)

분산형전원 연계시 이 기준에서 정한 기술요건들이 충족되는지를 검토하는 데 있어 기준이 되는 지점을 말한다.

12. 단순병렬

제1호 나목에 의한 자가용 발전설비 또는 저압 소용량 일반용 발전설비를 한전계통에 연계하여 운전하되, 생산한 전력의 전부를 구내계통 내에서 자체적으로 소비하기 위한 것으로서 생산한 전력이 한전계통으로 송전되지 않는 병렬 형태를 말한다.

13. 역송병렬

분산형전원을 한전계통에 연계하여 운전하되 생산한 전력의 전부 또는 일부가 한전계통으로 송전되는 병렬 형태를 말한다.

14. 단독운전(Islanding)

한전계통의 일부가 한전계통의 전원과 전기적으로 분리된 상태에서 분산형전원에 의해서만 가압되는 상태를 말한다.

15. 연계용량

계통에 연계하고자 하는 단위 분산형전원에 속한 발전설비 정격출력(교류 발전설비의 경우에는 발전기의 정격출력, 직류 발전설비로서 인버터(inverter)를 사용하는 경우에는 인버터의 정격출력을 말한다. 이하 같다)의 합계와 발전용 변압기 설비 용량의 합계 중에서 작은 것을 말한다.

16. 주변압기 누적연계용량

해당 주변압기에서 공급되는 저압, 특고압 일반선로 및 전용선로에 역송병렬 형태로 연계된 모든 분산형전원(기존 연계된 분산형전원과 신규로 연계 예정인 분산형전원 포함) 연계용량의 누적 합을 말한다.

17. 특고압 일반선로 누적연계용량

저압 및 특고압 배전선로에 역송병렬 형태로 연계된 모든 분산형전원(기존 연계된 분산형전원과 신규로 연계 예정인 분산형전원 포함) 연계용량의 누적 합을 말한다.

18. 배전용변압기 누적연계용량

해당 배전용 변압기(주상변압기 및 지상변압기)에서 공급되는 저압 일반선로 및 전용선로에 역송병렬 형태로 연계된 모든 분산형전원(기존 연계된 분산형전원과 신규로 연계 예정인 분산형전원 포함) 연계용량의 누적 합을 말한다.

19. 저압 일반선로 누적연계용량

저압 일반선로에 역송병렬 형태로 연계된 모든 분산형전원(기존 연계된 분산형전원과 신규로 연계 예정인 분산형전원 포함) 연계용량의 누적 합을 말한다.

20. 간소검토 용량

상세한 기술평가 없이 제2장 제2절의 기술요건을 만족하는 것으로 간주할 수 있는 분산형전원의 연계가능 최소용량으로 제2장 제1절의 기술요건만을 만족하는 경우 연계가 가능한 용량기준을 의미하며, 분산형전원이 연계되는 대상 계통의 설비용량(주변압기 및 배전용변압기 용량, 선로운전용량 등)에 대한 분산형전원의 누적연계용량의 비율로 정의한다.

21. 상시운전용량

22,900V 일반 배전선로(전선 ACSR-OC 160㎟ 및 CNCV 325㎟, 3분할 3연계 적용)의 상시운전용량은 10,000kVA, 22,900V 특수 배전선로(ACSR-OC 240㎟ 및 CNCV 325㎟「전력구 구간」, CNCV 600㎟「관로 구간」, 3분할 3연계 적용)의 상시운전용량은 15,000kVA로 평상시의 운전 최대용량을 의미하며, 변전소 주변압기의 용량, 전선의 열적허용전류, 선로 전압강하, 비상시 부하전환능력, 선로의 분할 및 연계 등 해당 배전계통 운전여건에 따라 하향 조정될 수 있다.

22. 일반선로

일반 다수의 전기사용자에게 전기를 공급하기 위하여 설치한 배전선로를 말한다.

23. 전용선로

특정 분산형전원 설치자가 전용(專用)하기 위한 배전선로로서 한전이 소유하는 선로를 말한다.

24. 전압요동(電壓搖動, voltage fluctuation)

연속적이거나 주기적인 전압변동(voltage change, 어느 일정한 지속시간(duration) 동안 유지되는 연속적인 두 레벨 사이의 전압 실효값 또는 최대값의 변화를 말한다. 이하 같다)을 말한다.

25. 플리커(flicker)

입력 전압의 요동(fluctuation)에 기인한 전등 조명 강도의 인지 가능한 변화를 말한다.

26. 상시 전압변동률

분산형전원 연계 전 계통의 안정상태 전압 실효값과 연계 후 분산형전원 정격출력을 기준으로 한 계통의 안정상태 전압 실효값 간의 차이(steady-state voltage change)를 계통의 공칭전압에 대한 백분율로 나타낸 것을 말한다.

27. 순시 전압변동률

분산형전원의 기동, 탈락 혹은 빈번한 출력변동 등으로 인해 과도상태가 지속되는 동안 발생하는 기본파 계통전압 실효값의 급격한 변동(rapid voltage change, 예를 들어 실효값의 최대값과 최소값의 차이 등을 말한다)을 계통의 공칭전압에 대한 백분율로 나타낸 것을 말한다.

28. 전압 상한여유도

배전선로의 최소부하 조건에서 산정한 특고압 계통의 임의의 지점의 전압과 전기사업법 제18조 및 동법 시행규칙 제18조에서 정한 표준전압 및 허용오차의 상한치(220V+13V)를 특고압으로 환산한 전압의 차이를 공칭전압에 대한 백분율로 표시한 값을 말한다. 즉, 특고압 계통의 임의의 지점에서 산출한 전압 상한여유도는 해당 배전선로에서 분산형전원에 의한 전압변동(전압상승)을 허용할 수 있는 여유를 의미한다.

29. 전압 하한여유도

배전선로의 최대부하 조건에서 산정한 특고압 계통의 임의의 지점의 전압과 전기사업법 제18조 및 동법 시행규칙 제18조에서 정한 표준전압 및 허용오차의 하한치(220V-13V)를 특고압으로 환산한 전압의 차이를 공칭전압에 대한 백분율로 표시한 값을 말한다. 즉, 특고압 계통의 임의의 지점에서 산출한 전압 하한여유도는 해당 배전선로에서 분산형전원에 의한 전압변동(전압강하)을 허용할 수 있는 여유를 의미한다.

30. 전자기 장해(EMI, ElectroMagnetic Interference)

전자기기의 동작을 방해, 중지 또는 약화시키는 외란을 말한다.

31. 서지(surge)

전기기기나 계통 운영 중에 발생하는 과도 전압 또는 전류로서, 일반적으로 최대값까지 급격히 상승하고 하강시에는 상승시보다 서서히 떨어지는 수 ms 이내의 지속시간을 갖는 파형의 것을 말한다.

32. OLTC

On Load Tap Changer의 머리글자로, 부하공급 상태에서 TAP 위치를 변화시켜 전압조정이 가능한 장치를 말한다.

33. 자동전압조정장치

주변압기 OLTC에 부가된 부속장치로서 부하의 크기에 따라 적정한 전압을 자동으로 조정할 수 있도록 신호를 공급하는 장치를 말한다.

제4조(연계 요건 및 연계의 구분)

① 분산형전원을 계통에 연계하고자 할 경우, 공공 인축과 설비의 안전, 전력공급 신뢰도 및 전기품질을 확보하기 위한 기술적인 제반 요건이 충족되어야 한다.

② 제2장 제1절의 기술요건을 만족하고 배전용변압기 누적연계용량이 해당 배전용변압기의 정격용량 이하인 경우, 저압 한전계통에 연계할 수 있는 분산형전원의 용량은 다음 각 호와 같이 구분한다.

1. 분산형전원의 연계용량이 100kW 미만이고 배전용변압기 누적연계용량이 해당 배전용변압기 용량의 50% 이하인 경우 다음 각 목에 따라 해당 저압계통에 연계할 수 있다. 다만, 분산형전원의 출력전류의 합은 해당 저압 전선의 허용전류를 초과할 수 없다.
   가. 분산형전원의 연계용량이 연계하고자 하는 해당 배전용변압기(지상 또는 주상) 용량의 25% 이하인 경우 다음 각 목에 따라 간소검토 또는 연계용량 평가를 통해 저압 일반선로로 연계할 수 있다.
      1) 간소검토 : 저압 일반선로 누적연계용량이 해당 변압기 용량의 25% 이하인 경우
      2) 연계용량 평가 : 저압 일반선로 누적연계용량이 해당 변압기 용량의 25% 초과시, 제2장 제2절에서 정한 기술요건을 만족하는 경우
   나. 분산형전원의 연계용량이 연계하고자 하는 해당 배전용변압기(주상 또는 지상)용량의 25%를 초과하거나, 제2장 제2절에서 정한 기술요건에 적합하지 않은 경우 접속설비를 저압 전용선로로 할 수 있다.
2. 배전용변압기 누적연계용량이 해당 변압기 용량의 50%를 초과하는 경우 연계할 수 없다. 다만, 한전이 해당 저압계통에 과전압 혹은 저전압이 발생될 우려가 없다고 판단하는 경우에 한하여 상기 제1호의 가 또는 나항에 따라 해당 배전용변압기에 연계가 가능하다. 다만, 배전용변압기 누적연계용량은 해당 배전용변압기의 정격용량을 초과할 수 없다.
3. 분산형전원의 연계용량이 100kW 미만인 경우라도 분산형전원 설치자가 희망하고 한전이 이를 타당하다고 인정하는 경우에는 특고압 한전계통에 연계할 수 있다.
4. 동일 번지 내에서 개별 분산형전원의 연계용량은 100kW 미만이나 그 연계용량의 총합은 100kW 이상이고, 그 소유나 회계주체가 각기 다른 복수의 단위 분산형전원이 존재할 경우에는 제2항 제1호, 제2호에 따라 각각의 단위 분산형전원을 저압 한전계통에 연계할 수 있다. 다만, 각 분산형전원 설치자가 희망하고, 계통의 효율적 이용, 유지보수 편의성 등 경제적, 기술적으로 타당한 경우에는 대표 분산

형전원 설치자의 발전용 변압기 설비를 공용하여 제3항에 따라 특고압 한전계통에 연계할 수 있다.

③ 제2장 제1절의 기술요건을 만족하고 한전계통 변전소 주변압기의 분산형전원 연계가능 용량에 여유가 있을 경우, 특고압 한전계통에 연계할 수 있는 분산형전원의 용량은 다음과 같이 구분한다.

1. 분산형전원의 연계용량이 100kW 이상 10,000kW 이하이고 특고압 일반선로 누적연계용량이 해당 선로의 상시운전용량 이하인 경우 다음 각 목에 따라 해당 특고압 계통에 연계할 수 있다. 다만, 분산형전원의 출력전류의 합은 해당 특고압 전선의 허용전류를 초과할 수 없다.
   가. 간소검토:주변압기 누적연계용량이 해당 주변압기 용량의 15% 이하이고, 특고압 일반선로 누적연계용량이 해당 특고압 일반선로 상시운전용량의 15% 이하인 경우 간소검토 용량으로 하여 특고압 일반선로에 연계할 수 있다.
   나. 연계용량 평가:주변압기 누적연계용량이 해당 주변압기 용량의 15%를 초과하거나, 특고압 일반선로 누적연계용량이 해당 특고압 일반선로 상시운전용량의 15%를 초과하는 경우에 대해서는 제2장 제2절에서 정한 기술요건을 만족하는 경우에 한하여 해당 특고압 일반선로에 연계할 수 있다.
   다. 분산형전원의 연계로 인해 제2장 제1절 및 제2절에서 정한 기술요건을 만족하지 못하는 경우 원칙적으로 전용선로로 연계하여야 한다. 단, 기술적 문제를 해결할 수 있는 보완 대책이 있고 설비보강 등의 합의가 있는 경우에 한하여 특고압 일반선로에 연계할 수 있다.
2. 분산형전원의 연계용량이 10,000kW를 초과하거나 특고압 일반선로 누적연계용량이 해당 선로의 상시운전용량을 초과하는 경우 다음 각 목에 따른다.
   가. 개별 분산형전원의 연계용량이 10,000kW 이하라도 특고압 일반선로 누적연계용량이 해당 특고압 일반선로 상시운전용량을 초과하는 경우에는 접속설비를 특고압 전용선로로 함을 원칙으로 한다.
   나. 개별 분산형전원의 연계용량이 10,000kW 초과 20,000kW 미만인 경우에는 접속설비를 대용량 배전방식에 의해 연계함을 원칙으로 한다.
   다. 접속설비를 전용선로로 하는 경우, 향후 불특정 다수의 다른 일반 전기사용자에게 전기를 공급하기 위한 선로경과지 확보에 현저한 지장이 발생하거나 발생할 우려가 있다고 한전이 인정하는 경우에는 접속설비를 지중 배전선로로 구성함을 원칙으로 한다.
   라. 접속설비를 전용선로로 연계하는 분산형전원은 제2장 제2절 제23조에서 정

한 단락용량 기술요건을 만족해야 한다.

④ 단순병렬로 연계되는 분산형전원의 경우 제2장 제1절의 기술요건을 만족하는 경우 주변압기 및 특고압 일반선로 누적연계용량 합산 대상에서 제외할 수 있다.

⑤ 기술기준 제2장 제1절의 기술요건 만족여부를 검토할 때, 분산형전원 용량은 해당 단위 분산형전원에 속한 발전설비 정격 출력의 합계를 기준으로 하며, 검토점은 특별히 달리 규정된 내용이 없는 한 제3조 제9호에 의한 공통 연결점으로 함을 원칙으로 하나, 측정이나 시험 수행시 편의상 제3조 제8호에 의한 접속점 또는 제10호에 의한 분산형전원 연결점 등을 검토점으로 할 수 있다.

⑥ 기술기준 제2장 제2절의 기술요건 만족여부를 검토할 때, 분산형전원 용량은 저압연계의 경우 해당 배전용변압기 및 저압 일반선로 누적연계용량을 기준으로 하며, 특고압 연계의 경우 해당 주변압기 및 특고압 일반선로 누적연계용량을 기준으로 한다.

제5조(협의 등)

① 이 기준에 명시되지 않은 사항은 관련 법령, 규정 등에서 정하는 바에 따라 분산형전원 설치자와 한전이 협의하여 결정한다.

② 한전은 이 기준에서 정한 기술요건의 만족여부 검토·확인, 연계계통의 운영 등을 위하여 필요할 때에는 이 기준의 취지에 따라 세부 시행 지침, 절차 등을 정하여 운영할 수 있다.

③ 분산형전원 사업자의 합의가 있는 경우, 분산형전원에 대한 운전역률, 유효전력 및 무효전력 제어 등에 관한 기술적 내용을 한전과 분산형전원 사업자간 상호 협의하여 체결할 수 있다.

④ 분산형전원의 연계가 배전계통 운영 및 전기사용자의 전력품질에 영향을 미친다고 판단되는 경우, 분산형전원에 대한 한전의 원격제어 및 탈락 기능에 대한 기술적 협의를 거쳐 계통연계를 검토 할 수 있다.

부 록
연계 기술기준

제2장

제1절 기본사항

제6조(전기방식)

① 분산형전원의 전기방식은 연계하고자 하는 계통의 전기방식과 동일하게 함을 원칙으로 한다.

② 분산형전원의 연계구분에 따른 연계계통의 전기방식은 다음 〈표 1〉에 의한다.

표 1 연계구분에 따른 계통의 전기방식

구 분	연계계통의 전기방식
저압 한전계통 연계	교류 단상 220V 또는 교류 삼상 380V 중 기술적으로 타당하다고 한전이 정한 한가지 전기방식
특고압 한전계통 연계	교류 삼상 22,900V

제7조(한전계통 접지와의 협조)

분산형전원 연계시 그 접지방식은 해당 한전계통에 연결되어 있는 타 설비의 정격을 초과하는 과전압을 유발하거나 한전계통의 지락고장 보호협조를 방해해서는 안 된다.

제8조(동기화)

분산형전원의 계통 연계 또는 가압된 구내계통의 가압된 한전계통에 대한 연계에 대하여 병렬연계 장치의 투입 순간에 〈표 2〉의 모든 동기화 변수들이 제시된 제한범위 이내에 있어야 하며, 만일 어느 하나의 변수라도 제시된 범위를 벗어날 경우에는 병렬연계 장치가 투입되지 않아야 한다.

표 2 계통 연계를 위한 동기화 변수 제한범위

분산형전원 정격용량 합계(kW)	주파수 차(Δf, Hz)	전압 차(ΔV, %)	위상각 차(ΔΦ, °)
0~500	0.3	10	20
500 초과~1,500	0.2	5	15
1,500 초과~20,000 미만	0.1	3	10

제9조(비의도적인 한전계통 가압)

분산형전원은 한전계통이 가압되어 있지 않을 때 한전계통을 가압해서는 안 된다.

제10조(감시설비)

① 하나의 공통 연결점에서 단위 분산형전원의 용량 또는 분산형전원 용량의 총합이 250kW 이상일 경우 분산형전원 설치자는 분산형전원 연결점에 연계상태, 유·무효전력 출력, 운전 역률 및 전압 등의 전력품질을 감시하기 위한 설비를 갖추어야 한다.

② 한전계통 운영상 필요할 경우 한전은 분산형전원 설치자에게 제1항에 의한 감시설비와 한전계통 운영시스템의 실시간 연계를 요구하거나 실시간 연계가 기술적으로 불가할 경우 감시기록 제출을 요구할 수 있으며, 분산형전원 설치자는 이에 응하여야 한다.

제11조(분리장치)

① 접속점에는 접근이 용이하고 잠금이 가능하며 개방상태를 육안으로 확인할 수 있는 분리장치를 설치하여야 한다.

② 제4조 제3항에 따라 분산형전원이 특고압 한전계통에 연계되는 경우 제1항에 의한 분리장치는 연계용량에 관계없이 전압·전류 감시 기능, 고장표시(FI, Fault Indication) 기능 등을 구비한 자동개폐기를 설치하여야 한다.

제12조(연계 시스템의 건전성)

① 전자기 장해로부터의 보호

연계 시스템은 전자기 장해 환경에 견딜 수 있어야 하며, 전자기 장해의 영향으로 인하여 연계 시스템이 오동작하거나 그 상태가 변화되어서는 안 된다.

② 내서지 성능

연계 시스템은 서지를 견딜 수 있는 능력을 갖추어야 한다.

제13조(한전계통 이상시 분산형전원 분리 및 재병입)

① 한전계통의 고장

분산형전원은 연계된 한전계통 선로의 고장시 해당 한전계통에 대한 가압을 즉시 중지하여야 한다.

② 한전계통 재폐로와의 협조

제1항에 의한 분산형전원 분리시점은 해당 한전계통의 재폐로 시점 이전이어야 한다.

③ 전압

1. 연계 시스템의 보호장치는 각 선간전압의 실효값 또는 기본파 값을 감지해야 한다. 단, 구내계통을 한전계통에 연결하는 변압기가 Y-Y 결선 접지방식의 것 또는 단상 변압기일 경우에는 각 상전압을 감지해야 한다.

2. 제1호의 전압 중 어느 값이나 〈표 2.3〉과 같은 비정상 범위 내에 있을 경우 분산형전원은 해당 분리시간(clearing time) 내에 한전계통에 대한 가압을 중지하여야 한다.
3. 다음 각 목의 하나에 해당하는 경우에는 분산형전원 연결점에서 제1호에 의한 전압을 검출할 수 있다.
   가. 하나의 구내계통에서 분산형전원 용량의 총합이 30㎾ 이하인 경우
   나. 연계 시스템 설비가 단독운전 방지시험을 통과한 것으로 확인될 경우
   다. 분산형전원 용량의 총합이 구내계통의 15분간 최대수요전력 연간 최소값의 50% 미만이고, 한전계통으로의 유·무효전력 역송이 허용되지 않는 경우

표 3 비정상 전압에 대한 분산형전원 분리시간

전압 범위[주2] (기준전압주1에 대한 백분율[%])	분리시간[주2] [초]
V < 50	0.16
50 ≤ V < 88	2.00
110 < V < 120	1.00
V ≤ 120	0.16

주 1) 기준전압은 계통의 공칭전압을 말한다.
2) 분리시간이란 비정상 상태의 시작부터 분산형전원의 계통가압 중지까지의 시간을 말한다. 최대용량 30㎾ 이하의 분산형전원에 대해서는 전압 범위 및 분리시간 정정치가 고정되어 있어도 무방하나, 30㎾를 초과하는 분산형전원에 대해서는 전압 범위 정정치를 현장에서 조정할 수 있어야 한다. 상기 표의 분리시간은 분산형전원 용량이 30㎾ 이하일 경우에는 분리시간 정정치의 최대값을, 30㎾를 초과할 경우에는 분리시간 정정치의 초기값(default)을 나타낸다.

④ 주파수

계통 주파수가 〈표 4〉와 같은 비정상 범위 내에 있을 경우 분산형전원은 해당 분리시간 내에 한전계통에 대한 가압을 중지하여야 한다.

표 4 비정상 주파수에 대한 분산형전원 분리시간

분산형전원 용량	주파수 범위[주] [Hz]	분리시간[주] [초]
30㎾ 이하	> 60.5	0.16
	< 59.3	0.16
30㎾ 초과	> 60.5	0.16
	< {57.0~59.8}(조정 가능)	{0.16~300}(조정 가능)
	< 57.0	0.16

주) 분리시간이란 비정상 상태의 시작부터 분산형전원의 계통가압 중지까지의 시간을 말한다. 최대용량 30kW 이하의 분산형전원에 대해서는 주파수 범위 및 분리시간 정정치가 고정되어 있어도 무방하나, 30kW를 초과하는 분산형전원에 대해서는 주파수 범위 정정치를 현장에서 조정할 수 있어야 한다. 상기 표의 분리시간은 분산형전원 용량이 30kW 이하일 경우에는 분리시간 정정치의 최대값을, 30kW를 초과할 경우에는 분리시간 정정치의 초기값(default)을 나타낸다. 저주파수 계전기 정정치 조정시에는 한전계통 운영과의 협조를 고려하여야 한다.

⑤ 한전계통에의 재병입(再並入, reconnection)

1. 한전계통에서 이상 발생 후 해당 한전계통의 전압 및 주파수가 정상 범위 내에 들어올 때까지 분산형전원의 재병입이 발생해서는 안 된다.
2. 분산형전원 연계 시스템은 안정상태의 한전계통 전압 및 주파수가 정상 범위로 복원된 후 그 범위 내에서 5분간 유지되지 않는 한 분산형전원의 재병입이 발생하지 않도록 하는 지연기능을 갖추어야 한다.

제14조(분산형전원 이상시 보호협조)

① 분산형전원의 이상 또는 고장시 이로 인한 영향이 연계된 한전계통으로 파급되지 않도록 분산형전원을 해당 계통과 신속히 분리하기 위한 보호협조를 실시하여야 한다.

② 분산형전원 연계 시스템의 보호도면과 제어도면은 사전에 반드시 한전과 협의하여야 한다.

제15조(전기품질)

① 직류 유입 제한

분산형전원 및 그 연계 시스템은 분산형전원 연결점에서 최대 정격 출력전류의 0.5%를 초과하는 직류 전류를 계통으로 유입시켜서는 안 된다.

② 역률

1. 분산형전원의 역률은 90% 이상으로 유지함을 원칙으로 한다. 다만, 역송병렬로 연계하는 경우로서 연계계통의 전압상승 및 강하를 방지하기 위하여 기술적으로 필요하다고 평가되는 경우에는 연계계통의 전압을 적절하게 유지할 수 있도록 분산형전원 역률의 하한값과 상한값을 고객과 한전이 협의하여야 정할 수 있다.
2. 분산형전원의 역률은 계통 측에서 볼 때 진상역률(분산형전원 측에서 볼 때 지상역률)이 되지 않도록 함을 원칙으로 한다.

③ 플리커(flicker)

분산형전원은 빈번한 기동·탈락 또는 출력변동 등에 의하여 한전계통에 연결된 다른 전기사용자에게 시각적인 자극을 줄만한 플리커나 설비의 오동작을 초래하는 전압요동을 발생시켜서는 안 된다.

④ 고조파

특고압 한전계통에 연계되는 분산형전원은 연계용량에 관계없이 한전이 계통에 적용하고 있는 「배전계통 고조파 관리기준」에 준하는 허용기준을 초과하는 고조파 전류를 발생시켜서는 안 된다.

제16조(순시전압변동)

① 특고압 계통의 경우, 분산형전원의 연계로 인한 순시전압변동률은 발전원의 계통 투입·탈락 및 출력 변동 빈도에 따라 다음 〈표2.5〉에서 정하는 허용 기준을 초과하지 않아야 한다. 단, 해당 분산형전원의 변동 빈도를 정의하기 어렵다고 판단되는 경우에는 순시전압변동률 3%를 적용한다. 또한 해당 분산형전원에 대한 변동 빈도 적용에 대해 설치자의 이의가 제기되는 경우, 설치자가 이에 대한 논리적 근거 및 실험적 근거를 제시하여야 하고 이를 근거로 변동 빈도를 정할 수 있으며 제 10조에 의한 감시설비를 설치하고 이를 확인하여야 한다.

표 5 순시전압변동률 허용기준

변동빈도	순시전압변동률
1시간에 2회 초과 10회 이하	3%
1일 4회 초과 1시간에 2회 이하	4%
1일에 4회 이하	5%

② 저압계통의 경우, 계통 병입시 돌입전류를 필요로 하는 발전원에 대해서 계통 병입에 의한 순시전압변동률이 6%를 초과하지 않아야 한다.

③ 분산형전원의 연계로 인한 계통의 순시전압변동이 제1항 및 제2항에서 정한 범위를 벗어날 경우에는 해당 분산형전원 설치자가 출력변동 억제, 기동·탈락 빈도 저감, 돌입전류 억제 등 순시전압변동을 저감하기 위한 대책을 실시한다.

④ 제3항에 의한 대책으로도 제1항 및 제2항의 순시전압변동 범위 유지가 불가할 경우에는 다음 각 호의 하나에 따른다.

1. 계통용량 증설 또는 전용선로로 연계
2. 상위전압의 계통에 연계

제17조(단독운전)

연계된 계통의 고장이나 작업 등으로 인해 분산형전원이 공통 연결점을 통해 한전계통의 일부를 가압하는 단독운전 상태가 발생할 경우 해당 분산형전원 연계 시스템은 이를 감지하여 단독운전 발생 후 최대 0.5초 이내에 한전계통에 대한 가압을 중지해야 한다.

제18조(보호장치 설치)

① 분산형전원 설치자는 고장 발생시 자동적으로 계통과의 연계를 분리할 수 있도록 다음의 보호계전기 또는 동등 이상의 기능 및 성능을 가진 보호장치를 설치하여야 한다.

1. 계통 또는 분산형전원 측의 단락·지락고장시 보호를 위한 보호장치를 설치한다.
2. 적정한 전압과 주파수를 벗어난 운전을 방지하기 위하여 과·저전압 계전기, 과·저주파수 계전기를 설치한다.
3. 단순병렬 분산형전원의 경우에는 역전력 계전기를 설치한다. 단, 신에너지 및 재생에너지 개발·이용·보급 촉진법 제2조 제1호의 규정에 의한 신·재생에너지를 이용하여 전기를 생산하는 용량 50kW 이하의 소규모 분산형전원(단, 해당 구내계통 내의 전기사용 부하의 수전 계약전력이 분산형전원 용량을 초과하는 경우에 한한다)으로서 제17조에 의한 단독운전 방지기능을 가진 것을 단순병렬로 연계하는 경우에는 역전력 계전기 설치를 생략할 수 있다.

② 역송병렬 분산형전원의 경우에는 제17조에 따른 단독운전 방지기능에 의해 자동적으로 연계를 차단하는 장치를 설치하여야 한다.

③ 인버터를 사용하는 분산형전원의 경우 그 인버터를 포함한 연계 시스템에 제1항 내지 제2항에 준하는 보호기능이 내장되어 있을 때에는 별도의 보호장치 설치를 생략할 수 있다. 다만, 개별 인버터의 용량과 총 연계용량이 상이하여 단위 분산형전원에 2대 이상의 인버터를 사용하는 경우에는 각각의 연계 시스템에 보호기능이 내장되어 있는 경우라 하더라도 해당 분산형전원의 연계 시스템 전체에 대한 보호기능을 수행할 수 있는 별도의 보호장치를 설치하여야 한다.

④ 분산형전원의 특고압 연계의 경우, 보호장치 설치에 관한 세부사항은 한전이 계통에 적용하고 있는 "계통보호업무처리지침" 또는 "계통보호업무편람"의 발전기 병렬운전 연계선로 보호업무 기준 등에 따른다.

⑤ 제1항 내지 제4항에 의한 보호장치는 접속점에서 전기적으로 가장 가까운 구내계통 내의 차단장치 설치점(보호배전반)에 설치함을 원칙으로 하되, 해당 지점에서 고장검출이 기술적으로 불가한 경우에 한하여 고장검출이 가능한 다른 지점에 설치할 수 있다.

제19조(변압기)

직류발전원을 이용한 분산형전원 설치자는 인버터로부터 직류가 계통으로 유입되는 것을 방지하기 위하여 연계 시스템에 상용주파 변압기를 설치하여야 한다. 단, 다음 조건을 모두 만족시키는 경우에는 상용주파 변압기의 설치를 생략할 수 있다.

1. 직류회로가 비접지인 경우 또는 고주파 변압기를 사용하는 경우
2. 교류출력 측에 직류 검출기를 구비하고 직류 검출시에 교류출력을 정지하는 기능을

갖춘 경우

제2절 평가사항

제20조(한전계통 전압의 조정)

① 분산형전원이 계통에 영향을 미쳐 다른 구내계통에 대한 한전계통의 공급전압이 전기사업법 제18조 및 동법 시행규칙 제18조에서 정한 표준전압 및 허용오차의 범위를 벗어나게 하여서는 안 된다.

② 분산형전원으로 인하여 제1항의 기술요건을 만족하지 못하는 경우 연계용량이 제한될 수 있다.

③ 한전은 제1항의 기술요건을 만족시키기 위해 분산형전원 사업자와의 협의를 통해 분산형전원의 운전역률 혹은 유효전력, 무효전력 등을 제어할 수 있고, 적정 전압 유지범위를 이탈할 경우 분산형전원을 계통에서 분리시킬 수 있다.

④ 원칙적으로 분산형전원은 계통의 전압을 능동적으로 조정하여서는 안 된다. 단, 분산형전원의 연계로 인하여 적정 전압 유지범위를 이탈할 우려가 있거나 한전이 필요하다고 인정하는 경우 계통의 전압을 적정 전압 유지범위 이내로 조정하기 위한 분산형전원의 능동적 전압조정은 제한된 범위내에서 허용할 수 있다.

제21조(저압계통 상시전압변동)

① 저압 일반선로에서 분산형전원의 상시 전압변동률은 3%를 초과하지 않아야 한다.

② 분산형전원의 연계로 인한 계통의 전압변동이 제1항에서 정한 범위를 벗어날 우려가 있는 경우에는 해당 분산형전원 설치자가 한전과 협의하여 다음 각 호에 따라 전압변동을 저감하기 위한 대책을 실시한다.

1. 분산형전원의 출력 및 역률 조정
2. 상시전압변동 억제 설비 설치
3. 기타 상시전압변동 억제 대책

③ 제2항에 의한 대책으로도 제1항의 전압변동 범위 유지가 불가할 경우에는 다음 각 호의 하나에 따른다.

1. 계통용량 증설 또는 전용선로로 연계
2. 상위전압의 계통에 연계

④ 역송병렬 분산형전원 연계시 저압 계통의 상시전압이 전기사업법 제18조 및 동법 시행규칙 제18조에서 정한 허용범위를 벗어날 우려가 있을 경우에는 전용변압기를 통하여 계통에 연계하며, 이 때 역송전력을 발생시키는 분산형전원의 최대용량은 변압기 용량을 초과하지 않도록 한다.

제22조(특고압계통 상시전압변동)

① 특고압 일반선로에서 분산형전원의 연계로 인한 상시전압변동률은 각 분산형전원 연계점에서의 전압 상한여유도 및 하한 여유도를 각각 초과하지 않아야 한다.

② 분산형전원의 연계로 인한 계통의 전압변동이 제1항에서 정한 범위를 벗어날 우려가 있는 경우에는 해당 분산형전원 설치자가 한전과 협의하여 다음 각 호에 따라 전압변동을 저감하기 위한 대책을 실시한다.

1. 분산형전원의 출력 및 역률 조정
2. 상시전압변동 억제 설비 설치
3. 기타 상시전압변동 억제 대책

③ 제2항에 의한 대책으로도 제1항의 전압변동 범위 유지가 불가할 경우에는 다음 각 호의 하나에 따른다.

1. 계통용량 증설 또는 전용선로로 연계
2. 상위전압의 계통에 연계

④ 특고압 계통에 연계된 분산형전원의 출력변동으로 인하여 주변압기 송출전압을 조정하는 자동전압조정장치의 운전을 방해하여 주변압기 OLTC의 불필요한 동작 및 빈번한 동작을 야기해서는 안된다.

제23조(단락용량)

① 분산형전원 연계에 의해 계통의 단락용량이 다른 분산형전원 설치자 또는 전기사용자의 차단기 차단용량 등을 상회할 우려가 있을 때에는 해당 분산형전원 설치자가 한류리액터 등 단락전류를 제한하는 설비를 설치한다.

② 제1항에 의한 대책으로도 대응할 수 없는 경우에는 다음 각 호의 하나에 따른다.

1.특고압 연계의 경우, 다른 배전용 변전소 뱅크의 계통에 연계
2.저압 연계의 경우, 전용변압기를 통하여 연계
3.상위전압의 계통에 연계
4.기타 단락용량 대책 강구

참고 문헌

이순형,태양광 발전시스템의 계획과 설계, 기다리, 2008. 8.

한국전기안전공사, 태양광발전설비 검검, 검사 기술지침, 2010, 10.

박용태,태양광 발전의 개요와 태양광발전소의 설계, 대우엔지니어링기술보, 제23권 제1호

박종화,알기 쉬운 태양광발전, 문운당, 2012. 1.

한국전기안전공사, 태양광 발전설비 점검·검사 기술지침, 2010. 10.

에너지관리공단 신재생에너지센터, 태양광, 북스힐, 2008. 7.

유춘식,그린에너지의 이해와 태양광발전시스템, 연경문화사, 2009. 3.

태양광 발전솔루션, 한국전력공사 예산지사 기술총괄팀, 2006. 11.

이현화,저탄소 녹색성장을 위한 태양광발전, 기다리, 2009. 1.

이현화,태양광 발전시스템 설계 및 시공, 인포더북스, 2009. 12.

이형연·김대일, 태양광발전 시스템 이론 및 설치 가이드북, 신기술, 2011. 7.

한국전력 분산형 전원 계통 연계기준

김상길,태양광 발전 실습, 태영문화사, 2012. 7.

태양광발전연구회, 태양광 발전(알기 쉬운 태양광 발전의 원리와 응용), 기문당, 2011. 6.

셈웨어기술연구소, CEMTool을 이용한 태양광 발전 이해와 실습, 아진, 2012. 11.

신재생에너지기술, 강원도교육청, 이봉섭, 박해익, 이재성, 조문택, 백경진 2013, 1.

에너지관리공단 신재생에너지센터

나가오 다케히코, 태양광 발전시스템의 설계와 시공(개정3판), 태양광발전협회, 오옴사, 2009. 1.

산업통상자원부 기술표준원, 태양광발전 용어 모음(2010년 최종판), 2010.

태양광발전시스템 이론

초판1쇄 발행 2014년 3월 15일
초판2쇄 발행 2018년 1월 10일
저 자 정 석 모
펴 낸 이 임 순 재
펴 낸 곳 **에듀한올**
등 록 제11-403호
주 소 서울시 마포구 모래내로 83(한올빌딩 3층)
전 화 (02)376-4298(대표)
팩 스 (02)302-8073
홈페이지 www.hanol.co.kr
e-메일 hanol@hanol.co.kr

값 14,000원 ISBN 979-11-85596-97-6